皮德常 编著

面向对象C++程序设计

清華大學出版社
北京

内 容 简 介

本书详细介绍了 C++ 面向对象的核心编程思想和方法，特别注重程序设计的实用性，使读者具备运用面向对象的方法分析和解决实际问题的能力。

本书以面向对象的程序设计贯穿始终，共 9 章，主要包括：C++ 程序设计基础、文件操作、类的基础、继承、多态、虚函数、对象组合、异常处理、标准模板库 STL（主要介绍编程常用的 string 类、容器类、迭代器及其算法等）以及通过 ODBC 对数据库进行编程等，为后继课程的学习和课程设计打下坚实的基础。书中列举了数百个可供直接使用的程序示例代码，并给出了运行结果。

本书语言流畅、实例丰富，讲解了 C++ 程序设计的核心内容。全部代码都在 Visual Studio C++ 2010 环境下调试通过，并配有大量的习题，同时在网站提供了该书的电子教案和程序示例源码，特别适合作为高等学校 C++ 编程和面向对象程序设计课程的教材。

图书在版编目(CIP)数据

面向对象 C++ 程序设计/皮德常编著. —北京：清华大学出版社，2017（2023.7重印）
ISBN 978-7-302-45892-0

Ⅰ. ①面… Ⅱ. ①皮… Ⅲ. ①C语言－程序设计 Ⅳ. ①TP312.8

中国版本图书馆 CIP 数据核字(2016)第 298822 号

责任编辑：张瑞庆
封面设计：常雪影
责任校对：焦丽丽
责任印制：朱雨萌

出版发行：清华大学出版社
网　　址：http://www.tup.com.cn，http://www.wqbook.com
地　　址：北京清华大学学研大厦 A 座　　**邮　　编**：100084
社 总 机：010-83470000　　**邮　　购**：010-62786544
投稿与读者服务：010-62776969，c-service@tup.tsinghua.edu.cn
质量反馈：010-62772015，zhiliang@tup.tsinghua.edu.cn
课件下载：http://www.tup.com.cn，010-83470236
印 装 者：三河市春园印刷有限公司
经　　销：全国新华书店
开　　本：185mm×260mm　　**印　　张**：18.75　　**字　　数**：457 千字
版　　次：2017 年 2 月第 1 版　　**印　　次**：2023 年 7 月第10次印刷
定　　价：48.90 元

产品编号：069435-02

C++是一种广泛使用的计算机编程语言，常用于系统开发、引擎开发等应用领域，是至今为止最受广大程序员喜爱的、最强大的编程语言之一，它支持封装、继承和重载等面向对象的重要特性。同时，C++也是高校学生学习程序设计的一门专业必修课程，学好C++语言，可以很容易地触类旁通其他语言，如Java、C#等。

本书是作者总结近20年的教学和实践经验编著而成的，结合实例讲解了C++的基本概念和方法，力求将复杂的概念用简洁、通俗的语言描述，做到深入浅出、循序渐进。适合用作为高校C++程序设计和面向对象程序设计课程的教材，也可供具有C语言编程基础的自学者使用。

本书特点

(1) 本书主要讲解面向对象的程序设计理论和编程方法，这些是计算机科学与技术专业学生的编程基础。

(2) 本书作者近20年来一直从事程序设计方面的教学和科研工作，主讲过程序设计方面的多门课程，如C、C++和Java，积累了丰富的教学经验。"从实践到理论，再从理论到实践，循序而渐进"是作者教学的心得体会，编写教材也不例外，作者深知学生的薄弱环节和学习特点，具有针对性。

(3) 该书内容与时俱进，讲解了C++的许多新内容。例如，string类、体现了泛型程序设计思想的STL，以及基于STL的基本程序设计方法、通过ODBC对常规数据库的编程方法等。作者认为，随着C++的发展，教材也应当与之同步。本书另辟新章专门讲解了这些内容，并结合实例给出了具体应用和综合举例。为读者采用C++进行课程设计和项目研发打下坚实的基础。

(4) 作业安排从易到难，环环相扣。许多学生学过C++，却不会编程。因此，本书设计了许多与实际有关的习题，并且它们彼此相关。

(5) 课程设计。C++课程往往都有课程设计，为便于教师组织教学和学生理解课程设计要求，本书的最后给出了课程设计的基本要求和文档模板，为课程设计的顺利进行提供了便利。

(6) 力求通俗易懂。编写本书的目的是让读者通过自学或在教师的讲授下，能够运用C++语言的核心要素，进行面向对象的程序设计。因此，本书围绕着如何进行C++编程展开。为了便于读者的学习，作者力求该书的语言通俗易懂，将复杂的概念采用浅显的语言讲述，便于读者理解和掌握。

本书编排特点

(1) 每章开始均引出本章要讲解的内容和学习要求。

(2) 每章安排的习题都具有很强的操作性，能通过计算机编程验证。

(3) 对书中重要的内容采用黑体标记，特别重要的内容采用下面加点标记。

(4) 本书强调程序的可读性。书中的程序全部采用统一的程序设计风格。例如，类名、方法名和变量名的定义做到"望名知义"；语句的末尾或下一句的开头放上左大括号，而右大括号自成一行，并采用缩排格式组织程序代码；此外，对程序中的语句还进行了尽可能多的注释。希望读者模仿这种程序设计风格。

(5) 本书包含了大量的程序示例，全部采用 Microsoft Visual C++ 2010(Express) 版本给出了运行结果。凡是程序开头带有程序名编号的程序都是完整的程序，可以直接在计算机上编译运行。

(6) 本书采用醒目的标记来显示知识点。这些注意和思考的标记，都穿插在内容中，帮助读者尽快找到重要的信息。

【注意】值得读者关注的地方，往往是容易混淆的知识点。

【程序运行结果】给出当前示例的运行结果。

【程序解析】对示例程序中的难点给予分析，帮助读者理解程序。

【思考】在对示例程序理解的基础上，进一步提出问题，引导读者思考，以培养其思考能力。

教学支持

我们向使用本教材的教师免费提供本书的用 PowerPoint 2003 制作的电子课件和全部程序示例源代码，需要的教师可以在 http://www.tup.tsinghua.edu.cn 网站上获取。

感谢读者选择本书，欢迎提出批评和修改建议，作者联系电子邮件 dc.pi@163.com。

作　者

2017年1月

目 录
Contents

第1章 C++ 程序设计基础

C++ 是在 C 的基础上扩充而成的，以其独特的机制在计算机领域有着广泛的应用。本章主要讲述 C++ 的基本知识，它是对 C 的扩充。

本章的学习目标：

- 了解 C++ 的发展历史，明白 C++ 编程的重要性。
- 掌握基本的输入和输出方法。
- 理解函数的默认参数。
- 掌握引用作函数参数。
- 掌握内存的动态分配和释放方法。

1.1 为什么要学习 C++ 程序设计

随着计算机软硬件技术的发展，计算机应用规模不断提高，在软件开发语言和工具方面不断地推陈出新，新语言、新工具层出不穷。目前，国内许多高校，无论是计算机专业或者是非计算机专业，都在开设 C 语言的基础上陆续开设了 C++ 语言程序设计课程，并且将它作为学过 C 语言后的一门专业必修课程。

为了解决程序设计的复杂性，贝尔实验室于 1980 开始研制一种“带类”的 C，到 1983 年才正式命名为 C++。在计算机发明初期，人们采用打孔机直接进行机器指令程序设计，当程序长度有几百条指令时，采用这种方法就困难了。后来人们设计了用符号表示机器指令的汇编语言，从而能够处理更大、更复杂的程序。到了 20 世纪 60 年代出现了结构化程序设计方法（目前的 C 就采用这种方法），使得人们能够容易编写较为复杂的程序。但是，一旦程序设计达到一定的程度，即使结构化程序设计方法也变得无法控制，其复杂性超出了人的管理限度。例如，一旦 C 程序代码达到了 25 000～100 000 行，系统就变得十分复杂，程序员很难控制，而研制 C++ 的目的就是为了解决这个问题，其本质就是让程序员理解和管理更大、更复杂的程序。因此，采用支持面向对象的 C++ 是时代发展的需要。

C++ 吸收了 C 和 Simula 67 的精髓，它具有 C 所无法比拟的优越性。C++ 在维持 C 原来特长（如效率高和程序灵活）的基础上，借鉴了 Simula 67 的面向对象的思想，将这两种程序设计语言的优点相结合。C++ 的程序结构清晰、易于扩展、易于维护，同时又不失效率。目前，C++ 已超出了当初设计它的目的，成功地应用到数据库、数据通信等系统，并成功地构造了许多高性能的系统软件。C++ 与 C 相比具有 3 个重要特征，从而使其优越于 C。

第一个特征是支持抽象数据类型（Abstract Data Type，ADT），在 C++ 中 ADT 表现为类，是对对象的抽象，而对象是数据和操作该数据代码的封装体，它提供了对代码和数据的有效保护，可防止程序其他不相关的部分偶然或错误地使用对象的私有部分，这是 C 所无法实现的。

第二个特征是多态性，即一个接口，多重算法。C++ 既支持早期联编又支持滞后联编，而 C 仅支持前者。

第三个特征是继承性。继承性一方面保证了代码复用，确保了软件的质量，另一方面也支持分类的概念，从而使对象成为一般情况下的具体实例。以上 3 个特性将在后面的章节给予详细的讲解。

目前许多系统软件，如操作系统、数据库管理系统(DBMS)等，都采用 C++ 编写，所以从事有关软件开发和计算机应用的人员，若不掌握C++ 简直寸步难行。总之一句话：掌握 C++ 编程已成为许多专业学生的必然选择。

1.2 过程化程序设计和面向对象程序设计

C++ 支持过程化程序设计和面向对象程序设计，它们是两种不同的编程模式。

在过程化程序设计中，程序员编写函数(有些书称之为过程)。这些函数是执行某个特定任务的程序语句的集合，每个函数一般包含局部变量，甚至还有全局变量。过程化程序设计是以过程(函数)为核心，而面向对象程序设计(Object Oriented Programming，OOP)是以对象为核心。一个对象是一个包含数据和对数据操作的封装体。对象包含信息和对信息操作的能力，并且对信息的操作基于消息传递。

随着对 C++ 学习的逐步深入，将会逐渐深刻理解过程化程序设计和面向对象程序设计。

1.3 简单的输出和输入方法

C++ 除了具有 C 语言的输出和输入方法之外，还具有自己的输出和输入方法。简单的输出是通过 cout 对象，输入是通过 cin 对象，下面分别讲述它们的使用方法。

1.3.1 cout 对象

cout 对象用来输出数据。cout 对象是 C++ 的标准输出对象，它的作用是使用标准输出设备(即显示器)输出信息。

【注意】 *cout 可以看作是 console output 英文单词的缩写。*

cout 是输出流中的一个对象，因此也称为**流对象**。它的操作对象是数据流，要输出信息，只需将数据流传给 cout。例如：

```
cout <<" I like programming language C++" ;
```

在上述语句中，<<是**流插入操作符**，它的功能是将字符串" I like programming language C++ "送给 cout。

【例 1-1】 输出数据的方法。

```
#include <iostream>
using namespace std;
int main()
```

```
{
    cout <<" I like programming language " <<" C++" ;
    return 0;
}
```

【程序运行结果】

```
I like programming language C++
```

【注意】 程序的开头必须包含 iostream 文件，因为 cout 对象（和下一节的 cin 对象）就定义在该文件中，这就像 C 程序必须包含 stdio.h 文件一样。

通过上例可以看出，使用<<可以传送多个数据给 cout。例如，将例 1-1 的 cout 语句修改如下：

```
cout <<" I like programming language " ;
cout <<" C++" ;
```

程序段的运行结果和例 1-1 相同。但我们要理解一个重要的概念：虽然输出分解为两个语句，但是程序仍在同一行上显示信息。除非指定输出方式，否则送给 cout 的信息将会连续显示。例如：

```
cout <<"我最喜爱的东西：" ;
cout <<"computer " ;
cout <<" & tea ";
```

程序段的运行结果：

```
我最喜爱的东西：computer & tea
```

输出结果与源代码中字符串的安排是不同的，cout 完全按照提交数据的方式输出。在上面的源代码中使用了 3 个输出语句 cout，但它仍在一行上输出信息，这是因为如果不加入换行符，cout 不会自动换行。**有两个换行的方法，一个方法是在 cout 语句后加一个流操作符 endl；另一种方法是加入'\n'换行符。**

【例 1-2】 换行输出。

```
#include <iostream>
using namespace std;
int main()
{
    cout <<"我最喜爱的东西："<<endl ;
    cout <<"computer "<< '\n' ;
    cout <<" & tea \n" ;
    return 0;
}
```

【程序运行结果】

```
我最喜爱的东西：
computer
```

```
& tea
```

【注意】 endl 是 end of line 的缩写，它和'\n'的功能一样都是换行。当 cout 遇到'\n'时，将输出光标移到下一行的开头。此外，不要把反斜线\和正斜线/弄混，'/n'是不会换行的；同时，也不要在反斜线和字符 n 之间加空格，例如'\ n'是错误的。

1.3.2 cin 对象

cin 对象是 C++ 的标准输入对象，它的功能是从 I/O 控制台（即键盘）接收输入数据。

【例 1-3】 标准输入和输出。

```
#include <iostream>
using namespace std;
int main()
{
    int length, width, area ;

    cout <<"计算矩形的面积 \n" ;
    cout <<"输入矩形的长：" ;
    cin >>length;
    cout <<"输入矩形的宽：" ;
    cin >>width;
    area =length * width ;
    cout <<"矩形的面积为：" <<area <<"\n" ;
    return 0;
}
```

【程序运行结果】

```
计算矩形的面积
输入矩形的长：10 [Enter]
输入矩形的宽：20 [Enter]
矩形的面积为：200
```

【程序解析】 这个程序用来计算一个矩形的面积。当程序运行时，用户输入的数据将存储在 length 和 width 两个变量中，如下两行：

```
cout <<"输入矩形的长：" ;
cin >>length ;
```

cout 在屏幕上显示"输入矩形的长："，cin 为 length 变量输入值。其中，>>称为**流提取操作符**，它从左边输入流对象 cin 中读一个数，并把它存储在>>右边的变量中。在上面的程序语句中，cin 将从键盘输入的数据存储在 length 变量中。

【注意】 插入操作符<<和提取操作符>>指定了数据的流动方向。流提取操作符>>将输入的数据传给变量，而流插入操作符<<将变量（或常量）传给 cout 输出。cin 对象在读取数据时，将暂停程序的运行，直到从键盘上输入数据并按 Enter 键确认。cin 对象能自动地将输入数据转换成与变量一致的数据类型。例如，用户输入 10，cin 将分别读入字符'1'

和'0',在将该数据存储到变量之前,cin 能够自动地将它们转换成整数 10。cin 同样能够识别出像 10.7 这样的不能储存在整型变量中的数;如果用户输入一个浮点数给整型变量,那么小数点后的位数将被舍弃(也称截断);如果用户输入浮点数,cin 通过截断浮点数后的小数部分,将整数部分存储在整型变量中。

如果程序要求输入数据,那么就应该向用户提示该输入什么样的数据。下面的例 1-4 由于缺乏提示用户的信息,不是一个好的程序,在写程序中要杜绝这种现象。

【例 1-4】 缺乏输入提示信息的写法,这是一种不好的写法。

```
#include <iostream>
using namespace std;
int main()
{
    int length, width, area;

    cin >>length;
    cin >>width;
    area =length * width;
    cout <<"矩形的面积为: " <<area <<"\n";
    return 0;
}
```

【程序解析】 当运行这个程序时,用户面对的是黑屏幕,不知道要做什么事。一个功能完善的程序应当及时、友好地给用户必要的提示信息。

采用 cin 对象可以一次读入多个变量的值,例如:

```
int length, width, area;
cout <<"请输入矩形的长和宽,中间用空格隔开: ";
cin >>length >>width;          //给两个变量读取值
```

下列语句等待用户输入两个数值,并把输入中的第一个数赋给变量 length,第二个数赋给变量 width:

```
cin >>length >>width;
```

在上例中,用户输入 10 和 20,10 就送给了变量 length,20 送给了变量 width。当输入多个数值时,数值之间要加空格。cin 读到空格时,就能够区别输入中的各个数值,数值间的空格数无所谓。例如,用户也可以按照如下形式输入:

```
10        20
```

但要注意的是,在最后一个数输入后要按 Enter 键。

【注意】 cin 对象读取数据的特点和 C 中的 scanf 函数类似。在上例中的输入中,如果先输入 10 并按 Enter 键,然后输入 20 再按 Enter 键,完全可以正确地输入数据。本书对数据的输入和输出格式不作过详细的探讨,因为这些不是 C++ 的核心和重点。

采用一个 cin 对象,也可以同时为多个不同类型的变量读入数据。

【例 1-5】 采用 cin 对象同时为多个不同类型的变量输入数据。

```
#include <iostream>
using namespace std;
int main()
{
    int whole;
    float fractional;
    char letter;

    cout <<"请输入一个整数、一个浮点数和一个字符:";
    cin >>whole >>fractional >>letter;
    cout <<"整数: "<<whole <<endl;
    cout <<"浮点数: "<<fractional <<endl;
    cout <<"字符: "<<letter <<endl;
    return 0;
}
```

【程序运行结果】

```
请输入一个整数、一个浮点数和一个字符: 100  3.14159  Y [Enter]
整数: 100
浮点数: 3.14159
字符: Y
```

【程序解析】 从上例的输出可以看出,各个数值分别储存在各自的变量中。如果用户的输入如下:

```
5.7  4  B
```

那么,程序将把 5 存储在变量 whole 中,将 0.7 存储在变量 fractional 中,把 4 存储在变量 letter 中,所以必须以正确的格式输入各个数值。

cin 读入字符串的方式与 scanf 函数类似,并且也是采用字符数组存储字符串,例如:

```
char company[12];
cin >>company;
```

该数组最多能存储 12 个字符,并且最后一位应是'\0',表示字符串的结束。

【注意】 如果用一个字符数组存储字符串,要确保该字符数组足够大,能够存储字符串中的所有字符(包括空字符'\0')。

【例 1-6】 采用 cin 对象读取一个字符串。

```
#include <iostream>
using namespace std;
int main()
{
    char name [21];

    cout << "What is your name? ";
    cin >>name;
```

```
    cout <<"Hi, " <<name <<endl;
    return 0;
}
```

【程序运行结果】

```
What is your name? Zhang san [Enter]
Hi, Zhang
```

【注意】 cin 对象允许用户输入一个比字符数组容量大的字符串，但字符串会溢出，从而破坏内存中的其他数据，因此在输入字符串时，不要超出字符数组的有效容量。

1.4 标识符

标识符是由程序员定义的记号，用来标识程序中元素的名字。变量名是标识符的一种，在程序中，只要不使用 C++ 预定义的关键字，可以随意选择变量名。关键字是 C++ 的“核心”，它有特定的用途。表 1-1 给出了 C++ 的关键字，它们全都是小写字母。

表 1-1 C++ 的关键字

asm	auto	break	bool	case
catch	char	class	const	const_cast
continue	default	delete	do	double
dynamic_cast	else	enum	explicit	extern
false	float	for	friend	goto
if	inline	int	long	mutable
namespace	new	operator	private	protected
public	register	reinterpret_cast	return	short
signed	sizeof	static	static cast	struct
switch	template	this	throw	true
try	typedef	typeid	typename	union
unsigned	using	virtual	void	volatile
wchar_t	while			

定义标识符应尽量选择有含义的英文单词，下面的变量命名毫无意义：

```
int x ;
```

因为从 x 看不出变量的任何含义，而下面的命名就比较好：

```
int itemsOrdered;
```

通过变量名 itemsOrdered，可以很容易地看出该变量的意义。这种编程风格使得程序易于理解和维护，因为一个大的系统通常由数万行源代码构成，程序的可读性十分重要。

标识符是区分大小写的，变量 itemsOrdered 和 itemsordered 是两个不同的变量。之所以将变量 itemsOrdered 中的 O 大写，是为了增强程序的可读性，例如：

```
int itemsordered;
```

是清一色的小写字母，使人不易读懂，因此这不是好的变量名。

有些程序员喜欢使用下画线连接单词构成变量名，这个风格也不错，例如：

```
int items_ordered;
```

总之，选择标识符时，要尽可能做到"见名知意"，选择有含义的单词符号作标识符，使别人(包括你本人)容易读懂你的程序。

1.5 布尔类型

为了纪念英国数学家乔治·布尔(George Boolean)，在程序设计语言中引入了"布尔"类型。在 C 语言中已经学习过布尔表达式，它是一个具有真值或假值的表达式。C 语言并没有提供布尔数据类型，C++ 为了方便程序员的使用，引入了布尔类型。

在布尔数据类型中，将**非 0 值解释为 true**，将 **0 值解释为 false**。

【例 1-7】 布尔变量的输入和输出。

```
#include <iostream>
using namespace std;
int main()
{
    bool bValue;

    bValue =true;                    //true 实际上就是数值 1
    cout <<bValue <<" ";
    bValue =false;                   //false 实际上就是数值 0
    cout <<bValue <<endl;
    return 0;
}
```

【程序运行结果】

```
1    0
```

【程序解析】 从程序的输出可以看出，true 是用 1 表示，false 是用 0 表示。布尔变量虽然不常用，但它对条件表达式的判断非常有用。

【注意】 从程序设计语言原理的角度讲，布尔变量的取值只能是真或假，但 C++ 中对它的定义很不严格，将 0 视为 false，将非 0 视为 true。这是为了向下兼容，即兼容它的子集 C 语言，因为 C 就是这样定义的。

1.6 培养良好的编程风格

程序员使用标识符、空格、Tab 键、空行、标点符号、代码缩进排列和注释等来安排源代码的方式，这就构成了编程风格中重要的组成部分(此外还有程序设计方法等)。

1.6.1　风格对比

当编译器对源程序进行编译时，它会将程序处理为一个长字符串。一条语句不在同一行或者操作符和操作数之间有空格，都不会影响编译。但是，阅读程序的人很难读懂这种书写不规范的程序。例 1-10 虽然没有什么语法错误，但却很难读懂。

【例 1-8】　很烂的风格。

```
#include <iostream>
using namespace std;
int main(){float shares=220.0;float avgPrice=10.67f;cout <<"There were "<<
shares<<" shares sold at RMB"<<avgPrice<<"per share.\n"; return 0;}
```

上面的程序虽然并没有违反 C++ 的语法规则，但却难以阅读。较为理想的编程风格应该在编程时使用空格和代码缩进排列，从而使别人能很快读懂你的程序。

【注意】　尽管编程风格的自由度很大，但我们还是应该遵循程序设计的国际常规。这样，其他程序员才会很容易读懂你的程序。本书的编程风格是国际编程风格中的一种，建议模仿我们的编程风格。当然，你也可以不模仿，可以参考国际知名公司的风格，例如 Microsoft、IBM 和 Oracle 等公司的编程风格都很好。不同的公司风格也不尽相同，你可以参考他们提供的样式文件，如头文件，这样对培养你的编程风格大有帮助。

除了前面提到的编程风格以外，还有如何处理一行中太长的语句，C++ 是流式语言，它允许将长语句写在不同行。例如，将一个 cout 语句用 5 行书写：

```
cout <<"华氏温度为："
     <<fahrenheit
     <<"摄氏温度为："
     <<centigrade
     <<endl;
```

当然，也可以将上面的 cout 语句写在一行上。变量的定义也可以分行写，例如：

```
int fahrenheit,              //存储华氏温度
    centigrade;              //存储摄氏温度
```

总之，如果你的编程风格没有形成或不太好，那么就请先模仿我们的编程风格吧。

1.6.2　注释方法

注释是为程序员提供的，用来说明程序的一部分或解释代码的某一个方面。注释是程序的组成部分，但编译器在编译时忽略它，并不构成可执行代码。它也属于编程风格中关键的一环。

许多程序员都会在源程序中尽可能少地加注释语句，因为编写源代码本身已经够痛苦了。但是，养成加注释的习惯是很有帮助的。编程时可能要花费额外的时间，但在以后将会节省很多的时间。假设你辛苦数月编写了一个大约 8000～10 000 行 C++ 程序，完成了编码，并且调试成功，交给了客户使用，于是你继续做下一个项目。一年以后需要对程序进行

修正。当你打开数万行没有注解的源代码时，你发现有许多函数，已经不知道它们的功能，当初设计的目的是什么都不知道，这时你就会想，要是当初加一些必要的注释就好了，但为时已晚，你目前要做的只能是用较多的时间来理解源程序，或者完全重写。

上述假设可能有些极端，只是现在还没有发生在你身上。现实程序往往规模大、构造复杂，必须给程序添加必要的注释，增加程序的可读性，使程序易于维护。

C++ 支持两种注释方法，一种方法是以双斜线//开始，直到本行结束，它可以出现在程序的任意一个地方，例如：

```
//*****************************************************************
//作        者：张 三
//功        能：计算 xxx 公司的员工的工资
//最后修改时间：2018 年 12 月 3 日
//*****************************************************************
#include <iostream>
using namespace std;
int main()
{
    float payRate;              //存储单位小时内的工资
    float hours;                //存储员工已经工作的小时数
    int empNum;                 //存储工号
    …
}
```

注释可以解释变量的用途和程序的复杂算法，但不能走另一个极端：为每一个语句都加注释，下面的程序就是注解过多：

```
//*****************************************************************
//作        者：张 三
//功        能：计算 xxx 公司的工资
//最后修改时间：2018 年 1 月 1 日
//时 间 要 求：计算工资至少要在每月的 30 号 12:00AM 之前完成
//运 行 方 法：要运行本程序应当通过鼠标双击 pay.exe 文件
//*****************************************************************
#include <iostream>
using namespace std;            //必须包含 iostream,因为该程序要使用 cout
int main()                      //这是主函数
{
    float payRate;              //存储单位小时内的工资
    float hours;                //存储工作的小时数
    int empNum;                 //存储员工号
    …
}
```

【注意】 不必为程序的每一行都加注释，也不必为一目了然的代码加注释，只要注解适当的代码，有助于他人理解即可。

注释的另一种方法是使用/*　*/，这是 C 语言中的注释风格。因为 C++ 是 C 的扩充版，所以它支持 C 的注释方法。在 C 语言中，注释是以/*开头、以*/结束的。编译器将忽略这两个符号之间的所有语句，例如：

```
/*
  作         者：张 三
  功         能：计算 XXX 公司的工资
  最后修改时间：2018 年 12 月 3 日
*/
#include <iostream>
using namespace std;
int main()
{
    float payRate;           /*存储单位小时内的工资*/
    float hours;             /*存储工作的小时数    */
    int empNum;              /*存储员工号          */
    …
}
```

C 注释方法能跨越多行，不用为每一行都作标记，便于多行注释。但对单行注释并不方便，程序员往往把两者结合起来使用：使用 C 注释方法完成多行注释，使用 C++ 注释方法完成单行注释。

1.7　格式化输出

cout 对象提供了格式化数据输出的方法，可以指定数据在屏幕上的显示方式。例如，下列各项数据虽然显示形式不同，但它们表示的数值却是相同的：

```
630
630.0
630.00000000
6.3 e+2
+630.0
```

数据的输出方式称为数据的格式化，cout 对象为每种类型的数据提供有格式化输出的方法。

【例 1-9】　显示了 3 行数字，数据之间用空格隔开。

```
#include <iostream>
using namespace std;
int main()
{
    int num1 =2897, num2 =5, num3 =837,
        num4 =34, num5 =7, num6 =1623,
        num7 =390, num8 =3456, num9 =12;
        //显示第一行数
```

```
    cout <<num1 <<"   ";    //num1 后面空了 3 个空格
    cout <<num2 <<"   ";
    cout <<num3 <<endl;
      //显示第二行数
    cout <<num4 <<"   ";
    cout <<num5 <<"   ";
    cout <<num6 <<endl;
      //显示第三行数
    cout <<num7 <<"   ";
    cout <<num8 <<"   ";
    cout <<num9 <<endl;
    return 0;
}
```

【程序运行结果】

```
2897  5  837
34  7  1623
390  3456  12
```

【程序解析】 从上述输出结果可见,这些数据在排列上并没有对齐,真遗憾！这是因为一些数据如 5 和 7,只占一个字符的位置,而其他数据占 2 个、3 个或 4 个字符位置。为了弥补 cout 输出能力的不足,可分别采用操作符和函数成员实现格式化输出。

1.7.1 采用操作符实现格式化输出

格式化输出的操作符主要有：setw、setprecision 和 setiosflags,下面分别介绍。

setw 操作符为每个输出数据项指定宽度,例如：

```
value =68;
cout <<setw(5) <<value;
```

setw 括号里的数值指定了将要输出的数据域宽,即输出数据在屏幕上所占的空间。上例指定了 value 的域宽是 5,由于它的值是 68,占两个字符的宽度,因此将在 68 前面填充 3 个空格,请看如下语句：

```
value =68;
cout <<"(" <<value <<")";      //通过括号测试输出数据所占的宽度
```

输出如下：

```
(68)
```

如果在输出中加一个 setw(5)：

```
value =68;
cout <<"(" <<setw(5) <<value <<")";
```

输出如下：

```
(   68)
```

可以看出,68占了域宽的最后两个位置,用3个空格填充68前面的3个位置。由于数据在右边,空格在前面,所以称这种对齐方式为**右对齐**。

【注意】 虽然在使用setw时要带括号,但它并不是函数,而是用于设置输出项宽度的操作符。

【例1-10】 演示setw对整数、浮点数和字符串指定输出域宽。

```
#include <iostream>
#include <iomanip>          //注意这个头文件
using namespace std;
int main()
{
    int intValue =3928;
    float floatValue =91.5;
    char cStringValue[] =" Confucius & Mo-tse";

    cout <<"(" <<setw(5) <<intValue <<")" <<endl;
    cout <<"(" <<setw(8) <<floatValue <<")" <<endl;
    cout <<"(" <<setw(20) <<cStringValue <<")" <<endl;
    return 0;
}
```

【程序运行结果】

```
(3928)
(    91.5)
( Confucius & Mo-tse)
```

【注意】 上面程序包含了一个头文件iomanip,只有包含了该头文件才能使用setw。

【程序解析】 setw用于设置与它相邻的下一个输出项的域宽,一旦该项输出完毕,将把后面的域宽恢复为默认值,以上面的intValue为例说明:

```
cout <<setw(5) <<intValue <<intValue;
```

那么,在输出第一个intValue时,将占5个字符的宽度,而输出第二个intValue时,将占4个字符的宽度。这是因为一旦输出完毕,后面的输出项将按默认宽度处理。

如果输出数据宽度大于setw指定的域宽,那么会发生什么现象呢?例如:

```
value =18397;
cout <<setw(2) <<value;
```

在此情况下,cout完整地输出value的值。也就是说,cout不会截断数据,而是原样输出。通过上面的示例,可以总结出以下几点:

(1) 浮点数的域宽包括小数点所占的位置。

(2) 数值的输出默认为右对齐,即数据在右边,空格填充在数据左边。

(3) 字符串中空格也属于有效的字符,并且占域宽。

在 cout 输出中，可以采用 setprecision **操作符**指定浮点数的输出精度，即输出数的有效位数。

【例 1-11】 采用 setprecision 指定浮点数的输出精度。

```
#include <iostream>
using namespace std;
#include <iomanip>
int main()
{
    float quotient, number1 =132.364f, number2 =26.91f;

    quotient =number1 / number2;
    cout <<quotient <<endl;
    cout <<setprecision(5) <<quotient <<endl;
    cout <<setprecision(4) <<quotient <<endl;
    cout <<setprecision(3) <<quotient <<endl;
    cout <<setprecision(2) <<quotient <<endl;
    cout <<setprecision(1) <<quotient <<endl;
    return 0;
}
```

【程序运行结果】

```
4.91877
4.9188
4.919
4.92
4.9
5
```

【程序解析】 第一个 cout 没有使用 setprecision 指定输出精度(系统默认的浮点数有效位数是 6 位)，随后的 cout 语句分别指定了不同的有效位数 5、4、3、2、1。

如果输出数的精度比操作符 setprecision 指定的小，则该指定失效。例如，在下面的语句中，由于 dollars 的精度为 4(只有 4 位有效数字)，小于 setprecision 的指定值(5 位)，因此 cout 语句的输出结果是 24.51，与不指定精度的结果完全相同。

```
float dollars =24.51f;
cout <<dollars <<endl;                    //输出 24.51
cout <<setprecision(5) <<dollars <<endl;  //输出结果与上相同
```

表 1-2 说明了利用 setprecision 控制不同类型数值的精度。

表 1-2 利用 setprecision 控制不同类型数值的精度

数据	操作符	显示结果
28.92786	setprecision(3)	28.9
21	setprecision(5)	21

续表

数据	操作符	显示结果
109.5	setprecision(4)	109.5
34.28596	setprecision(2)	34

setprecision 设置输出精度和 setw 设置宽度的一个不同点是：**精度的设置在它被重新设置之前一直有效，而 setw 仅对与其相邻一个输出项有效。**

此外，使用 setprecision 和使用 setw 一样，必须在程序中包括头文件 iomanip。

【例 1-12】 利用操作符 setw 和 setprecision 控制浮点数的输出。

```
#include <iostream>
using namespace std;
#include <iomanip>
int main()
{
    double day1, day2, day3, total;

    cout <<"输入第 1 天的销售量：";
    cin >>day1;
    cout <<"输入第 2 天的销售量：";
    cin >>day2;
    cout <<"输入第 3 天的销售量：";
    cin >>day3;
    total =day1 +day2 +day3;
    cout <<"\n 销售数据\n";
    cout <<setprecision(5);
    cout <<"第 1 天:"<<setw(8) <<day1 <<endl;
    cout <<"第 2 天:"<<setw(8) <<day2 <<endl;
    cout <<"第 3 天:"<<setw(8) <<day3 <<endl;
    cout <<"总 和:"<<setw(8) <<total <<endl;
    return 0;
}
```

【程序运行结果】

```
输入第 1 天的销售量：189.89 [Enter]
输入第 2 天的销售量：266.76 [Enter]
输入第 3 天的销售量：399.59 [Enter]

销售数据
第 1 天：189.89
第 2 天：266.76
第 3 天：399.59
总　和：856.24
```

【程序解析】 程序的运行结果比较简单，不再解释。操作符 setprecision 还有一种作用：当数值的设定精度较小时，数值将以科学计数法显示。例如，如果上例中有较大的数值输入时，则有

```
输入第 1 天的销售量: 123456.78 [Enter]
输入第 2 天的销售量: 234567.89 [Enter]
输入第 3 天的销售量: 345678.56 [Enter]

销售数据
第 1 天: 1.2346e+005
第 2 天: 2.3457e+005
第 3 天: 3.4568e+005
总  和: 7.037e+005
```

可以看到，输出数据以科学计数法显示。

另外一个流操作符是 setiosflags，用来控制 cout 输出定点形式的浮点数。将上例中的格式控制修改如下：

```
…
cout <<"输入第 3 天的销售量: ";
cin >>day3;
total =day1 +day2 +day3;
cout <<"\n 销售数据\n";
cout <<setprecision(2) <<setiosflags(ios::fixed);
…
```

那么程序的输出结果，无论是否有小数，都将显示 2 位小数。

【注意】 setiosflags 括号里的内容称为格式状态标志，ios 有许多状态标志。setiosflags 可用于许多方面的格式化输出，当它的状态标志设定为 ios::fixed 时，操作符 setprecision 括号内的数字指的是十进数小数的位数，而不再是整个数的位数。

在上例的输出中，假设程序输出的销售总额是 5422.30。在一般情况下，cout 不会输出尾部的零，只有通过 setiosflags 和 setprecision 指定才会这样输出。在有些情况下，cout 也不会输出十进制小数点。例如，下面的语句输出 12，而不是 12.00：

```
float number =12.0f;
cout <<setprecision(4) <<number;
```

当需要同时指定多个状态标志时，只需在操作符 setiosflags 括号之内使用|连接各个状态标志位即可，例如：

```
float number =12.0f;
cout <<setiosflags(ios::showpoint | ios::fixed)
    <<setprecision(2) <<number;
```

将输出 12.00 小数形式。表 1-3 给出了操作符 setiosflags 各状态标志位的功能。

表 1-3　操作符 setiosflags 状态标志位的功能

状态标志	功　能
ios::left	左对齐，右边填充空格
ios::right	右对齐，左边填充空格
ios::fixed	以定点形式输出浮点数
ios::scientific	以科学计数法形式输出浮点数
ios::dec	使随后的所有整数以十进制形式输出
ios::hex	使随后的所有整数以十六进制形式输出
ios::oct	使随后的所有整数以八进制形式输出
ios::showpoint	输出小数点和尾部的零
ios::showpos	在正数前面输出＋
ios::uppercase	对于十六进制输出，使用大写字母表示

1.7.2　采用函数成员实现格式化输出

格式化输出的第二种方法是使用 cout 对象的函数。输出项的域宽、精度和状态标志都可以由 cout 的函数成员指定。例如，下面的语句指定了输出项的域宽：

```
cout.width(5);
```

cout 对象调用函数成员 width，设定输出项的域宽为 5，这和在变量前使用 setw(5)是等同的。

cout 的另外一个函数成员是 precision，用来设定浮点数的精度。例如，下面的语句将精度设定为 2：

```
cout.precision(2);
```

上述设定将会保持到重新设定或程序的结束。

cout 的函数成员 setf 用来设置状态标志，它与操作符 setiosflags 的功能相同，例如：

```
cout.setf(ios::fixed);
```

也可以在函数成员 setf 中采用|连接多个状态标志，例如：

```
cout.setf(ios::fixed | ios::showpoint | ios::left);
```

与 setf 功能相反的函数成员是 unsetf，用于清除已经设置的状态标志。例如，下列语句关闭状态标志 ios::fixed 和 ios::left：

```
cout.unsetf(ios::fixed | ios::left);
```

【例 1-13】　使用函数成员实现格式化输出。

```
#include <iostream>
using namespace std;
#include <iomanip>
```

```
int main()
{
    double day1, day2, day3, total;

    cout <<"输入第 1 天的销售量: ";
    cin >>day1;
    cout <<"输入第 2 天的销售量: ";
    cin >>day2;
    cout <<"输入第 3 天的销售量: ";
    cin >>day3;
    total =day1 +day2 +day3;
    cout <<"\n 销售数据\n";
    cout.precision(2);                          //采用函数成员设置精度
    cout.setf(ios::fixed | ios::showpoint);     //采用函数成员设置小数点显示
    cout <<"第 1 天:";
    cout.width(8);                              //采用函数成员设置输出项的宽度
    cout <<day1 <<endl;
    cout <<"第 2 天:";
    cout.width(8);
    cout <<day2 <<endl;
    cout <<"第 3 天:";
    cout.width(8);
    cout <<day3 <<endl;
    cout <<"总 和:"<<setw(8) <<total <<endl;    //setw 和 width 效果等同
    return 0;
}
```

【程序运行结果】

```
输入第 1 天的销售量: 1234.56 [Enter]
输入第 2 天的销售量: 2345.67 [Enter]
输入第 3 天的销售量: 3456.78 [Enter]

销售数据
第 1 天: 1234.56
第 2 天: 2345.67
第 3 天: 3456.78
总    和: 7037.01
```

【程序解析】 函数成员 width 和操作符 setw 一样,仅对与其相邻的下一个输出项有效。表 1-4 总结了 cout 函数成员的使用。

表 1-4 cout 函数成员的使用

函数成员	功　能	函数成员	功　能
cout. width()	设置显示项的宽度	cout. setf()	设置指定的格式标志
cout. precision()	设置浮点数的精度	cout. unsetf()	关闭指定的格式标志

1.7.3　对函数成员的初步讨论

函数成员是一个函数，它是对象的一部分，可以执行对象的一个操作。

对象是程序的构成部分，它包含数据和对数据的操作。对象把数据和对数据的操作封装在一起，称之为一个封装体。在 C++ 中，把对象中的操作称为函数成员。这是因为它们是对象中的函数，或者说属于一个对象。函数成员的使用简化了程序设计，而且减少了出错的机会。无论对象用于何处，它不但包含数据也包含对数据的操作。当使用对象（如 cout 和 cin）时，不必书写自己的代码去操作对象的数据，只需了解对象的函数成员以及如何使用即可。

在 OOP 中，调用对象的函数成员有一个专门的术语：**向对象发送消息**。例如，在下面的语句中，给 cout 对象发送一个消息，设定输出宽度为 7 个字符：

```
cout .width(7);
```

而下面的语句是给对象 cin 发送一个消息，cin 将读取键盘缓冲区中一个字符，并把它储存在 ch 变量中：

```
cin. get(ch);
```

上面所有的 cout 和 cin 函数成员都是用 C++ 写的，在后面的章节中将学习如何设计自己的对象和函数成员。

1.8　格式化输入

采用 cin 对象输入数据是最为频繁的一个方法，它的功能很多，就像 C 中常用的 scanf 函数一样，但它比 scanf 更为方便。

1.8.1　指定输入域宽

cin 与 cout 的功能虽然不同，但它们有许多类似点。例如，都可以指定域宽。cin 的输入域宽可以使用操作符 setw 指定，也可使用 cin. width 函数成员指定。cin 在读入一个字符串时，不能根据字符数组的长度自动读入字符，如果用户输入过多的字符，超过了字符数组的长度，cin 会将多余字符储存到该数组的后面，这就有可能覆盖其他变量。如果为其指定了输入域宽，就可解决这一问题。

下面定义了一个长度为 10 的字符数组，采用 setw 规定 cin 读入的字符个数不能超过数组的有效范围：

```
char word[10];
cin >>setw(10) >>word;
```

同样也可以使用函数成员 width 指定输入域宽：

```
cin.width(10);
cin >>word;
```

在上述两种情况下，指定的输入域宽都是10，cin将最多读取9个字符，因为数组最后一个位置应存储字符'\0'。

【例1-14】 使用操作符setw或函数成员width控制字符串输入。

```
#include <iostream>
using namespace std;
#include <iomanip>
int main()
{
    char word [5];

    cout << "请输入一个单词：";
    cin >>setw(5) >>word;
    cout << "你输入的是：" <<word <<endl;
    return 0;
}
```

【程序运行结果】

```
请输入一个单词：Chinese [Enter]
你输入的是：Chin
```

【程序解析】 运行该程序时，最多只能读取4个有效的字符。可以将上例中：

```
cin >>setw(5) >>word;
```

修改成如下形式，效果等同：

```
cin.width(5);
cin >>word;
```

在上面程序中，cin只读取4个字符到字符数组。如果没有指定输入域宽，cin会读取整个字符串"Chinese"，这将产生溢出。

关于cin的输入域宽，还要注意以下3点：

(1) 域宽只对与其相邻的下一个输入有效。

(2) 当cin遇到空字符时，它将停止读入。**空字符包括回车、空格和Tab键**。

(3) 当cin读取一定的字符以后，多余的字符将留在缓冲区中。例如，在上例的输入中，由于只读取了4个字符，那么留在缓冲区中的字符是"ese"。

1.8.2 读取一行

cin提供的函数成员getline，一次能够读取一行，例如：

```
cin.getline(sentence, 20);
```

函数的第一个参数是数组名，第二个参数是待读取的字符个数(含空字符)。上述语句将最多读取19个字符，最后一个位置用于存储'\0'。

【例1-15】 采用getline函数成员读取字符。

```
#include <iostream>
using namespace std;
int main()
{
    char sentence [81];                //81 个字符的位置

    cout <<"请输入一个句子：";
    cin.getline(sentence, 81);
    cout <<"你输入的是：" <<sentence <<endl;
    return 0;
}
```

【程序运行结果】

```
请输入一个句子：I love China! [Enter]
你输入的是：I love China!
```

【注意】 采用 cin. getline 读取字符串时，将读取换行符前面的所有字符（包含换行符）；但向数组中存储字符时，并不存储换行符。

1.8.3 读取一个字符

在程序设计中，经常遇到要读取一个字符的情况。例如，系统中经常出现的提示"按任意键继续"；另一种情况是系统提供给用户选择菜单，要求用户输入其中的一个字母。实现这些功能的最简单方法是采用>>。

【例 1-16】 采用>>输入字符并显示。

```
#include <iostream>
using namespace std;
int main()
{
    char ch;

    cout <<"请输入一个字符并按回车键：";
    cin >>ch;
    cout <<"你输入的字符是：" <<ch <<endl;
    return 0;
}
```

【程序运行结果】

```
请输入一个字符并按回车键：      HW [Enter]
你输入的字符是：H
```

【程序解析】 在上例的输入中，作者故意在字母 H 之前输入了若干个空格，并输入了 2 个字符，但输出结果仍然是 H，这说明 cin 能自动跳过字母 H 前面的所有空白字符，然后读取一个字符，将字符'W'遗留在缓冲区中。

【注意】 cin 能够自动识别当前读入的数据类型。在例 1-16 中，由于 ch 是一个字符变量，因此在ch中储存字符'H'。如果ch是一个字符数组，cin会存储整个串和串的结束标志'\0'。

在例1-16中，使用cin读入字符时，它将忽略字符H之前的所有空格，这是因为cin不读取空格、跳格和回车键。如果要求用户“按Enter键继续”，就不能使用cin实现该功能，要使用cin的函数成员get，它能读取包括空格在内的任意字符。

【例1-17】 采用cin的函数成员get输入字符。

```
#include <iostream>
using namespace std;
int main()
{
    char ch;

    cout <<"按 Enter 键继续 ...";
    cin.get(ch);
    cout <<"谢谢!" <<endl;
    return 0;
}
```

【程序运行结果】

```
按 Enter 键继续 ... [Enter]
谢谢!
```

【注意】 get和>>操作符的唯一差别是：get读取输入中的第一个字符，包括空格、Tab键和Enter键；而>>只读取输入中的第一个非空白字符。

1.8.4 读取字符时容易出错的地方

如果将cin>>和cin.get混合使用，往往会出现难以发现的问题，例如：

```
cout <<"请输入一个整数: ";
cin >>number;
cout <<"请输入一个字符: ";
cin.get(ch);
```

假设要给number变量读入100，给ch变量读入H。首先输入100，并按Enter键，结果发现cin.get语句被跳过了，根本不给输入字符H的机会，这是什么原因呢？

这是因为cin>>和cin.get都是从**键盘缓冲区**(实际上就是一块内存空间)中读入用户的按键。当用户输入100并按Enter键，此时Enter键引起的换行符('\n')被存储在键盘缓冲区中。当cin>>读入100后就停止了，换行符则留在键盘缓冲区中，这意味着cin.get读入的字符将是'\n'，所以就没有输入字符H的机会。如何解决这个问题呢？答案是采用cin的函数成员ignore，该函数能够使cin对象跳过键盘缓冲区的字符，它的一般形式如下：

```
cin.ignore(n, c);
```

ignore括号中的参数都是可选的，其中n是一个整数，c是一个字符。含义是cin跳越n个字符，或者是直到遇到字符c为止。例如，下面的语句使cin跳越20个字符，或者是遇到一个换行符，哪一种情况先出现都可以，都将停止 cin 的跳越：

```
cin.ignore(20, '\n');
```

如果 cin.ignore 没有参数，表示跳过键盘缓冲区中的第一个字符，例如：

```
cin.ignore();
```

解决 cin>>和 cin.get 混合出现问题的方法是：在 cin>>语句之后加一条 cin.ignore 语句：

```
cout <<"请输入一个整数: ";
cin >>number;
cin.ignore();                              //忽略 number 后面的一个字符
cout <<"请输入一个字符: ";
cin.get(ch);
```

1.9　函数的默认参数

C++ 支持默认参数，如果在函数调用中省略了函数实参，将把参数的默认值赋给函数形参。默认值的设定通常是在函数原型中给出，例如：

```
void showArea(float length =20.0, float width =10.0);
```

由于函数原型中参数名是可选的，所以也可以这样定义函数原型：

```
void showArea(float =20.0, float =10.0);          //省略形参名
```

在上面的函数原型中，函数 showArea 有两个 float 型参数，第一参数的默认值是 20.0，第二参数默认值是 10.0，下面是函数的定义：

```
void showArea(float length, float width)
{
    float area =length * width;
    cout <<"The area is" <<area <<endl;
}
```

在上例中，length 变量的默认值是 20.0，width 变量的默认值是 10.0。由于这两个参数都有默认值，可在函数调用中全部省略实参，例如：

```
showArea();
```

此时将把默认值赋给参数，即 length 的值是 20.0，width 的值是 10.0。如果按照如下形式调用函数：

```
showArea(12.0);
```

系统将把 12.0 赋给 length，而 width 取默认值 10.0。当然，如果进行如下形式的调用，参数的所有默认值都将被覆盖：

```
showArea(12.0, 5.5);
```

也就是说,length 的值将是 12.0,width 的值将是 5.5。

【注意】 如果在程序中没有给出函数原型,那么默认值可以在定义函数时给出。例如,假设在程序中直接定义了 showArea 函数,那么它的形参默认值也应在定义时给出:

```
void showArea(float length =20.0, float width =10.0)
{
    float area =length * width;
    cout << "The area is "<<area <<endl;
}
```

【注意】 函数参数的默认值应该在函数名最早出现的地方给出,通常在函数原型中,这是因为我们往往是先写函数的原型,然后再定义函数。

【例 1-18】 定义了一个具有默认值的函数,通过参数值说明要显示的星号。

```
#include <iostream>
using namespace std;
//下面是一个函数原型,给出了参数默认值
void displayStars(int =10, int =1);
int main()
{
    displayStars();
    displayStars(5);
    displayStars(7, 3);
    return 0;
}
//**************************************************************************
//displayStars 函数的定义,函数参数 cols 的默认值是 10,rows 的默认值是 1
//显示一个由星号构成的矩形
//**************************************************************************
void displayStars(int cols, int rows)
{
    for(int down =0; down <rows; down++)
    {
        for(int across =0; across <cols; across++)
            cout <<"*";
        cout <<endl;
    }
}
```

【程序运行结果】

```
**********
*****
*******
*******
*******
```

【程序解析】 第一次调用 displayStars()，由于都采用了默认参数，故按 cols=10，rows=1 处理。第二次调用 displayStars(5)，按 cols=5，rows=1 处理。最后一次调用 displayStars(7, 3)，默认值失效，按 cols=7，rows=3 处理。

对于参数的默认值要注意如下几点：

(1) **调用形式**。以例 1-18 中的 displayStars 函数为例，下面的调用是非法的：

```
displayStars(, 3);
```

在函数调用中，如果第一个参数用默认值，而第二个参数用指定值，那么这是错误的。

(2) **如果函数的一个参数具有默认值，那么它右边的参数都要有默认值**。如果 displayStars 函数的 cols 参数具有默认值，而右边的 rows 参数不具有默认值，那么这是错误的：

```
void displayStars(int cols =10, int rows);
```

(3) **函数的参数不一定都要有默认值**。如果将上例中的 displayStars 函数原型修改如下：

```
void displayStars(int cols, int rows=0);      //只有右边的参数具有默认值
```

那么，下面的调用都是合法的：

```
displayStars(5);                              //rows 具有默认值 0
displayStars(7, 3);                           //不使用默认值
```

(4) 参数的**默认值必须是常量**(包括字符、数值和字符串等)，不能是变量。

1.10 引用作函数参数

按值传递是 C 语言中常用的参数传递方法，C++ 除了支持按值传递以外，还支持按引用传递。通过引用作参数，可以修改调用函数中的变量，它比传递指针方便得多。

下面首先举一个通俗的例子说明什么是引用。假设你的大名叫张三，小名(即别名)叫李四，那么张三和李四都是你的名字，我们可以说张三和李四都是你的引用。张三的任何变化(如长高 2cm)在李四身上都有反映。C++ 的引用变量，简称为引用，它是另外一个变量的别名，对引用变量的任何修改都将影响该引用所代表的变量。通过引用作函数参数，一个函数就可改变另外一个函数中的变量。

定义引用与定义一般变量类似，只需在变量名前加一个符号 &。例如，下面的函数将参数 refVar 定义为引用：

```
void doubleNum(int & refVar)
{
    refVar * =2;
}
```

在定义函数原型时，如果参数是引用，只要在类型之后加一个符号 & 即可。例如，下面是函数 doubleNum 的原型：

```
void doubleNum(int &);
```

【例 1-19】 引用的基本应用。函数 getNum 要求用户输入一个值，并存储在引用变量 userNum 中，userNum 是 main 定义的变量 value 的引用。

```
#include <iostream>
using namespace std;
//下面是 doubleNum 和 getNum 函数的原型,它们的参数都是一个引用
void doubleNum(int &);
void getNum(int &);

int main()
{
    int value;

    getNum(value)                         //在函数调用时没有符号 &
    doubleNum(value);
    cout <<"乘以 2 以后的结果是: " <<value <<endl;
    return 0;
}

//**************************************************************
//getNum 函数。函数参数是一个引用,从键盘上读一个值并存储到 userNum
//**************************************************************
void getNum(int &userNum)
{
    cout <<"请输入一个数: ";
    cin >>userNum;
}

//**************************************************************
//doubleNum 函数。函数参数是一个引用,在函数内将该参数乘以 2
//**************************************************************
void doubleNum(int &refVar)
{
    refVar *=2;
}
```

【程序运行结果】

```
请输入一个数: 10 [Enter]
乘以 2 以后的结果是: 20
```

【注意】 *在函数调用中没有符号 &。*

如果一个函数具有多个引用参数，一定要在每个引用变量前加符号 &。例如，下面是一个具有 4 个引用参数的函数原型和定义：

```
//下面是addThree函数的原型
void addThree(int &, int &, int &, int &);
//下面是addThree函数的定义
void addThree(int &sum, int &num1, int &num2, int &num3)
{
    cout <<"请输入3个整型值:";
    cin >>num1 >>num2 >>num3;
    sum =num1 +num2 +num3;
}
```

【注意】 引用是C++提供的一个便利,但不要过多地将引用作函数参数,否则会产生许多难以调试的问题。

1.11　函数重载

函数重载就是定义多个函数,它们的名字相同,但参数的类型或参数的个数不全相同。

有时要定义多个函数,它们执行的操作类似,但函数的参数类型或个数不全相同。许多程序设计语言(如C和PASCAL)都规定函数名不能重复,例如,将计算int型参数平方值的函数命名为squareInt,而将参数为float型的函数命名为squareFloat。然而C++允许函数重载,**可以给多个函数取相同的名字,只要它们的参数列表不全相同。**

【例1-20】 函数重载。定义两个函数,其中一个square函数具有一个int型参数,而另一个具有float型参数,它们执行的操作都是返回参数的平方值,唯一的区别是参数的类型不同。

```
#include <iostream>
using namespace std;
int square(int);                          //函数原型
float square(float);                      //函数原型
int main()
{
    int userInt;
    float userFloat;

    cout.precision(2);
    cout <<"请输入一个整数和浮点数:";
    cin >>userInt >>userFloat;
    cout <<"它们的平方为:";
    cout <<square(userInt) <<" 和 " <<square(userFloat) <<endl;
    return 0;
}

//***************************************************************
//定义重载函数square,参数为int,返回值是int参数的平方
//***************************************************************
```

```
int square(int number)
{
    return number * number;
}

//*****************************************************************
//定义重载函数 square,参数为 float,返回值是 float 参数的平方
//*****************************************************************
float square(float number)
{
    return number * number;
}
```

【程序运行结果】

```
请输入一个整数和浮点数: 10  3.14 [Enter]
它们的平方为: 100 和 9.9
```

【程序解析】 C++在进行函数调用时，不仅靠函数名识别函数，而且还要看参数列表。在上面程序中，当一个 int 型的值传给函数 square 时，将调用具有 int 型参数的函数 square。同样，当一个 float 型的变量传给函数时，将调用具有 float 型参数的函数。

【注意】 不能采用函数返回值的类型来区别函数的重载。例如，下面给出的两个重载函数是错误的：

```
int square(int);                    //不能依靠函数返回值的类型区别重载
float square(int);
```

函数重载便于编程。假设有一个函数要计算参数的和，第一个函数是计算两个整型参数的和，第二个函数是计算 3 个整型参数的和，最后一个是计算 4 个整型参数的和，下面给出了这些函数的原型：

```
int sum(int num1, int num2);
int sum(int num1, int num2, int num3);
int sum(int num1, int num2, int num3, int num4);
```

由于上述函数参数的个数不同，因此它们是正确的函数重载。

【例 1-21】 采用函数重载，计算员工的周薪。定义了两个名为 calcWeeklyPay 的函数，它们都用于计算员工的周薪，其中一个函数具有两个参数，而另一个函数有一个参数。

```
#include <iostream>
using namespace std;
//下面给出了 3 个函数的原型
void getChoice(char &);
float calcWeeklyPay(int, float);
float calcWeeklyPay(float);
int main()
{
```

```
    char selection;
    int worked;
    float rate, yearly;

    cout.precision(2);
    cout.setf(ios::fixed | ios::showpoint);
    cout <<"请选择计算工资的方式\n";
    cout <<"(H) 计算计时工资 \n";
    cout <<"(S) 计算员工的工资\n";

    getChoice(selection);
    switch(selection){
        case  'H' :
        case  'h' :
            cout <<"已经工作多少小时？";
            cin >>worked;
            cout <<"每小时的报酬是多少？";
            cin >>rate;
            cout <<"本周毛收入为：";
            cout <<calcWeeklyPay(worked, rate);
            break;
        case  'S' :
        case  's' :
            cout <<"年薪为多少？";
            cin >>yearly;
            cout <<"本周毛收入为：";
            cout <<calcWeeklyPay(yearly);
            break;
    }
    return 0;
}

//*******************************************************************
//getChoice 函数
//函数的参数是一个 char 类型的引用,要求用户输入字符 H、h 或 S、s
//*******************************************************************
void getChoice(char &letter)
{
    do {
        cout <<"请输入 H 或 S: ";
        cin >>letter;
    } while(letter!='H' &&letter!='h'&&letter!='S'&&letter!='s');
}
```

```
//****************************************************************
//定义重载函数 calcWeeklyPay
//计算计时员工的周薪,采用工作时数 * 单位小时工资,返回周薪
//****************************************************************
float calcWeeklyPay(int hours, float payRate)
{
    return hours * payRate;
}

//****************************************************************
//定义重载函数 calcWeeklyPay,功能是计算员工的周薪
//参数是该员工的年薪,返回值是年薪除以 52 的值
//****************************************************************
float calcWeeklyPay(float annSalary)
{
    return annSalary / 52.0f;
}
```

【程序运行结果】 第 1 次运行:

```
请选择计算工资的方式
(H) 计算计时工资
(S) 计算员工的工资
请输入 H 或 S: h [Enter]
已经工作多少小时? 35 [Enter]
每小时的报酬是多少? 30.5 [Enter]
本周毛收入为: 1067.50
```

【程序运行结果】 第 2 次运行:

```
请选择计算工资的方式
(H) 计算计时工资
(S) 计算员工的工资
请输入 H 或 S: S [Enter]
年薪为多少? 36784.92 [Enter]
本周毛收入为: 707.40
```

【注意】 将员工的收入之所以称为"毛收入",是因为还没有计算个人所得税。

1.12 内存的动态分配和释放

C++ 提供的 new 与 delete 操作符可以实现内存的动态分配与释放,同时也可以采用 C 的函数 malloc/calloc 与 free 实现。

在 C++ 中,内存动态分配可以通过 new 操作符完成,当然它也支持 malloc 和 calloc 函数。假设一个程序定义了如下一个指针变量:

```
int * iptr;
```

下面的语句分配一个整型变量的空间，并将 iptr 指向这个空间。注意，新分配的这个空间没有名字，必须通过指针 iptr 访问它：

```
iptr =new int;
```

在上述语句中，new 操作符的后面是待分配空间的数据类型。一旦上述语句执行完毕，将把新分配内存空间的首地址赋给 iptr。下面是将整数 25 送给 iptr 所指向的空间中：

```
* iptr =25;
```

采用 new 操作符还可以一边分配内存空间，一边对新空间赋值，这一点是 malloc 和 calloc 函数所不具有的。例如，下面的语句将 30 赋值给新分配的空间：

```
iptr =new int(30);
```

通过指针变量可以完成的其他操作还有：

```
cout << * iptr;                //输出 iptr 指向空间中的内容
cin >> * iptr,                 //从键盘读一个值送到 iptr 指向空间中
total += * iptr;               //使用 iptr 指向空间中的值
```

下面的语句是采用 new 操作符，动态创建一个具有 100 个整型元素的数组：

```
int * a;
a =new int [ 100 ];
```

一旦创建数组结束，就可以采用数组的形式访问各个元素：

```
for(int count =0; count <100; count++)
    a [count] =1;
```

如果在分配空间时，出现了内存空间不足的情况，例如要分配 100 000 个整型元素的空间，而内存的剩余空间中，没有 400 000 个字节的连续空间（一个整型变量占 4 个字节的连续空间，由于数组中元素都是连续的，100 000 元素就要 400 000 个字节的连续空间），那么此时就要出现动态分配空间失败，new 操作符将返回 0 或 NULL（0 和 NULL 是一回事，NULL 是一个定义在 iostream 中的常量，实际上就是 0）。因此，在内存的动态分配中要检验 new 操作符的返回值，判断 new 操作是否失败。例如，下面是经常使用的方法：

```
a =new int [ 100 ];
if(a ==NULL)                  //检验空间分配是否失败
{
    cout <<"分配内存空间失败 ! \n";
    exit(0);
}
```

上面的 if 语句是判断 a 是否指向 0 号地址（也可以说，a 的值是否为 0），如果为 NULL，那么就表明本次内存空间分配失败，将在屏幕上显示一个出错信息，然后结束程序。

【注意】

(1) exit 函数定义在 stdlib.h 中，它的功能是结束整个程序的运行。

(2) 包含地址 0 的指针，称为空指针。0 号地址代表不可访问的地址。许多计算机操作系统将所需要的数据存储在内存的低端(即低地址端)。当在使用 new 操作符时，要测试 new 的返回值是否为 NULL。

当动态分配的内存使用结束以后，要释放该空间，便于以后使用。在 C++ 中，与 new 操作符相对应的是 delete 操作符，它释放 new 分配的空间。下面的语句是释放 a 指向的单个元素(即一个整型元素)的空间：

```
delete a ;
```

如果 a 指向一个 new 分配的数组空间，那么要释放整个数组**必须**采用如下形式：

```
delete []a ;                 //释放前面分配的 100 个整型元素的空间
```

【注意】 采用 delete 操作符所释放的内存空间，必须是前面采用 new 操作符分配的空间。如果采用 delete 操作符释放其他空间，那么将出现不可预料的错误。总之，要牢记以下两点：

(1) new 和 delete 是操作符，它们是相互配合使用的一对。

(2) malloc/calloc 和 free 是函数，它们是相互配合使用的一对。

【例 1-22】 new 和 delete 操作符的应用。程序要求用户输入每天的销售量，并把这些数据存储在动态分配的数组中，然后计算它们的总和与平均值。

```
#include <iostream>
using namespace std;
#include <stdlib.h>
int main()
{
    float * sales, total =0, average;
    int numDays, count;

    cout <<"你希望处理几天的销售量?";
    cin >>numDays;
    sales =new float [numDays];                    //分配内存空间
    if(sales ==NULL)                               //出错检测
    {
        cout <<" 分配内存空间失败!\n";
        exit(0);
    }
    //从键盘输入数据
    cout <<"请输入如下的销售量\n";
    for(count =0; count <numDays; count++)
    {
        cout <<"第" <<(count +1) <<" 天: ";
        cin >>sales [count];
```

```
    }
    for(count =0; count <numDays; count++)          //计算总的销售量
        total +=sales [count];
    average =total / numDays;                       //计算销售量的平均值
    cout.precision(2);                              //显示结果
    cout.setf(ios::fixed | ios::showpoint);
    cout <<"总的销售量: " <<total <<endl;
    cout <<"平均销售量: " <<average <<endl;
    delete []sales;                                 //释放空间
    return 0;
}
```

【程序运行结果】

```
你希望处理几天的销售量 ？2
请输入如下的销售量
第 1 天: 123456.369
第 2 天: 258789.147
总的销售量: 382245.50
平均销售量: 191122.75
```

思考与练习

本书中所有的习题作业都要遵循以下两个要求：

(1) 若习题的输出结果为小数，请在小数点后保留 2 位小数。

(2) 在每个习题的开头部分都要加上注释。注释包含：你的姓名、编写程序的日期、习题所属章节、题号和题目的名称。下面给出一个注释示例，要求读者在做习题时，都要遵循这种格式。

```
//***********************************************************************
//* 程序作者: 皮德常
//* 完成日期: 2017 年 12 月 12 日
//* 章　　节: 第 1 章
//* 题　　号: 习题 1
//* 题　　目: 编写一个程序，要求输入 10 个数，并存储到数组中，程序显示
//*           它们中的最大值和最小值
//***********************************************************************
```

1. 编写一个程序，要求用户输入 10 个数，并存储到数组中，程序显示这 10 个数中的最大值和最小值(注：最大值和最小值可能有多个)。

2. 编写一个程序，要求用户输入一年 12 个月每月的降雨总量，并采用一个 float 数组存储。程序显示：一年内的总降雨量、平均每月的降雨量、降雨量最大的月份和最小的月份。

输入有效性检验：若用户输入的降雨量为负数，那么就不接受该数。

3. 编写一个程序，要求用户输入一串字符并存储到字符数组中。程序将其中的小写字

母转换为大写字母，并显示结果。

4. 编写一个单词转换函数，该函数具有一个 char * 参数。函数的功能：将参数代表的字符串中的每个单词的第一个字母转换为大写字母，并显示转换后的字符串。例如，假设函数参数的字符串如下：

```
There are 100 students in the room.
```

那么采用函数转换以后，该字符串为：

```
There Are 100 Students In The Room.
```

5. 某次考试有 20 个单项选择题，下面是这 20 个题的正确答案：

1. B	6. A	11. B	16. C
2. D	7. B	12. C	17. C
3. A	8. A	13. D	18. B
4. A	9. C	14. A	19. D
5. C	10. D	15. D	20. A

采用数组存储上述 20 个标准答案，要求用户输入考生的答案，并采用另外一个数组存储。输入考生的 20 个答案以后，程序显示该生是否通过考试（答对题数≥12 个算通过，否则不通过），并显示考生答错的题数和题号。

输入有效性检验：只能接受 A、B、C、D 4 个字符。

6. 编写一个函数模拟动态分配数组的内存空间。函数具有一个整型参数，它代表待分配的一个整型数组的元素个数。函数应当完成必要的出错检测（例如，参数为 0 或负数），如果内存空间充足，那么就分配需要的空间，并返回指向该空间的指针，否则返回一个空指针。

7. 假设用户要输入若干个考试成绩，编写一个程序动态地分配数组空间。一旦用户输入完毕，则依据成绩从大到小排序，并计算这些成绩的平均成绩。注意采用一个函数实现排序，采用另一个函数实现计算平均分，在主函数中显示排序结果和平均分。

输入有效性检验：成绩不能为负数。

8. 编写一个程序求一组正整数的模。在统计学中，模代表一组值中出现最频繁的数，编写一个函数接受如下两个参数：

(1) 整型数组。

(2) 代表该数组元素个数的一个整数。

该函数应当返回这组数的模，即返回该数组中出现最频繁的那个数。如果数组中没有模，即没有最频繁的数，那么就返回−1。

注：为了练习指针的使用，请采用指针。

9. 编写一个程序求一组整数的中值。如果这组数的个数为奇数，那么中值就是排序后的中间那个数；如果这组数的个数为偶数，那么中值就是排序后的中间两个数的平均值（也是这组数的平均值）。编写一个函数接受如下两个参数：

(1) 整型数组。

(2) 代表该数组元素个数的一个整数。

该函数应当返回数组的中值。注：为了练习指针的使用，请采用指针。

10. 在许多软件中，都需要有口令。一个口令至少要满足如下几个原则：

(1) 口令至少由 6 个字符构成。

(2) 口令中至少包含一个大写字母。

(3) 口令中至少包含一个小写字母。

(4) 口令中至少包含一个数字。

编写一个口令检验程序，验证用户输入的口令是否满足以上几个原则。如果不满足，显示一个信息，告诉用户为什么不满足。

11. 编写一个程序模拟支票输出。程序要求用户输入日期、姓名和支票的数量，然后模拟支票的形式输出如下信息，例如：

日期：2017 年 12 月 26 日

姓名：张三 RMB1920.68

人民币：壹仟玖佰贰拾元陆角捌分

注：假设输入的金额中，最多只有两位小数。

输入有效性检验：输入金额的数量不能大于 RMB10 000。

第2章 文件操作

C++ 的文件操作是通过面向对象的 I/O 流类库实现的。流是文件操作的核心。本章首先介绍文件的概念，然后介绍输入和输出，最后介绍流类库的说明和使用。

本章的学习目标：

- 掌握文件打开和关闭的方法。
- 掌握采用流操作符读写文本文件的方法。
- 掌握文件出错检测的方法。
- 掌握二进制文件的操作方法。

2.1 文件的基本概念

前面编写的许多程序每次运行都需要重新输入数据，这是因为数据存储在 RAM（即内存）中，一旦程序停止或关机，数据就丢失了，因此必须想方设法保存数据。数据可以保存在文件中，文件是数据的集合，它通常存储在计算机的磁盘上。一旦数据保存在文件中，程序停止运行以后，数据仍旧存储在那里，便于以后检索和使用。

2.1.1 文件命名的原则

每种操作系统都有自己的文件命名原则，像 Windows 2000、XP 等操作系统允许长文件名，例如，Hongkong1997、salesReport 和 studentsRegistration 等都可以作为文件名。另一些操作系统，像 MS-DOS，只允许短文件名，例如文件名不超过 8 个字符，其中扩展名不超过 3 个字符。总之，**操作系统规定：任何一个文件都必须有一个名字来标识自己。**

文件名和扩展名之间通过点隔开。文件名通常标识文件的目的，扩展名标识文件中数据的类型。例如，payroll.cpp 文件名的含义是：payroll 表示该文件是一个存储工资数据的文件，扩展名 cpp 表示该文件是一个 C++ 源程序。当然，如果有人给出 abc.txt 这样一个文件名，就很难猜出该文件的目的，因为通过 abc 猜不出文件的含义，通过扩展名可以知道该文件是一个文本文件。

【注意】 对文件命名也要遵循"望名知义"的原则，不可随意命名。

2.1.2 使用文件的基本过程

在程序中使用文件时，大体上分为 3 步：

(1) 打开文件。如果文件不存在，打开意味着建立一个文件。

(2) 将数据写到文件中，或者是从文件中读取数据，或者是又读又写。

(3) 当文件操作结束时，关闭文件。

当程序处理数据时，数据位于随机访问的存储器中，即内存变量中。写文件时，是将内存中的数据，按照一定的原则写到文件中；读数据时，是将文件中的数据读到内存变量中。要修改文件中的数据必须通过内存，上述 3 步是操作文件的基础。

2.1.3 文件流类型

程序中要使用 cin 和 cout，必须包含 iostream 头文件。同样，C++ 程序要处理文件，也要包含一些头文件，常用的是 fstream 头文件，它包含了许多文件操作的声明，采用 include 包含该文件：

```
#include <fstream>
```

对文件的 I/O 操作(即读文件或写文件)，必须定义文件流对象。此处称为“流”对象，是因为可以将文件想象为信息流。文件流对象和 cin/cout 对象的使用方式相似，通过 cin 对象，可以从键盘上读取数据，然后存储到变量中；通过 cout 对象，可以将变量中的数据显示到屏幕上。同样，可以将数据送到文件流对象中，即将数据写到文件中；也可以通过文件流对象从文件中读取数据。

fstream.h 提供 3 种流对象类型：ofstream、ifstream 和 fstream。 在 C++ 程序处理文件之前，必须定义流对象，它与磁盘中的文件相关，通过流对象操作文件。

下面几个语句分别定义了 ofstream、ifstream 和 fstream 对象：

```
ofstream  outputFile;
ifstream  inputFile;
fstream   dataFile;
```

上述语句定义了 outputFile、inputFile 和 dataFile 3 个对象。outputFile 对象属于 ofstream 类型，通过此对象可以将数据写到与 outputFile 对象关联的文件中；inputFile 对象属于 ifstream 类型，通过此对象可以从与 inputFile 对象关联的文件中读取数据；dataFile 对象属于 fstream 类型，通过此对象可以读写与 inputFile 对象关联的文件。为了便于读者理解，表 2-1 对此 3 种流类型给予了解释。

表 2-1 fstream.h 提供的 3 种流对象类型及含义

流类型	含　义
ofstream	输出文件流类型。通过这种类型的流对象可以创建文件，并将数据写到文件中。注意，这种类型的流对象只能将数据写到文件中，而不能进行读操作
ifstream	输入文件流类型。通过这种类型的流对象打开一个文件进行读操作，如果文件不存在将创建一个 0 字节的文件。注意，这种类型的流对象只能将文件中的数据读到内存变量中，而不能进行写操作
fstream	文件流。通过这种类型的流对象可以创建文件，将数据从文件读入内存变量中，也可以将内存变量中的数据写到文件中

2.2 打开文件和关闭文件

操作系统是采用文件名和存储路径来标识一个文件的，在 C++ 程序中，是通过文件流对象来标识一个文件。当文件打开以后，流对象就和文件名相关联。

2.2.1 打开文件

打开文件可以通过流对象的函数成员 open 进行。假设 inputFile 是一个 ifstream 类对象，它的定义如下：

```
ifstream  inputFile;
```

下面采用 inputFile 对象的 open 函数打开一个名为 customer. dat 的文件：

```
inputFile.open("customer.dat ");
```

open 函数的参数是一个文件名，它将 customer. dat 文件和 inputFile 流对象相关联，以后对 inputFile 对象的操作，实际上都是操作文件 customer. dat。此外，由于 ifstream 类型的对象只能完成从文件中读取数据的操作，这就意味着通过 inputFile 流对象，只能从 customer. dat 文件中读取数据。

打开文件时，也可以指定绝对路径。例如，打开 C 盘 custom 文件夹(即目录)中 invtry. dat 文件，可以表示为：

```
outputFile.open("c:\\custom\\invtry.dat");
```

上述语句将把 outputFile 对象与 c:\custom\invtry. dat 文件相关联。

【注意】 上述语句的文件路径中出现了两个反斜线，这是因为反斜线是一种特殊的字符，在字符串中，两个反斜线表示一个反斜线。

在 open 函数中，也可以采用字符数组或 string 对象作为参数。例如，下面的程序段定义了一个 ifstream 对象和一个名为 fileName 的字符数组。通过 strcpy 函数将字符串 "myfile. dat"复制到数组中，然后将数组传递给了 open 函数：

```
ifstream inputFile;
char fileName[20];
strcpy(fileName, "myfile.dat");
inputFile.open(fileName);
```

当使用 fstream 对象时，open 函数还需要有一个参数，这个参数就是文件的访问标志，也称为文件的打开模式。假设 dataFile 是一个 fstream 类对象，下面的语句打开当前工作目录下的 information. dat 文件：

```
dataFile.open("information.dat", ios::out) ;
```

上述函数的第二个参数是 ios::out，这个标志是告诉 C++ 编译器以输出模式打开文件，下一节将阐述 fstream 的不同模式。

【例 2-1】 fstream 对象简单应用举例。

```
#include <iostream>
using namespace std;
#include <fstream>
int main()
{
```

```
    fstream dataFile;                    //定义一个 fstream 类对象
    char fileName[81];

    cout <<"输入要打开的文件名字：";
    cin.getline(fileName, 81);
    dataFile.open(fileName, ios::out);
    cout <<"打开文件" <<fileName <<"\n";
    return 0;
}
```

【程序运行结果】

输入要打开的文件名字：mystuff.dat [Enter]
打开文件 mystuff.dat

【注意】 在运行上例时，文件名是由用户输入，本例中是 mystuff. dat，此文件应该与例 2-1 源程序同一个文件夹下。如果文件 mystuff. dat 不存在，那么 open 函数将新建一个文件；如果文件存在，将刷新其内容（即删除文件内容）。ios::out 是默认的文件打开处理模式。

2.2.2 文件的打开模式

fstream 类的 open 函数必须有两个参数，其中第 2 个参数是文件的访问模式。对于 ifstream 和 ofstream 流对象，都有默认模式，可以不指定第 2 个参数。表 2-2 对 ifstream 和 ofstream 类的使用给出了描述。

表 2-2 ifstream 类和 ofstream 类对象的默认操作模式

文件类型	默认操作模式
ofstream	打开的文件只能用于输出（即数据可以写到文件中，但不能从文件中读取数据）。如果文件不存在，将创建一个文件；如果文件存在，将刷新文件
ifstream	打开的文件只能用于输入（可以从文件开头顺序读取数据，但不能向文件写入数据），如果文件不存在，打开失败

ifstream 类对象只能用于从文件中读取数据，ofstream 类对象只能用于向文件写数据。然而通过第二个可选参数，可以改变部分对文件的操作方式。表 2-3 给出了这些可选参数的含义。

表 2-3 可选参数的模式及含义

模　式	含　义
ios::app	追加模式。如果文件已经存在，保留原内容，在尾部追加新内容。在默认情况下，如果文件不存在，将创建一个新文件
ios::ate	如果文件已经存在，将直接转到文件的尾部
ios::binary	二进制模式。当以二进制模式打开文件时，将以二进制格式进行数据读写
ios::in	输入模式。从文件中读取数据，如果文件不存在，open 函数将失败

续表

模 式	含 义
ios::out	输出模式,向文件写数据。在默认情况下,如果文件已经存在,文件的内容将被刷新
ios::trunc	如果文件已经存在,文件的内容将被刷新。该模式是 ios::out 的默认模式

【注意】 在 Visual C++ 6.0 下具有的 ios::nocreate 和 ios::noreplace 模式,在新版的 Visual C++ 2010 已取消。此处,不再给予介绍。

表 2-3 中的模式可以通过 | 符号连接使用。假设 dataFile 是一个 fstream 对象,那么下面的语句:

```
dataFile.open("information.dat", ios::in | ios::out);
```

将以输入和输出模式打开 information. dat 文件。这意味着可以向文件中写入数据,也可以从文件中读取数据。

如果仅使用 ios::out 模式,在文件存在的情况下,文件的内容将被刷新;然而,当 ios::out 和 ios::in 模式一起使用时,文件的内容将被保留;如果文件不存在,将新建一个文件。

下面的语句是打开 information. dat 文件,并且只能向文件的尾部写数据。

```
dataFile.open("information.dat", ios::out | ios::app);
```

2.2.3 定义流对象时打开文件

除了可以采用 open 函数打开文件以外,还可以在定义流对象时打开文件,例如:

```
fstream dataFile("names.dat", ios::in | ios::out);
```

上述语句定义了一个 fstream 类对象 dataFile,同时以读写模式打开 names. dat 文件。

2.2.4 测试文件打开是否成功

open 函数打开文件有时会失败。例如,在下面的语句中,如果 information. dat 文件不存在,那么 open 函数将失败:

```
dataFile.open("information.dat", ios::in);
```

上述语句使用了 ios::in 模式,如果文件不存在,那么 open 函数将失败。**失败测试的方法有两种,一种方法是通过!操作符测试 open 函数是否失败**。下面的程序段测试打开 custom. dat 文件的情况,如果文件不存在,将显示一个出错信息,同时结束程序的运行:

```
dataFile.open("custom.dat", ios::in);
if(!dataFile)
{
    cout << "文件打开失败 \n";
    exit(0);
}
```

另一种测试文件打开是否失败的方法是采用 fail 函数,例如:

```
dataFile.open("custom.dat", ios::in);
if(dataFile.fail())
{
    cout <<"文件打开失败 \n";
    exit(0);
}
```

当打开文件失败时,fail 函数成员将返回 true。

当进行文件操作时,必须采用上述介绍的方法进行测试,以确保打开文件成功。如果不能打开文件,就应当通知用户,并采取适当的方法进行处理。例如,下面的程序段在打开 customer. dat 文件时,如果打开失败,将给出一些必要的提示信息。

```
file.open("customer.dat", ios::in);
if(file.fail())
{
    cout <<" 打开 customer.dat 文件失败 \n";
    cout <<"文件可能不存在\n";
}
```

2.2.5　关闭文件

与打开文件相反的操作是关闭文件。尽管在程序结束时,系统会自动关闭打开的文件,但是通过有关函数关闭文件是一个良好的程序设计习惯,主要有如下两个原因:

(1) 许多操作系统在将数据写到文件之前,都是将数据存储在称为文件缓冲区的内存空间中,该空间比较小,只能保存有限的数据。当缓冲区满时,系统才将数据写到文件中。通过这种缓冲方式,可以提高系统的性能。关闭文件操作可以将缓冲区中还未来得及写到文件中的数据及时地保存到文件中,从而避免不必要的数据丢失。

(2) 一些操作系统支持同时打开的文件数目有限,如果程序已经不使用文件了还继续将文件打开,那么将浪费操作系统的资源。

C++ 关闭文件是通过流对象调用 close 函数成员实现的,例如:

```
dataFile.close();
```

这个函数无参。

2.3　采用流操作符读写文件

2.3.1　采用<<写文件

前面已经学习了如何通过流插入操作符<<和 cout 对象,将数据写到屏幕上。此外,流插入操作符<<还可以将数据写到文件中。假设 outputFile 是一个文件输出流对象,下面的语句采用<<将一个字符串写到文件中:

```
outputFile <<"I love C++programming";
```

该语句将字符串"I love C++ programming"写到了与 outputFile 对象相关联的文件中。从表面上看，该语句与 cout 语句类似，除了采用流对象名 outputFile 代替 cout，其他地方都一样。下面的语句将一个字符串常量和一个变量的内容写到文件中：

```
outputFile <<"Price: "<<price;
```

将数据写到与流对象关联的文件中，类似于采用 cout 写到屏幕上。

【例 2-2】 采用流插入操作符<<将几行字符串写到文本文件中。

```
#include <iostream>
using namespace std;
#include <fstream>
#include <stdlib.h>
int main()
{
    fstream dataFile;

    dataFile.open("demofile.txt", ios::out);
    if(!dataFile)
    {
        cout <<"打开文件失败!" <<endl;
        exit(0);
    }
    cout <<"打开文件成功!\n";
    cout <<"下面向文件写数据!\n";
    dataFile <<"Confucius\n";
    dataFile <<"Mo-tse\n";
    dataFile <<"Einstein\n";
    dataFile <<"Shakespeare\n";
    dataFile.close();
    cout <<"写文件结束!\n";
    return 0;
}
```

【程序运行结果】

```
打开文件成功!
下面向文件写数据!
写文件结束!
```

【程序解析】 如果采用某编辑器(如记事本或 edit 等)打开 demofile.txt 文件，可以发现'\n'和其他字符一样，也写到了文件中。文件中字符的内容和顺序，与程序写操作的顺序完全一致。**文件的最后一个字符是文件结束标记，当关闭文件时，系统会自动在文件的尾部写这么一个字符，以标识文件的结束。**不同的操作系统，文件结束标记也不相同，但总是一个不可显示字符。例如，有些系统采用 Ctrl+Z 的 ASCII 码表示。

【例 2-3】 首先向文件中写数据并关闭文件，然后采用追加模式(即 ios::app)再次打开文件写数据。

```
#include <iostream>
using namespace std;
#include <fstream>
int main()
{
    fstream dataFile;

    dataFile.open("demofile.txt", ios::out);
    dataFile <<"Confucius\n";
    dataFile <<"Mo-tse\n";
    dataFile.close();                              //关闭文件
    dataFile.open("demofile.txt", ios::app);       //再次打开文件
    dataFile <<"Einstein\n";                       //追加数据
    dataFile <<"Shakespeare\n";
    dataFile.close();                              //关闭文件
    return 0;
}
```

【程序运行结果】 demofile.txt 文件的内容如下：

```
Confucius
Mo-tse
Einstein
Shakespeare
```

【注意】 如果在第二次操作中采用 ios::out 模式，而不采用 ios::app 模式，那么文件的内容将被刷新。如果出现了这种情况，那么文件的最终内容是 Einstein 和 Shakespeare。

2.3.2　格式化输出在写文件中的应用

第 1 章中讲述了 cout 格式化输出数据的方法，例如 precision 函数成员可以用来设置浮点数的精度，同样这些函数成员也适用于写文件操作。

【例 2-4】 文件中的格式化输出。

```
#include <iostream>
using namespace std;
#include <fstream>
#include <stdlib.h>
int main()
{
    fstream dataFile;
    float num=123.456f;

    dataFile.open("numfile.txt", ios::out);
    if(!dataFile)
```

```
    {
        cout <<"打开文件失败!" <<endl;
        exit(0);
    }
    dataFile <<num <<endl;
    dataFile.precision(5);
    dataFile <<num <<endl;
    dataFile.precision(4);
    dataFile <<num <<endl;
    dataFile.precision(3);
    dataFile <<num <<endl;
    dataFile.close();
    return 0;
}
```

【程序运行结果】 numfile.txt 文件的内容如下：

```
123.456
123.46
123.5
123
```

【注意】 对文件的格式化输出，与 cout 对屏幕的格式化输出方法完全相同，从操作系统的角度讲，屏幕也是文件。

采用 setprecision 流操作符可以用来设置精度的位数，下面的语句将精度设置为 2：

```
dataFile <<setprecision(2);
```

【例 2-5】 演示 setw 流操作符在文件格式化输出中的应用。

```
#include <iostream>
using namespace std;
#include <fstream>
#include <iomanip>
int main()
{
    fstream outFile("numbers.txt", ios::out);
    int nums[3][3] ={ 1234, 3, 567, 34, 8, 6789, 124, 2345, 89 };

    for(int row =0; row <3; row++)      //向文件输出 3 行
    {
        for(int col =0; col <3; col++)
            outFile <<setw(4) <<nums[row] [col] <<" ";
        outFile <<endl;
    }
    outFile.close();
    return 0;
}
```

【程序运行结果】 numbers. txt 文件的内容：

```
1234     3   567
  34     8  6789
 124  2345    89
```

通过上例可以看出，格式化输出函数成员和流操作符在文件中的用法，与在 cout 中的用法完全相同。

2.3.3　采用>>从文件读数据

操作符>>不仅可以读取键盘输入的数据，而且还可以读取文件中数据。假设 inFile 是一个文件流对象，下面的语句采用操作符>>将文件的数据读到变量 name 中：

```
inFile >>name;
```

前面已经创建了 demofile. txt 文件，它的内容如下：

```
Confucius
Mo-tse
Einstein
Shakespeare
```

【例 2-6】 采用操作符>>从文件中读取数据，并将数据存储在变量中。

```
#include <iostream>
using namespace std;
#include <fstream>
#include <stdlib.h>
int main()
{
    fstream dataFile;
    char name[81];

    dataFile.open("demofile.txt", ios::in);
    if(!dataFile)
    {
        cout <<"打开文件失败!" <<endl;
        exit(0);
    }
    cout <<"文件打开成功!\n";
    cout <<"现在从文件中读取数据!\n";
    for(int count =0; count <4; count++)
    {
        dataFile >>name;
        cout <<name <<"  ";
    }
    dataFile.close();
```

```
    return 0;
}
```

【程序运行结果】

```
文件打开成功！
现在从文件中读取数据！
Confucius    Mo-tse    Einstein    Shakespeare
结束运行。
```

【程序解析】 上述程序采用顺序的方式从文件中读取数据。当打开文件时，流对象的“读指针”位于文件第一个字节的位置。因此，首次读操作是在第一个字节的地方读取数据，随着数据的读取，“读指针”会自动向后移动。

通过操作符>>从文件中读取数据时，是通过空白字符(空格、跳格、换行)进行区分数据的。在上例中，采用如下语句从文件中读取一行(由于文件中每一行仅有一个字符串，通过操作符>>一次读取一个非空白字符串)：

```
dataFile >>name;
```

操作符>>将读取换行符('\n')前面的所有字符，因此，"Confucius"是第一个从文件中读出的字符串。在读取"Confucius"之后，顺序移动“读指针”，因此下一个读语句提取的是字符串"Mo-tse"。依此方式，顺序读取文件中的 4 个字符串。

2.3.4 检测文件结束

例 2-6 采用下面的循环语句，从 demofile. txt 读取 4 个字符串：

```
for(int count =0; count <4; count++)
{
    dataFile >>name;
    cout <<name <<endl;
}
```

由于我们提前知道文件中有 4 个字符串，所以循环了 4 次。但在许多情况下，我们并不知道有多少数据存储在文件中。在此情况下，可以通过函数成员 eof()检测“读指针”是否已经到达文件的尾部。

如果“读指针”已经到达了文件的尾部，再次进行读取，那么 eof 函数将返回一个非零值(即 true)。该函数通常写在 if 语句中，例如：

```
if(inFile. eof())
    inFile.close();
```

或写在循环语句中：

```
while(! inFile.eof())
    inFile >>var;
```

【例 2-7】 采用循环从文件中读取数据，直到文件结束为止。

```
#include <iostream>
using namespace std;
#include <fstream>
#include <stdlib.h>
int main()
{
    fstream dataFile;
    char name [81];

    dataFile.open("demofile.txt", ios::in);
    if(! dataFile)
    {
        cout <<"打开文件失败!" <<endl;
        exit(0);
    }
    cout <<"文件打开成功! \n";
    cout <<"现在从文件中读取数据!\n";
    while(! dataFile.eof())              //测试是否达到文件尾
    {
        dataFile >>name;
        if(dataFile.fail())              //判断上一行的读取是否失败,若失败将结束循环
            break;
        cout <<name <<"  ";
    }
    dataFile.close();
    return 0;
}
```

【程序运行结果】

```
文件打开成功!
现在从文件中读取数据!
Confucius    Mo-tse    Einstein    Shakespeare
```

【注意】 “文件尾”的含义不是“读指针”位于文件的最后一个数据位置,而是位于最后一个数据的后面。当没有数据可供读取时,eof 函数将返回 true。

2.4　流对象作为参数

文件流对象可以传递给函数,但必须通过引用的方式进行传递。例如,下面的 openFileIn 函数采用 fstream 引用作为参数:

```
bool openFileIn(fstream &file,char name[51])        //流类型的引用作为参数
{
    bool status;
```

```
    file.open(name, ios::in);
    if(file.fail())
        status =false;
    else
        status =true;
    return status;
}
```

随着读写操作的进行，流对象的内部状态不断地发生变化，为了保持其内部状态的一致性，因此应当向函数传递引用。

【例 2-8】 流对象引用作为函数参数。

```
#include <iostream>
using namespace std;
#include <fstream>
#include <stdlib.h>
#include <string.h>
//下面是两个函数原型
bool openFileIn(fstream &, char [51]);
void showContents(fstream &);
int main()
{
    fstream dataFile;

    if(!openFileIn(dataFile,"demofile.txt"))
    {
        cout <<"打开文件失败!" <<endl;
        exit(0);
    }
    cout <<"文件打开成功!\n";
    cout <<"现在从文件中读取数据!\n";
    showContents(dataFile);
    dataFile.close();
    return 0;
}

//打开文件进行输入。如果成功，则返回 tue;如果失败则返回 false
bool openFileIn(fstream &file, char name[])
{
    file.open(name, ios::in);
    return file.fail() ? false : true;
}

//通过循环从文件中读取数据，并显示在屏幕上
void showContents(fstream &file)
{
```

```
    char name [81];

    while(!file.eof())
    {
        file >>name;
        if(file.fail())
            break;
        cout <<name <<"     ";
    }
}
```

程序运行结果与例 2-7 相同,这里不再给出。

2.5　出错检测

流对象具有几个标志位,用来指明流对象的当前状态。所有的流对象都有一组状态位,用来指明流的当前状态,表 2-4 列出了这些标记。

表 2-4　流对象的状态位及其含义

状 态 位	含　义
ios::eofbit	当遇到输入流的尾部时,将设置该位
ios::failbit	当操作失败时,将设置该位
ios::hardfail	当出现不可恢复错误时,将设置该位
ios::badbit	当出现无效操作时,将设置该位
ios::goodbit	当上述所有标记都未设置时,将设置该位,表明流对象处于正常状态

这些状态位可以采用表 2-5 中的函数成员进行检测。我们在前面已经学习了 eof()和 fail()函数,表中的 clear()函数可以用来清除状态位。

表 2-5　可以进行状态位检测的函数成员及其含义

函　数	含　义
eof()	如果设置了 eofbit 状态位,该函数将返回 true,否则返回 false
fail()	如果设置了 failbit 或 hardfail 状态位,该函数将返回 true,否则返回 false
bad()	如果设置了 badbit 状态位,该函数将返回 true,否则返回 false
good()	如果设置了 goodbit 状态位,该函数将返回 true,否则返回 false
clear()	当无参调用该函数时,将清除上面的所有状态位,也可以通过参数指明要清除的状态位

【例 2-9】　采用引用作为参数,通过 eof()、fail()、bad()和 good()等函数成员的返回值,显示流对象的当前状态。

```
#include <iostream>
using namespace std;
```

```
#include <fstream>
#include <stdlib.h>
void showState(fstream &);
int main()
{
    fstream testFile("stuff.dat", ios::out);

    if(testFile.fail())
    {
        cout <<"打开文件失败！\n";
        exit(0);
    }
    int num=10;
    cout <<"向文件中写数据！\n";
    testFile <<num;                              //通过 testFile 向文件写一个整数
    showState(testFile);
    testFile.close();                            //关闭文件
    testFile.open("stuff.dat", ios::in);         //打开文件读
    if(testFile.fail())
    {
        cout <<"打开文件失败！\n";
        exit(0);
    }
    cout <<"从文件中读一个整数！\n";
    testFile >>num;                              //从文件中读一个整数
    showState(testFile);
    cout <<"再读一个整数！\n";
    testFile >>num;                              //将出现出错标记
    showState(testFile);
    testFile.close();                            //关闭文件
    return 0;
}

//显示几个状态函数的返回值,并调用 clear()函数清除标记
void showState(fstream &file)
{
    cout <<"当前文件的状态位如下:\n";
    cout <<" eof bit: "<<file.eof() <<"     ";
    cout <<" fail bit: "<<file.fail() <<"     ";
    cout <<" bad bit: "<<file.bad() <<"     ";
    cout <<" good bit: "<<file.good() <<endl;
    file.clear();                                //清除出错标记位
}
```

【程序运行结果】

```
向文件中写数据！
当前文件的状态位如下：
eof bit: 0    fail bit: 0    bad bit: 0    good bit: 1
从文件中读一个整数！
当前文件的状态位如下：
eof bit: 1    fail bit: 0    bad bit: 0    good bit: 0
再读一个整数！
当前文件的状态位如下：
eof bit: 1    fail bit: 1    bad bit: 0    good bit: 0
```

【程序解析】 首先创建一个文件 stuff. dat，将整数 10 写到文件中，并关闭文件。然后以读方式打开文件，并读取一个整数，由于该文件中只有一个数，因此在第二次读取时失败，并将 ios::failbit 标记设置为非 0(此处是 1，非 0 代表操作失败)。

2.6 采用函数成员读写文件

流对象不但可以采用流操作符＞＞和＜＜操作文件，而且还可以采用函数成员操作文件。

2.6.1 采用>>读文件的缺陷

如果将文件中的空白字符看作数据之间的分界符，那么采用＞＞操作符进行读取时，就会略过空白字符。

为了方便实验，下面通过记事本等工具创建一个 numbers. txt 文件，并设置其内容如下：

```
11  22
33
44
```

【例 2-10】 采用流操作符＞＞读文件的缺陷。

```
#include <iostream>
using namespace std;
#include <fstream>
#include <stdlib.h>
int main()
{
    fstream readFile;
    char input[81];

    readFile.open("numbers.txt", ios::in);
    if(readFile.fail())
    {
        cout <<"打开文件失败！" <<endl;
```

```
        exit(0);
    }
    while(!readFile.eof())
    {
        readFile >>input;
        if(readFile.fail())
            break;
        cout <<input;
    }
    readFile.close();
    return 0;
}
```

【程序运行结果】

```
11223344
```

从运行结果可以看出，>>每次从文件中读取一个整数，略过空白字符(空格和换行符)，所以输出的各个数之间无空格。

【注意】 在上述程序中，打开文件的模式如下：

```
readFile.open("numbers.txt", ios::in);
```

即打开 numbers.txt 文件进行读，如果文件不存在，操作将失败。

2.6.2 采用函数 getline 读文件

流对象的函数成员 getline，一次读取文件中的一行字符，包含空白字符：

```
readFile.getline(str, 81, '\n');
```

上述语句中的 3 个参数含义如下：

(1) str 是一个字符数组名，或是一个指向内存空间的字符指针。从文件中读取的数据将存储在该空间中。

(2) 81 代表从文件中要读取字符个数的最大数加 1。在这个示例中，从文件中最多能读取 80 个字符。

(3) '\n'是界符。如果在读满最大字符个数之前，遇到了界符，那么将停止读取(注意：这个参数是可选的，如果省略，将把'\n'看作界符)。

因此，上述语句是通过流对象 readFile，从文件中读取一行字符。如果读满了 80 个字符或者是遇到了'\n'符号，都将停止读取，最后将读取的字符存储在数组 str 中。

【例 2-11】 采用 getline 函数成员从文件中一次读取一行。

```
#include <iostream>
using namespace std;
#include <fstream>
#include <stdlib.h>
int main()
```

```
{
    fstream readFile;
    char input[81];

    readFile.open("numbers.txt", ios::in);
    if(readFile.fail())
    {
        cout <<"打开文件失败!" <<endl;
        exit(0);
    }
    while(! readFile.eof())
    {
        readFile.getline(input,81);          //采用 '\n' 作为分界符
        if(readFile.fail())
            break;
        cout <<input <<endl;
    }
    readFile.close();
    return 0;
}
```

【程序运行结果】

```
11  22
33
44
```

【程序解析】 程序的输出结果说明了 getline 函数能够读取包括空格在内的分界符。在上述程序中，省略了 getline 函数的第三个参数，按照默认原则，它的值就是'\n'。有时想指定一个特殊的分界符，例如，假设有一个文件 nameAndAddr. txt，它包含了多个姓名和地址，存储形式如下：

```
Zhang San, Bei Jing, China 100866$Li Si, Nan Jing, Jiangsu, China 210016$
```

我们把上述文件看作由两个记录构成，每个记录包含了一个人的信息。同时，文件中的每个记录都由两个部分构成，第一个部分是姓名，第二个部分是地址和邮编。每个记录都用'$'符号结尾。在此情况下，可以采用'$'作为分界符，getline 函数的设置应如下：

```
readFile.getline(input, 81, '$');
```

【注意】 当采用某显示字符（如'$'）作为数据项之间的分界符时，必须确保该字符不会出现在数据项中。既然一个人的姓名和地址不会出现'$'符号，那么可以采用它作为分界符。如果文件中包含了金额数量，那么该分界符就不能再使用了，必须选择其他符号。

2.6.3　采用函数 get 读文件

另一个常用的函数成员是 get，它从文件中一次读取一个字符，应用形式是：

```
inFile.get(ch);
```

其中 ch 是一个字符变量,从文件中读取的字符存储在 ch 变量中。

【例 2-12】 首先输入文件名,然后通过循环一次读取一个字符并显示。

```
#include <iostream>
using namespace std;
#include <fstream>
#include <stdlib.h>
int main()
{
    fstream file;
    char ch, fileName[51];

    cout <<"请输入文件名: ";
    cin >>fileName;
    file.open(fileName, ios::in);
    if(! file)
    {
        cout <<fileName <<"打开文件失败! \n";
        exit(0);
    }
    while(!file.eof())
    {
        file.get(ch);                    //读取一个字符
        if(file.fail())
            break;
        cout <<ch;
    }
    file.close();
    return 0;
}
```

【程序运行结果】

```
请输入文件名: numbers.txt
11  22
33
44
```

【程序解析】 假设输入的文件名是 numbers.txt,那么将按原样显示文件的内容。get 函数能读取任何一个字符,包含空白字符,因此文件中的任何字符都将原样显示。

2.6.4 采用函数 put 写文件

与 get 相对应的函数成员是 put,它向文件写字符,下面是其用法:

```
outFile.put(ch);
```

在上述语句中，假设 ch 是一个字符变量，那么将 ch 的内容写到与流对象 outFile 相关联的文件中。

【例 2-13】 采用函数 put 写文件。

```
#include <iostream>
using namespace std;
#include <fstream>
int main()
{
    fstream dataFile("sentence.txt", ios::out);
    char ch;

    cout <<"请输入任意多行字符,按 ! 结束! \n";
    while(true)
    {
        cin.get(ch);
        if(ch =='!')       //'!'是输入结束标记符号,不存储到文件中
            break;
        dataFile.put(ch);
    }
    dataFile.close();
    return 0;
}
```

【程序运行结果】

```
请输入任意多行字符,按 ! 结束!
This is a
test. !
```

【程序解析】 如果采用文本编辑器打开文件 sentence. txt，可以发现其内容如下：

```
This is a
test.
```

这说明 put 函数可以写任何一个字符，包含空白字符。

2.7 多文件操作

我们常常同时需要操作多个文件，这是因为在现实应用中，不同种类的数据常常分类存放在不同的文件中。例如，工资系统就由如下两个文件构成：

emp.dat 雇员基本信息文件，包含：姓名、地址、电话号码、雇员编号和雇佣时间
Pay.dat 雇员明细文件，包含：雇员编号、正常工作单位时间内的工资、超时工作单位时间内的工资、已经工作的小时数

当支付工资时，需要同时操作上述两个文件。在 C++ 中，打开多文件是通过定义多个

文件流对象实现的。例如,如果需要从两个文件中读取数据,那么只要定义两个流对象即可:

```
ifstream file1, file2;
```

有时,也可能要打开一个输入文件,同时再打开一个输出文件。

【例 2-14】 从键盘输入文件名,打开文件并读取数据,将每个字符转换为大写,然后写到另一个输出文件 out.txt 中。这种类型的程序可以看作是一个过滤器,过滤器从一个文件中读取数据,按照某种方式转换后再写到第二个文件中。

```
#include <iostream>
using namespace std;
#include <fstream>
#include <stdlib.h>
#include <ctype.h>                    //toupper 函数在此头文件中

int main()
{
    ifstream inFile;                  //输入文件流对象
    ofstream outFile("out.txt");      //输出文件流对象
    char fileName[81], ch, ch2;

    cout <<"请输入文件名: ";
    cin >>fileName,
    inFile.open(fileName);
    if(inFile.fail())
    {
        cout <<"不能打开文件: " <<fileName <<endl;
        exit(0);
    }
    inFile.get(ch);                   //从 inFile 读取一个字符
    while(!inFile.eof())              //测试文件结束
    {
        ch2 =toupper(ch);             //转换为大写字母
        outFile.put(ch2);             //写到第二个文件中
        inFile.get(ch);               //从 inFile 再次读取一个字符
    }
    inFile.close();
    outFile.close();
    cout <<"文件转换结束!\n";
    return 0;
}
```

若采用例 2-13 的运行结果 sentence.txt 文件作为输入文件,那么程序的运行结果为:

```
请输入文件名: sentence.txt [Enter]
文件转换结束!
```

采用记事本等工具打开 out.txt 文件，其内容如下：

```
THIS IS A
TEST.
```

2.8　二进制文件

二进制文件中的数据是非格式化的，按照在内存中的存储形式存储，而不是按照 ASCII 纯文本的形式存储。

2.8.1　二进制文件的操作

迄今为止所讲的文件都是文本文件，这意味着数据是按纯文本格式存储在文件中的。假设有一个整数 123，当采用操作符<<将它存储到文件以后，也将转换为文本的方式，即'1'、'2'和'3'。例如：

```
ofstream file("num.dat");
int x =123;
file <<x;
```

上述程序段中的最后一个语句是将 x 的内容写入文件中，它的存储形式为：'1'、'2'和'3'。

数据可以按纯文本形式存储在文件中，也可以按在内存中的表示方式，即二进制形式存储在文件中。**创建二进制文件的第一步是以二进制方式打开文件**，即采用 ios::binary 模式，下面就是常用的形式：

```
file.open("stuff.dat", ios::out | ios::binary);
```

上述语句将 ios::out 和 ios::binary 模式通过 | 连接，这将以输出和二进制方式打开文件。

【注意】　在默认情况下，文件是以文本模式打开。

创建二进制文件的第二步是采用 write 函数成员写数据。这个函数特别适合一次写一个数据块(如数组、结构体或对象)。例如，将一个整型数组中的 10 个元素写到文件中：

```
file.write((char * )buffer, sizeof(buffer));
```

函数 write 的第一个参数是内存区的开始地址，本例中的 buffer 是一个数组名，表示将 buffer 指针指向的内存中的数据写到文件中。

【注意】　write 函数要求第一个参数是 char * 指针，因此上述语句做了类型转换。

write 函数的第二参数是以字节为单位的数据项大小。由于 buffer 是一个 10 整型元素的数组，因此 sizeof(buffer)的值是 40。上述语句的含义是：将 buffer 指针所指内存中的 40 个字节，按照二进制方式，一次性地写到 file 对象关联的文件中。

相反地，read 函数可以从文件中按二进制方式读入数据。假设 buffer 是一个 10 整型元素的数组，那么下面的语句是从文件中读取 40 个字节的数据，并存储到数组 buffer 中：

```
file.read((char * )buffer, sizeof(buffer));
```

read 函数和 write 函数的参数含义相同，在此不再叙述。

【例 2-15】 二进制文件的基本读写操作。

```
#include <iostream>
using namespace std;
#include <fstream>
#include <stdlib.h>
int main()
{
    fstream file("bfile.dat", ios::out | ios::binary);    //二进制模式
    int buffer[10] ={1, 2, 3, 4, 5, 6, 7, 8, 9, 10};

    cout <<"首先向文件中写数据…\n";
    file.write((char *)buffer, sizeof(buffer));
    file.close();
    cout <<"写数据成功！\n";
    file.open("bfile.dat", ios::in);                       //再次打开文件
    if(file.fail())
    {
        cout<<"打开文件失败！";
        exit(0);
    }
    cout <<"打开文件读取数据！\n";
    file.read((char *)buffer, sizeof(buffer));
    for(int count =0; count <10; count++)
        cout <<buffer [count] <<" ";
    cout <<endl;
    file.close();
    return 0;
}
```

【程序运行结果】

```
首先向文件中写数据…
写数据成功！
打开文件读取数据！
1  2  3  4  5  6  7  8  9  10
```

【注意】 如果通过 Windows 查看文件 bfile.dat 的属性，发现该文件大小为 40 个字节。这是因为文件中有 10 个元素，每个元素占 4 个字节，所以文件大小为 40 个字节。

【思考】 如果将上例改成用文本文件存储数据，你知道该文件的大小吗？（理解这一点，有助于掌握文本文件和二进制文件的区别。）请修改上述程序，试一试。

2.8.2 读写结构体记录

结构体数据可以采用定长块存储到文件中，并且必须以二进制方式读写文件。

结构体是一种有效组织单个数据项的方式，它把若干个孤立的数据项构成一个数据块。

例如，关于一个学生的描述，可以采用姓名(name)、年龄(age)、地址(address)、电话(phone)和 E-mail 等数据项描述，把这些数据项组织起来构成一个记录。下面的定义创建了一个关于学生通讯录的结构体：

```
struct Info
{
    char name [21];
    int  age;
    char address[51];
    char phone [14];
    char E-mail[51];
};
```

结构体除了提供组织数据的结构以外，还是一种将数据打包，构成一个完整单元的方法。假如定义了一个如下的结构体变量：

```
Info person;
```

一旦将所有的单个数据项成员都赋值，那么就可以采用 write 函数将该变量一次性地写入文件：

```
file.write((char * )&person, sizeof(person));
```

第一个参数是 person 变量的地址，由于 write 函数要求该参数是一个 char * 指针，因此就进行了类型强制转换。第二个参数是 sizeof 运算符，通过它获得 person 变量的字节数。

采用 read 函数一次读取一个记录(即定长块)。它的参数含义与前面介绍的相同，在此不再给出。

【注意】 结构体可以是不同数据类型的混合体，必须采用二进制方式操作文件。

【例 2-16】 结构体数据读写文件操作举例。

```
#include <iostream>
using namespace std;
#include <fstream>
#include <stdlib.h>
#include <ctype.h>
struct Info
{
    char name [21];
    int  age;
    char address[51];
    char phone [14];
    char E-mail[51];
};

int main()
```

```
{
    fstream people("people.dat", ios::out | ios::binary);
    Info person;
    char again;

    if(people.fail())
    {
        cout <<"打开文件 people.dat 出错! \n";
        exit(0);
    }
    do {
        cout <<"请输入下面的数据: \n";
        cout <<"姓名: ";
        cin.getline(person.name, 21);
        cout <<"年龄: ";
        cin >>person.age;
        cin.ignore();                              //略过换行符
        cout <<"联系地址: ";
        cin.getline(person.address, 51);
        cout <<"联系电话: ";
        cin.getline(person.phone, 14);
        cout <<"E-mail: ";
        cin.getline(person.email, 51);
        people .write((char * )&person, sizeof(person));
        cout <<"还要再输入一个学生的数据吗? ";
        cin >>again;
        cin.ignore();
    } while(toupper(again) =='Y');
    people.close();                                //关闭文件

    //下面是再次打开文件进行读取数据
    cout <<"\n\n*** 下面显示所有人的数据 ***\n";
    people.open("people.dat", ios::in | ios::binary);
    if(people.fail())
    {
        cout <<"打开文件 people.dat 出错! \n";
        exit(0);
    }
    people.read((char * )&person, sizeof(person));
    while(!people.eof())
    {
        cout <<"姓名: ";
        cout <<person.name <<endl;
        cout <<"年龄: ";
```

```
        cout <<person.age <<endl;
        cout <<"地址: ";
        cout <<person.address <<endl;
        cout <<"电话: ";
        cout <<person.phone <<endl;
        cout <<"E-mail: ";
        cout <<person.email <<endl;
        cout <<"按任意键,显示下一个人的记录!\n";
        cin.get(again);
        people.read((char *)&person, sizeof(person));
    }
    cout <<"显示完毕!\n";
    people.close();
    return 0;
}
```

【程序运行结果】

```
请输入下面的信息:
姓名: 张三 [Enter]
年龄: 21 [Enter]
联系地址: 北京市复兴门 2888 号 [Enter]
联系电话: 010-12345678 [Enter]
E-mail: zhangsan@ yahoo.com [Enter]
还要再输入一个学生的信息吗? y [Enter]
请输入下面的信息:
姓名: 李四 [Enter]
年龄: 23 [Enter]
联系地址: 南京中华门 99 号 [Enter]
联系电话: 025-87654321 [Enter]
E-mail: lisi@ sohu.com [Enter]
还要再输入一个学生的信息吗? n [Enter]
*** 下面显示所有人的信息 ***
姓名: 张三
年龄: 21
地址: 北京市复兴门 2888 号
电话: 010-12345678
E-mail: zhangsan@ yahoo.com
按任意键,显示下一个人的记录! [Enter]
姓名: 李四
年龄: 23
地址: 南京中华门 99 号
电话: 025-87654321
E-mail: lisi@ sohu.com
按任意键,显示下一个人的记录! [Enter]
```

显示完毕！

【注意】 张三和李四的个人信息都是作者假设的，如有雷同，纯属巧合。

2.9 随机访问文件

随机访问意味着不需要顺序访问文件中的数据，可以根据需要进行访问。

2.9.1 顺序访问文件的缺陷

前面所举的示例都是按顺序访问方式进行的，当打开文件时，读写"指针"就在文件的开头（如果采用 ios::app 模式，"写指针"在文件的尾部）。如果打开的文件用于输出，那么将把数据一个接一个地写到文件中。如果打开的文件用于输入，将在文件的开头读取数据。随着读写操作的进行，流对象的读写指针将顺序前进。

顺序访问文件的缺陷是：为了从文件中读取特定位置上的数据，必须先读取前面的所有数据。例如，为了读取文件中第 100 个字节上的数据，必须先读取前面的 99 个字节。

尽管在许多情况下，顺序文件很有用，但它却降低了程序的速度，如果文件很大，这种方式将浪费很多时间。在 C++ 中，可以采用随机访问文件弥补此缺陷。在随机访问方式下，程序可以立即定位到指定的位置，而不需要先读取前面的数据。

2.9.2 定位函数 seekp 和 seekg

文件流对象有两个函数成员完成读写指针定位：seekp 和 seekg。seekp 函数用于输出文件（p 代表英文的 put，即"写"），而 seekg 函数用于输入文件（g 代表英文的 get，即"读"）。换句话讲，seekp 用于将数据写入文件，seekg 用于从文件读取数据。下面是 seekp 函数的使用示例：

```
file.seekp(20L, ios::beg);
```

函数的第一个参数是一个长整数，代表文件中的偏移量，即希望移动的字节数，在上述示例中采用 20L（L 代表长整型）表示。执行此语句将把写指针移动到 20 号字节的位置上（在文件中，开始位置 0，20 号字节的位置就是第 21 个字节的位置）。

函数的第二个参数是模式，代表从哪个地方开始计算偏移量。ios::beg 意味着从文件头开始计算偏移量。此外，还可以从文件尾或者是从文件的当前位置计算偏移量。表 2-6 列出了这 3 种随机访问模式的含义。

表 2-6 3 种随机访问模式的含义

模 式	含 义	模 式	含 义
ios::beg	从文件头开始计算偏移量	ios::cur	从当前位置开始计算偏移量
ios::end	从文件尾开始计算偏移量		

表 2-7 给出了 seekp 和 seekg 各种模式的应用示例。

表 2-7　seekp 和 seekg 各种模式的应用示例

示例语句	含　义
file.seekp(32L, ios::beg);	相对于文件头,将写指针向前移动 32 个字节
file.seekp(-10L, ios::end);	相对于文件尾,将写指针向后移动 10 个字节
file.seekp(120L, ios::cur);	从当前位置开始,将写指针向后移动 120 个字节
file.seekg(2L, ios::beg);	相对于文件头,将读指针向前移动 2 个字节
File.seekg(-100L,ios::end);	相对于文件尾,将读指针向后移动 100 个字节
file.seekg(40L, ios::cur);	从当前位置,将读指针向后移动 40 个字节
file.seekg(0L, ios::end);	将读指针设置在文件尾

表 2-7 中的部分示例采用了负数,负偏移量导致文件中的读写指针向后移动,而正偏移量导致文件中的读写指针向前移动。

【注意】 "向前"代表从文件头到文件尾的方向,"向后"是其反方向。

假设文件 digit.txt 包含有如下数据:

```
abcdefg1234567890
```

【例 2-17】 采用 seekg 函数,在文本文件中跳转到不同的位置读取字符。

```
#include <iostream>
using namespace std;
#include <fstream>
#include <stdlib.h>
int main()
{
    fstream file("digit.txt", ios::in);
    char ch;

    if(file.fail())
    {
        cout << "打开文件 digit.txt 出错! \n";
        exit(0);
    }
    file.seekg(5L, ios::beg);
    file.get(ch);
    cout << "从文件头开始,5 号字节位置上的字符是: "<<ch <<endl;
    file.seekg(-10L, ios::end);
    file.get(ch);
    cout << "从文件尾开始,10 号字节位置上的字符是: "<<ch <<endl;
    file.seekg(3L, ios::cur);
    file.get(ch);
    cout << "从当前位置偏移 3 个字节以后,字符是: "<<ch <<endl;
    file.close();
```

```
    return 0;
}
```

【程序运行结果】

从文件头开始,5 号字节位置上的字符是: f
从文件尾开始,10 号字节位置上的字符是: 1
从当前位置偏移 3 个字节以后,字符是: 5

【例 2-18】 采用 seekg 函数,进行位置指针定位,然后显示由例 2-16 创建的 people.dat 文件中的数据。首先显示 1 号记录,然后再显示 0 号记录。

```
#include <iostream>
using namespace std;
#include <fstream>
#include <stdlib.h>
struct Info                                         //定义一个结构体
{
    char name [21];
    int  age;
    char address[51];
    char phone [14];
    char E-mail[51];
};
//函数原型
long byteNum(int);
void showRec(Info);
int main()
{
    fstream people("people.dat", ios::in | ios::binary);
    Info person;

    if(people.fail())
    {
    cout << "打开文件 people.dat 出错! \n";
    exit(0);
    }
    cout << "下面是 1 号记录:\n";
    people.seekg(byteNum(1), ios::beg);
    people.read((char * )&person, sizeof(person));
    showRec(person);
    cout << "下面是 0 号记录:\n";
    people.seekg(byteNum(0), ios::beg);
    people.read((char * )&person, sizeof(person));
    showRec(person);
    people.close();
    return 0;
```

```
}
//byteNum 函数返回记录号在文件中偏移量
long byteNum(int recNum)
{
    return sizeof(Info) * recNum;
}
//showRec 函数显示参数结构体变量中的各个项
void showRec(Info person)
{
    cout <<"姓名：";
    cout <<person.name <<endl;
    cout <<"年龄：";
    cout <<person.age <<endl;
    cout <<"地址：";
    cout <<person.address <<endl;
    cout <<"电话：";
    cout <<person.phone <<endl;
    cout <<"E-mail: ";
    cout <<person.email <<endl;
}
```

【程序运行结果】

```
下面是 1 号记录：
姓名：李四
年龄：23
地址：南京中华门 99 号
电话：025-87654321
E-mail: lisi@ sohu.com
下面是 0 号记录：
姓名：张三
年龄：21
地址：北京市复兴门 2888 号
电话：010-12345678
E-mail: zhangsan@ yahoo.com
```

【程序解析】 程序除了 main 函数以外，还有两个重要的函数，一个是 byteNum，它接受一个记录号参数，返回值是该记录相对文件头的偏移量。第二个函数是 showRec，它的参数是一个 Info 结构体变量，显示该变量中的数据项。

2.9.3 返回位置函数 tellp 和 tellg

流对象还有两个用于随机文件访问的函数成员：tellp 和 tellg。它们的功能是返回文件当前的读写位置，该位置是一个 long 类型的整数。tellp 返回写位置，tellg 返回读位置。假设 pos 是一个 long 类型的变量，那么下面就是它们的用法：

```
pos =outFile.tellp();              //获得当前写指针的位置
```

```
pos =inFile.tellg();                  //获得当前读指针的位置
```

【例 2-19】 tellg 函数的应用。程序采用例 2-17 中采用的 digit.txt 文件进行测试，该文件包含的内容是：abcdefg1234567890

```
#include <iostream>
using namespace std;
#include <fstream>
#include <stdlib.h>
#include <ctype.h>
int main()
{
    fstream file("digit.txt", ios::in);
    long offset;
    char ch, again;

    if(file.fail())
    {
        cout <<"打开文件 people.dat 出错！\n";
        exit(0);
    }
    do {
        cout <<"当前位置：" <<file.tellg() <<endl;
        cout <<"请输入一个相对于文件头的偏移量：";
        cin >>offset;
        file.seekg(offset, ios::beg);
        file.get(ch);
        cout <<"当前的字符为："<<ch <<endl;
        cout <<"继续吗(Y/N)? ";
        cin >>again;
    } while(toupper(again) =='Y');

    file.close();
    return 0;
}
```

【程序运行结果】

```
当前位置：0
请输入一个相对于文件头的偏移量：10 [Enter]
当前的字符为：4
继续吗(Y/N)? y [Enter]
当前位置：11
请输入一个相对于文件头的偏移量：0 [Enter]
当前的字符为：a
继续吗(Y/N)? n [Enter]
```

【注意】 每当从文件中读取一个字符以后，例如执行上例中的 file.get(ch)，文件的读位置指针将自动向前移动一个字节。

2.10 输入输出文件

有时，一个程序需要在不关闭和重新打开文件的情况下，同时执行输入和输出。例如，要在某文件中查找一个记录，然后在原位置修改它的数据项，这就需要采用读操作将记录从文件读到内存，在内存中按要求修改以后，然后采用写操作，用新记录替换原来的记录。

同时执行输入和输出操作可以采用 fstream 对象实现，用 | 操作符将 ios::in 和 ios::out 连接起来。例如，在定义 file 对象时指明它具有输入和输出的能力：

```
fstream file("data.dat", ios::in | ios::out)
```

同样在 open 函数中也可以指明：

```
file.open("data.dat", ios::in | ios::out);
```

如果是读写二进制文件，那么就要在打开模式中再加上 ios::binary，例如：

```
file.open("data.dat", ios::in | ios::out | ios::binary);
```

当采用 ios::in 和 ios::out 模式打开文件时，文件的内容将被保留，读写位置初始化在文件头。如果文件不存在，将创建一个新文件。

【例 2-20】 文件操作综合举例。该程序以读写模式打开文件，可以显示文件的内容，并允许用户修改指定的记录。

```
#include <iostream>
using namespace std;
#include <fstream>
#include <stdlib.h>
#include <iomanip>
struct Info                                              //定义一个结构体
{
    char name [21];
    int age;
    char address[51];
    char phone [14];
    char E-mail[51];
};
//函数原型
void createFile(fstream &);                              //创建文件
void editFile(fstream &);                                //修改文件
void showFile(fstream &);                                //显示文件
int main(void)
{
    int choice;
```

```
    fstream people("Info.dat", ios::in | ios::out | ios::binary);

    if(people.fail())
    {
        cout <<"打开文件 Info.dat 出错！\n";
        exit(0);
    }
    while(true)
    {
        cout<<"\n\t 1. Create 2.Show 3.Edit 4.Exit\n";
        cin>>choice;
        switch(choice)
        {
            case 1:
                createFile(people);
                break;
            case 2:
                showFile(people);
                break;
            case 3:
                editFile(people);
                break;
            case 4:
                exit(0);
        }
    }
    people.close();
    return 0;
}
//下面的 createFile 函数采用空记录设置文件
void createFile(fstream & file)
{
    Info record={"",0,"","",""};

    for(int count =0; count <5; count++)                    //写空记录
    {
        cout <<"写记录：" <<count <<endl;
        file.write((char *)&record, sizeof(record));
    }
    file.flush();
}
//showFile 函数可以显示文件的内容
void showFile(fstream & file)
{
    Info person={"",0,"","",""};
```

```
    file.clear();                                          //清除各标记
    file.seekg(0L,ios::beg);
    while(!file.eof())
    {
        file.read((char *)&person, sizeof(person));
        if(file.fail())
            break;
        cout <<"姓名: " <<person.name;
        cout <<setw(20)<<"年 龄: " <<person.age;
        cout <<setw(20)<<"地址: " <<person.address<<endl;
        cout <<"电话: " <<person.phone;
        cout <<setw(21)<<"E-mail: " <<person.email <<endl;
    }
}

//下面的函数通过调整写指针,可以修改任意一个记录
void editFile(fstream & file)
{
    Info person;
    long recNum;

    file.clear();
    cout <<"你想修改哪个人(0 ~4) ? ";
    cin >>recNum;
    cin.ignore();                                          //略过后面的换行符
    file.seekg(recNum * sizeof(person), ios::beg);         //调整读指针
    file.read((char *)&person, sizeof(person));            //读出原来的数据
    //显示原来数据
    cout <<"姓名: " <<person.name;
    cout <<setw(20)<<"年 龄: " <<person.age;
    cout <<setw(20)<<"地址: " <<person.address<<endl;
    cout <<"电话: " <<person.phone;
    cout <<setw(21)<<"E-mail: "<<person.email <<endl <<endl;
    //下面要输入新数据
    cout <<"请输入下面的新信息: \n";
    cout <<"姓名: ";
    cin.getline(person.name, 21);
    cout <<"年龄: ";
    cin >>person.age;
    cin.ignore();                                          //略过换行符
    cout <<"联系地址: ";
    cin.getline(person.address, 51);
    cout <<"联系电话: ";
    cin.getline(person.phone, 14);
    cout <<"E-mail: ";
```

```
    cin.getline(person.email, 51);
    file.seekp(recNum * sizeof(person), ios::beg);   //调整写指针
    file.write((char *)&person, sizeof(person));     //重新写记录
    file.flush();
}
```

【程序运行结果】

```
1. Create    2. Show    3. Edit    4. Exit
1 [Enter]
写记录：0
写记录：1
写记录：2
写记录：3
写记录：4

1. Create    2. Show    3. Edit    4. Exit
2 [Enter]
姓名：            年  龄：0           地址：
电话：            E-mail:
姓名：            年  龄：0           地址：
电话：            E-mail:
姓名：            年  龄：0           地址：
电话：            E-mail:
姓名：            年  龄：0           地址：
电话：            E-mail:
姓名：            年  龄：0           地址：
电话：            E-mail:

1. Create    2. Show    3. Edit    4. Exit
3 [Enter]
你想修改哪个人(0~4)？1
姓名：            年  龄：0           地址：
电话：            E-mail:

请输入下面的新信息：
姓名：张三 [Enter]
年龄：21 [Enter]
联系地址：南京市中华门123号[Enter]
联系电话：02512345678 [Enter]
E-mail: zhangsan@ 163.com [Enter]

1. Create    2. Show    3. Edit    4. Exit
2 [Enter]
姓名：            年  龄：0           地址：
电话：            E-mail:
```

```
姓名:张三          年  龄:21          地址:南京市中华门 123 号
电话:02512345678  E-mail: zhangsan@ 163.com
姓名:              年  龄:0           地址:
电话:              E-mail:
姓名:              年  龄:0           地址:
电话:              E-mail:
姓名:              年  龄:0           地址:
电话:              E-mail:

1. Create    2. Show    3. Edit    4. Exit
4 [Enter]
```

思考与练习

1. 编写一个程序,要求用户输入文件名,在屏幕上显示文件的前 10 行。如果文件少于 10 行,那么就显示整个文件,同时在屏幕上给出一个已经显示了整个文件的提示信息。

注: 先采用编辑器(如记事本)创建一个文本文件,以测试这个程序。

2. 编写一个程序,要求用户输入文件名,在屏幕上显示文件的内容。如果一屏显示不完文件的内容,那么显示 24 行后,暂停一下,等待用户按任意键以后继续显示后面的 24 行。

注: 先采用编辑器(如记事本)创建一个文本文件,以测试这个程序。

3. 编写一个程序,要求用户输入文件名,在屏幕上显示文件的最后 10 行。如果文件少于 10 行,那么就显示整个文件,同时在屏幕上给出一个已经显示了整个文件的提示信息。

注: 先采用编辑器(如记事本)创建一个文本文件,以测试这个程序。

4. (假设你已经做完了本章习题 2) 编写一个程序,要求用户输入文件名,在屏幕上显示文件的内容。在显示时,每行前面都要带上一个行号和一个冒号。行号是从 1 开始,例如:

```
1: This a test
2: for you.
3: 2011-5-31
```

如果一屏显示不完文件的内容,那么显示 24 行后,要暂停一下,等待用户按任意键以后继续显示后面的 24 行。

注: 先采用编辑器(如记事本)创建一个文本文件,以测试这个程序。

5. 编写一个程序,要求用户输入文件名和要查找的字符串。程序在文件中查找指定的字符串,如果在某行中找到了该串,那么就把该行在屏幕上显示出来。最后,给出字符串在文件中出现的次数。

注: 先采用编辑器(如记事本)创建一个文本文件,以测试这个程序。

6. 编写一个程序,要求用户输入两个文件名。第一文件用于输入,第二个文件用于输出。并假设第一个文件中包含的句子都以点.结束。程序从第一个文件中读取字符,把每个句子的所有字母(除句子的第一个字母外)都变成小写字母,然后保存到第二个文件中。

注: 先采用编辑器(如记事本)创建一个文本文件,以测试这个程序。

7. 编写一个文件加密程序。将第一个文件中的内容，按照一定的方法，对每个字符加密后存储到第二个文件中。尽管加密技术很多，你可以采用一种简单的加密方法，例如将每个字母的 ASCII 码加 2。

注：先采用编辑器(如记事本)创建一个文本文件(即第一个文件)，以便测试程序。

8. 编写一个文件解密程序。将上题中的加密文件解密，然后写到另一个文件中。

9. 学生通讯录程序。编写一个程序，将下面的学生信息存储到文件中：

name：具有 21 个空间的字符数组。

age：一个整型变量。

address：具有 51 个空间的字符数组。

phone：具有 14 个空间的字符数组。

E-mail：具有 51 个空间的字符数组。

该程序具有一个菜单，便于用户完成如下操作：

(1) 向文件中增加记录。

(2) 显示文件中的所有记录。

(3) 修改任意一个记录。

(4) 按照姓名查找一个学生的记录。

(5) 删除某个学生的记录。

输入有效性检验：输入的年龄不能为负，也不能大于 200。

10. 学生通讯录统计。编写一个程序读取习题 9 中创建的学生通讯录文件，该程序必须完成如下几个功能：

(1) 统计文件中学生的个数。

(2) 计算学生的平均年龄。

第3章

类的基础部分

类是进行面向对象程序设计的基础，它把数据和函数封装在一起，构成一个基本的单元。本章主要讲述类的声明和实现，以及它的应用，即如何创建抽象数组数据类型。

本章的学习目标：

- 了解过程化程序设计和面向对象程序设计的优缺点。
- 掌握类的概念和定义成员的方法。
- 掌握对象的定义方法和访问对象成员的方法。
- 掌握类的多文件组织方法。
- 掌握内联函数的定义方法。
- 掌握简单类的构造函数和析构函数的定义方法。
- 理解对象数组的生成方式。

3.1 过程化程序设计与面向对象程序设计的区别

过程化程序设计是软件开发的一种方法，程序员将精力主要集中在写过程(或函数)上，而在面向对象的程序设计中，程序员将精力集中在设计类上。

在目前的系统开发中，一般来讲有两种程序设计方法：过程化程序设计和面向对象的程序设计。在前面章节讲述的主要是过程化的程序设计。

在过程化程序设计中，通常将数据存储在一组变量或结构中，同时再写一套实现数据操作的函数，这些数据和函数是分开的。例如，处理一个矩形的程序可能需要下列变量：

变量	含义
`float width;`	矩形的宽
`float length;`	矩形的长
`float area;`	矩形的面积

除了上述变量以外，可能还需要下面几个函数：

函数名	功能
`setData()`	设置 width 和 length 变量的值
`calculateArea()`	计算矩形的面积
`getWidth()`	显示矩形的宽
`getLength()`	显示矩形的长
`getArea()`	显示矩形的面积

我们看到，程序员采用过程化的程序设计方法，精力主要集中在函数设计上。

3.1.1 过程化程序设计的缺陷

在程序设计中，最重要的部分应该是数据和组织数据的方式，而过程化的设计方法使程序员将精力集中在函数设计上，这将出现如下问题：

(1) 出现大量的全局变量。在一个大型的系统中，常常需要许多全局变量来存储数据，便于函数方便地访问这些关键信息。有利必有弊，全局变量方便程序员的同时，也使程序员会不小心破坏一些关键的数据。

(2) 复杂的程序。即使将一个程序高度模块化(即分解为许多函数)，但一个程序员能理解的函数数量是有限的。一个普通的系统通常由几千个相互交织的函数构成，如果一个程序员不具备将一个工程分解为若干个函数的能力，那么他很难理解程序。

(3) 对程序难以进行修改和扩充。当一个程序达到一定程度时，就很难去修改它的代码。如何修改而不影响程序的其他部分？这是因为一些函数之间总有一些微妙的依赖关系。当程序员改动一个函数时，他可能还不知道已经影响了其他函数，防不胜防。

3.1.2 面向对象程序设计的基本思想

正如过程化程序设计将精力集中在函数设计上，面向对象的程序设计将精力集中在对象上，对象封装了数据和操作数据的若干个函数。

变量代表计算机内存中的一块存储区，程序需要使用变量存储原子数据类型的数据，如 int、float 和 double 等。程序员通过定义结构体创建自己的抽象数据类型，结构体像一个复合变量，它代表内存中的一块存储区，由若干个元素构成。本章要学习的类和结构体相似。通常，类不仅有数据成员，而且还有函数成员。数据成员和函数成员封装在一起构成一个独立的单元，将由数据和函数构成的一个实体称为对象。

数据成员 float width; float length; float area;
函数成员 setData( ){…} calculateArea( ){…} getWidth( ){…} getLength( ){…} getArea( ){…}

图 3-1 矩形对象的表示

图 3-1 给出了一个矩形对象的表示，它封装了本节提到的数据和函数。

在面向对象的程序设计中，这些变量和函数构成了矩形对象的成员，它们封装在一起构成了一个独立的单元。当要完成某些操作时，如计算矩形的面积，则向矩形对象传递一个信息，告诉它调用 calculateArea 函数。由于 calculateArea 是矩形对象的一个函数成员，与 width、length 变量同属于一个对象，函数可立即访问这些变量。

【注意】 按照面向对象程序设计(OOP)的术语，数据成员称为对象的属性，函数成员称为对象的方法。

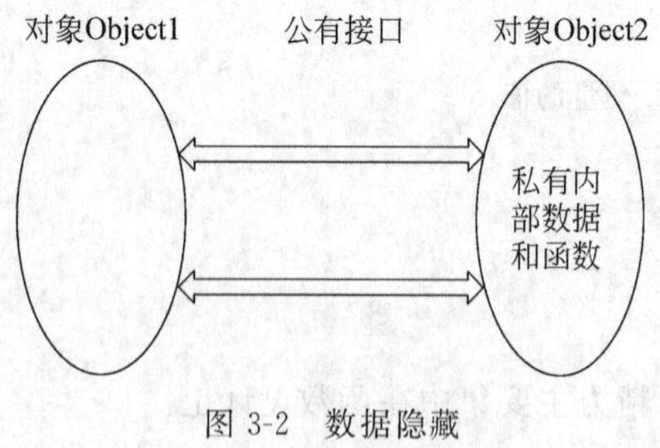

图 3-2 数据隐藏

对象不仅具有相关的数据和函数，而且还具有限制程序的其他部分访问其数据成员的能力，这就是数据隐藏。数据隐藏是面向对象程序设计中很重要的一个特性，它不仅可以防止对象的关键数据被意外地破坏，而且还向外部对象隐藏了复杂的算法。其中的公有成员构成了对象的外部接口，图 3-2 描述了这个特性。

在现实生活中，汽车就是面向对象的一个实例。它对外由一些简单的接口构成：开关、方向盘、油门踏板、刹车踏板和调速操纵杆等。如果你要驾驶汽车，只要学会操作这些接口即可。例如，想让汽车向左转，只要向左转动方向盘即可，至于车轮是如何转动的，并不需要知道，同时这个功能对外是透明的。

由于汽车具有简单的用户接口，因此没有机械知识的人也能驾驶，这对汽车制造商来说是一件好事，因为会有更多的人愿意买车。同时，对于汽车用户来讲也是一件好事，因为这将减少因偶尔的简单操作不当（如发动机点火）而损坏汽车。

【注意】 透明是一个专业术语，实际上是看不到对象的内部，它与我们日常的透明概念恰好相反。

在软件开发中采用 OOP 技术，程序员所创造的对象功能很强，但外部接口简单，这不但保证了对象的数据安全，而且还易于被别人使用。例如，cin 和 cout 对象就是由其他程序员写的，我们无须关心其内部是如何实现的，只要会正确地使用它们即可。

对象创建于由程序员定义的抽象数据类型。通常，程序员可创建两种类型的对象：一般目的的对象和面向某特殊应用的对象。一般目的的对象通常具有如下几个目的：

(1) 用于改进或提高 C++ 固有的内嵌数据类型。

(2) 弥补 C++ 当前没有的数据类型。例如，设计一种对象可以处理当前的货币和日期，而这两种类型在目前的 C++ 中都是没有的。

(3) 完成普通任务所需要的功能。例如，实现输入有效性检验，或图形用户界面的输出。

面向特定应用的对象是为某些特殊应用所创建的，用于处理特殊的信息。例如，某商场的一个系统是基于面向对象的技术设计的，专门处理日常交易。尽管这些对象在日常处理中很有用，但不能用于通用目的。例如，学校就不能使用商场软件来管理学生的成绩。

3.2 类的基本概念

类是 C++ 中创建对象的基础，它与 C 的结构体相似，是程序员所定义的一种由变量和函数构成的抽象数据类型，定义类的一般形式为：

```
class 类名
{
    变量和函数的声明;
    …
};
```

我们以前面讲述过的矩形为例，逐步学习如何创建一个类，下面继续讨论该矩形。

【注意】 下面创建的矩形类还不能使用，目前仅仅是教你如何创建类。

和结构体类似，首先要定义类型，然后才能使用它。类的定义是告诉编译器类的构成（即长相），下面是对矩形类的简单定义：

```
class Rectangle
{
    float width;
```

```
    float length;
    float area;
};              //注意：大括号后面有一个分号
```

上面定义的类具有 3 个数据成员：width、length 和 area。当然，类中不仅有变量，而且还可以有操作数据成员的函数，现增加如表 3-1 几个函数成员。

表 3-1　矩形类需增加的函数成员

函 数 名	功　能
void setData(float, float);	设置矩形的 width 和 length 变量
void calculateArea();	计算矩形的面积，并把结果存储在数据成员 area 中
float getWidth();	返回存储在数据成员 width 中的值
float getLength();	返回存储在数据成员 length 中的值
float getArea();	返回存储在数据成员 area 中的值

下面还没有对上面所描述的函数成员给出定义，仅仅是把它们的原型写在类中：

```
class Rectangle
{
    float width;
    float length:
    float area;
    void setData(float, float);
    void calculateArea();
    float getWidth();
    float getLength();
    float getArea();
};
```

在默认情况下，类中的成员(包括数据和函数)都是私有的(private)，类外的程序不能访问类中的私有成员。结构体中的成员在默认情况下都是公有的，在结构体外部可以访问这些成员。因此，上述定义的 Rectangle 类中的所有成员都是私有的，类外的程序语句不能访问这些成员。

【注意】 如果类外的程序语句要访问类中的私有成员，那么将会出现编译错误。在后面将学习外部的函数如何通过特殊的权限访问类的私有成员。

C++ 提供有修饰成员的 3 个关键字：private(私有)、public(公有)和 protected(保护)。为了使类外的语句能够访问类中的成员，必须将这些成员声明为公有，下面给出一个示例：

```
class Rectangle
{
    private:                    //通常数据成员都是私有的
        float width;
        float length;
        float area;
```

```
    public:                    //通常函数成员都是公有的
        void setData(float, float);
        void calculateArea();
        float getWidth();
        float getLength();
        float getArea();
};
```

关键字 private 和 public 是访问修饰符。在上述声明中，变量 width、length 和 area 都是私有的，这意味着它们只能被函数成员访问，而函数成员都是公有的，这说明在类的外部可以调用它们。

【注意】 在默认情况下，成员访问修饰符是 private，若将上例中的 private 去掉，效果等同。但采用 private 关键字显示指明私有成员是一个好的做法，可以使其他人一目了然。

私有成员可以定义在公有成员之前，也可以定义在公有成员之后，例如：

```
class Rectangle
{
    public:                    //先定义公有成员
        void setData(float, float);
        void calculateArea();
        float getWidth();
        float getLength();
        float getArea();
    private:                   //再定义私有成员
        float width;
        float length;
        float area;
};
```

私有成员和公有成员也可以交叉定义，例如：

```
class Rectangle
{
    private:
        float width;
    public:
        void setData(float, float);
        void calculateArea();
        float getWidth();
        float getLength();
        float getArea();
    private:
        float length;
        float area;
};
```

尽管在定义类的时候，可以随心所欲地排列成员，但最好还是采用与他人一致的排列方法。惯用的方法是将同一种访问修饰符所修饰的成员放在一起：

```
class class-name
{
    private:            //先定义私有成员
    //定义成员
    public:             //再定义公有成员
    //定义成员
};
```

【注意】 上述声明中的黑体字是关键字。

3.3 定义函数成员

前面定义的 Rectangle 类有 5 个函数成员原型：setData、calculateArea、getArea、getWidth 和 getLength，下面在类的外部对这 5 个函数给出定义：

```
void Reetangle::setData(float w, float l)
{
    width =w;
    length =l;
}
void Rectangle::calculateArea()
{
    area =width * length;
}
float Rectangle::getWidth()
{
    return width;
}
float Rectangle::getLength()
{
    return length;
}
float Rectangle::getArea()
{
    return area;
}
```

在上面 5 个函数的定义中看到一个共同现象：每个函数名的前面都有 **Rectangle::**，其中 Rectangle 是类名，::是作用域分辨符，它们用于指明函数属于的类。总结上面 5 个函数成员的定义，可以得出在类的外部定义函数成员的一般形式为：

```
<返回值类型><类名>::<函数名>(形式参数表)
{
    //代码
}
```

【注意】 类名和作用域分辨符必须与函数放在一起，在返回值类型的后面。例如，下面的形式是错误的：

```
Rectangle :: float getArea()      //错误
```

3.4 定义对象

对象也称为类的实例（instantiation），它们也是变量，必须在类定义之后才能定义对象。和结构体变量的定义类似，在对象定义以后，它们将在内存中占据空间。对象的定义语句和一般变量的定义语句相似，下面的语句定义了一个 Rectangle 类型的 box 对象：

```
Rectangle box;
```

box 对象属于 Rectangle 类的一个实例，也是变量。

3.4.1 访问对象的成员

访问对象的成员和访问结构体变量的成员类似，都是采用点操作符。例如，下面的语句调用 box 对象的函数成员 calculateArea()：

```
box.calculateArea();
```

下面几个语句也是调用 box 对象的函数成员：

```
box.setData(10.0, 12.5);         //设置 box 对象的 width 和 length 数据成员
box.calculateArea();             //计算 Box 对象的面积
cout <<Box.GetWidth();           //显示 Box 对象的 width
cout <<Box.GetLength();          //显示 Box 对象的 length
cout <<Box.GetArea();            //显示 Box 对象的 area
```

【注意】 函数成员在访问数据成员时，不需要加点操作符。例如，在 calculateArea 函数内部访问了 width、length 和 area 数据成员，前面都没有加点操作符，这是因为这些变量属于当前对象的数据成员。

```
void Rectangle::calculateArea()
{
    area=width * length;         //在函数内部访问数据成员时，前面无点操作符
}
```

3.4.2 指向对象的指针

指针不但可以指向原子类型变量，也可以指向结构体变量和字符串，同时指针也可以指向一个对象。例如，下面定义了一个指向 Rectangle 类对象的指针 boxPtr：

```
Rectangle *boxPtr;
```

假设 box 是 Rectangle 类的一个对象，采用下列的语句让 boxPtr 指向该对象：

```
boxPtr=&box;
```

同样也可以采用 boxPtr 指针调用对象的函数成员，与指针变量访问结构体成员的形式相同，也是采用->的形式。例如，下面的语句调用了 setData()函数：

```
boxPtr->setData(15, 12);
```

【例 3-1】 设计一个矩形类 Rectangle，输入矩形的长和宽，计算面积并输出这些参数。

```
#include <iostream>
using namespace std;
class Rectangle
{
private:
    float width;
    float length;
    float area;
public:
    void setData(float, float);
    void calculateArea();
    float getWidth();
    float getLength();
    float getArea();
};
    //setData 函数将参数 w 复制给成员 width,将 l 复制给成员 length
void Rectangle::setData(float w, float l)
{
    width =w;
    length =l;
}
    //calculateArea 函数计算 Rectangle 对象的面积,并把结果存储 area 中
void Rectangle::calculateArea()
{
    area =width * length;
}
    //getWidth 函数成员返回存储在私有成员 width 中的值
float Rectangle::getWidth()
{
    return width;
}
    //getLength 函数成员,返回存储在私有成员 length 中的值
float Rectangle::getLength()
{
    return length;
}
    //getArea 函数成员,返回存储在私有成员 area 中的值
float Rectangle::getArea()
{
```

```
    return area;
}
    //主函数
int main()
{
    Rectangle box;
    float wide, boxLong;

    cout<<"计算矩形的面积\n";
    cout <<"输入矩形的宽: ";
    cin >>wide;
    cout <<"输入矩形的长: ";
    cin >>boxLong;
    box.setData(wide, boxLong);
    box.calculateArea();
    cout <<"矩形参数:";
    cout <<"宽: "<<box.getWidth() <<", ";
    cout <<"长: "<<box.getLength() <<", ";
    cout <<"面积: "<<box.getArea() <<endl;
    return 0;
}
```

【程序运行结果】

```
计算矩形的面积
输入矩形的宽: 10
输入矩形的长: 20
矩形参数:宽: 10, 长: 20, 面积: 200
```

3.4.3　引入私有成员的原因

上一节讲述了 Rectangle 类中的数据成员和函数成员，读者可能会问：为什么要引入私有数据成员？为什么要定义许多简单的设置数据成员和获得数据成员的函数？如果将这些数据成员定义为公有的，那么这些函数成员不就可以不需要了吗？

正如在本章前面章节所言，对象具有仅供内部使用的变量和函数，它们是故意不让对象的外部语句使用，以避免对象的数据被偶然破坏，或者是因使用不当带来一些副作用。当对象的成员声明为私有时，外部的应用程序要想向数据成员存储值，必须通过公有函数成员。同样，应用程序要检索私有数据成员中的值，唯一的办法也是通过公有函数成员。实际上，公有函数成员变成了对象的外部接口，它们虽然也是对象的成员，但它们可以被外部应用程序访问。

在 Rectangle 类中，数据成员 length、width 和 area 都可以看成是关键数据。我们把这些变量声明为私有的，同时还定义一组与此相关的公有函数成员，通过这些函数可以向变量中存储值，或者是从变量中检索值。

总之，在 OOP 程序设计中，对象保护重要的数据不被破坏是一件很重要的事情，它是通

过将关键数据声明为私有成员,同时提供访问这些数据的公共接口实现的。

3.5 类的多文件组织

在例 3-1 中,类的定义、类函数成员的实现,以及应用程序都存放在一个文件中。在 C++ 程序设计中,一个习惯做法是将这 3 个部分分别存放在独自的文件中,通常以下列方式组织程序:

(1) 将类的定义存储在**头文件**中。包含类定义的头文件称为**类的声明文件**,通常该文件的文件名和类名相同,扩展名为**. h**。例如,将 Rectangle 类的定义存放在 Rectangle. h 文件中。

(2) 将函数成员的定义存放在一个**. cpp** 文件中,通常这个文件称为类的**实现文件**,文件名和类名相同,扩展名为**. cpp**。例如,Rectangle 类的函数成员存放在 Rectangle. cpp 文件中。

(3) 应用程序通过 #include 包含头文件。通过创建工程,将类的实现文件和主程序进行联编,从而生成一个完整的程序。

【例 3-2】 修改上例,采用多文件技术组织程序。

在 Rectangle. h 文件中,#ifndef 首先检验常量 RECTANGLE_H 是否已经存在,如果该常量不存在,那么就立即定义该常量,并定义 Rectangle 类。反之,如果该常量存在,那么 #ifndef 和 #endif 之间的代码将被忽略。

```
//Rectangle.h 文件的内容
#ifndef RECTANGLE_H
#define RECTANGLE_H
class Rectangle                              //Rectangle 类的定义
{
private:
    float width;
    float length;
    float area;
public:
    void setData(float, float);
    void calculateArea();
    float getWidth();
    float getLength();
    float getArea();
};
#endif

//Rectangle.cpp 文件的内容
#include <iostream>
using namespace std;
#include "Rectangle.h"                       //包含 Rectangle 类的定义
    //setData 函数成员,将参数的值 w 复制给成员 width,将 l 复制给成员 length
```

```
void Rectangle::setData(float w, float l)
{
    width =w;
    length =l;
}
    //计算 Rectangle 对象的面积,并把结果存储在私有成员 area 中
void Rectangle::calculateArea()
{
    area =width * length;
}
    //getWidth 函数成员,返回存储在私有成员 width 中的值
float Rectangle::getWidth()
{
    return width;
}
    //getLength 函数成员返回存储在私有成员 length 中的值
float Rectangle::getLength()
{
    return length;
}
    //getArea 函数成员返回存储在私有成员 area 中的值
float Rectangle::getArea()
{
    return area;
}
//主程序 3-2.cpp 文件的内容
#include <iostream>
using namespace std;
#include "Rectangle.h"                    //包含 Rectangle 类的定义

int main()
{
    Rectangle box;
    float wide, boxLong;

    cout<<"计算矩形的面积\n";
    cout <<"输入矩形的宽: ";
    cin >>wide;
    cout <<"输入矩形的长: ";
    cin >>boxLong;
    box.setData(wide, boxLong);
    box.calculateArea();
    cout <<"矩形参数: ";
    cout <<"宽: "<<box.getWidth() <<", ";
    cout <<"长: "<<box.getLength() <<", ";
```

```
    cout <<"面积: "<<box.getArea() <<endl;
    return 0;
}
```

程序运行结果同前例,在此不再给出。但通过这种方式,要掌握多文件的组织形式。

【注意】 Rectangle.h 文件中的 #ifndef 称为包含哨兵,可实现条件编译,防止头文件被包含多次;这里宏 RECTANGLE_H 是随意定义的,此处采用文件名的大写表示。

表 3-2 总结了例 3-2 中几个文件的含义。

表 3-2 例 3-2 中文件的含义

文　　件	文件的含义
Rectangle.h	包含 Rectangle 类的定义,在 rectangle.cpp 和 pr3-2.cpp 文件中必须通过 #include 包含该文件
Rectangle.cpp	包含函数成员的定义,将来在编译时生成一个 Rectangle.obj 文件
pr3-2.cpp	包含主函数,在编译时生成一个 pr3-2.obj 文件,通过联编,将 pr3-2.obj 和 Rectangle.obj 生成可执行文件 pr3-2.exe

3.6 私有函数成员的作用

有时,类中可以包含一些专门用于内部处理的函数成员,它们在类的外部不能使用,在此情况下,应将这些函数成员定义为私有的。**私有函数成员可以被同一个类中的其他函数调用。**

可以将 Rectangle 类中的 calculateArea 函数定义为私有的,每当执行 setData 函数时,就直接调用该函数计算矩形的面积,修改后的类定义如下:

```
//Rectangle2.h 文件的内容
class Rectangle
{
private:
    float width, length, area;
    void calculateArea();                    //注意:该函数目前是私有的
public:
    void setData(float, float);
    float getWidth();
    float getLength();
    float getArea();
};
```

修改后的 setData 函数如下所示:

```
void Rectangle::setData(float w, float l)
{
    width =w;
    length =l;
    calculateArea();                         //调用函数成员
}
```

【注意】 Rectangle 类中的其他函数成员没有修改，在此不再给出。

在 setData 函数中，自动调用 calculateArea 函数重新计算矩形的面积。由于该函数是私有的，在类的外部就不能显示调用该函数。

【例 3-3】 类中私有函数的应用举例。

```
#include <iostream>
using namespace std;
#include "rectang2.h"                  //Rectangle 类的定义在此文件中
int main()
{
    Rectangle box;
    float wide, boxLong;

    cout<<"计算矩形的面积\n";
    cout <<"输入矩形的宽: ";
    cin >>wide;
    cout <<"输入矩形的长: ";
    cin >>boxLong;
    box.setData(wide, boxLong);  //setData 调用 calculateArea 计算矩形面积
    cout <<"矩形参数: ";
    cout <<"宽: "<<box.getWidth() <<" , ";
    cout <<"长: "<<box.getLength() <<" , ";
    cout <<"面积: "<<box.getArea() <<endl;
    return 0;
}
```

程序的输出结果同上例，在此不再给出。

3.7　内联函数

所谓内联函数就是那些完整地定义在类内部的函数成员。若函数成员的代码比较少，那么把它的定义写在类的声明中，此时该函数就是内联函数成员。例如，在 Rectangle 类中，除了 setData 函数以外，每个函数都只有一条语句，这个类定义如下。

```
//rectang3.h 文件的内容
    //Rectangle 类的定义
#ifndef RECTANGLE_H
#define RECTANGLE_H
class Rectangle                                   //Rectangle 类的定义
{
private:
    float width, length, area;
    void calculateArea(){ area =width * length; }
public:
    void setData(float, float);                   //函数原型
```

```
    float getWidth(){ return width; }           //内联函数成员
    float getLength(){ return length; }         //内联函数成员
    float getArea(){ return area; }             //内联函数成员
};
#endif
```

当一个函数成员定义在类的声明中,那么就称它为内联函数成员,此时在函数头就不需要指明作用域分辨符。

在上述类的定义中,getWidth、getLength 和 getArea 函数都定义为内联形式,但 setData 函数并不是,仍然需要对该函数在类的外部给出定义。

【例 3-4】 内联函数的应用举例。

```
//rectang3.cpp 文件的内容
#include "rectang3.h"
void Rectangle::setData(float w, float l)
{
    width =w;
    length =l;
    calculateArea();
}
//主程序 3-4.cpp 文件的内容
#include <iostream>
using namespace std;
#include "rectang3.h"                     //包含 Rectangle 类的定义
int main()
{
    Rectangle box;
    float wide, boxLong;

    cout<<"计算矩形的面积\n";
    cout <<"输入矩形的宽: ";
    cin >>wide;
    cout <<"输入矩形的长: ";
    cin >>boxLong;
    box.setData(wide, boxLong);
    cout <<"矩形参数: ";
    cout <<"宽: "<<box.getWidth() <<" , ";
    cout <<"长: "<<box.getLength() <<" , ";
    cout <<"面积: "<<box.getArea() <<endl;
    return 0;
}
```

程序的运行结果同前例,在此不再给出。函数的调用是在"幕后"完成的,我们看不到系统是如何实现的。实际上,在函数调用中涉及许多内容,如程序的返回点(即地址)、函数的参数和函数中定义的自动变量等,都存储在一块称为栈的内存区中。所有这些开销,都是为函数调用准备的。但是，这些开销不但需要耗费空间，而且要耗费 CPU 的时间，尽管每一步操作需要的时间比较短，但如果多次调用函数，例如在一个循环中调用函数，那么这些开销累加起来也是十分可观的。

编译器对内联函数的编译与对普通函数的编译不尽相同。在可执行代码中，对内联函数的调用不是常规意义上的调用。编译器采用内联函数的代码替换对它的调用，因此从这个意义上讲，内联函数的代码应当少。尽管这有可能增加可执行程序的代码，但从另一个角度讲，由于减少了额外开销(形式参数—实际参数传递和局部变量定义等)，从而提高了性能(注意，在基于页操作的系统中，由于代码增加，反而要降低系统的性能)。

3.8　构造函数和析构函数

构造函数是一个函数成员，当定义类对象时，自动调用该函数对数据成员进行初始化。析构函数也是一个函数成员，当对象终止时将自动调用该函数进行"善后"处理。

3.8.1　构造函数

从构造函数的定义可以看出，首先它是一个函数成员，其次它的名字与类名相同。当在内存中创建对象时，或者说进行实例化时，将自动调用该函数。构造函数的功能是完成对象的初始化。

【例 3-5】 构造函数的基本功能。

```
#include <iostream>
using namespace std;
class Demo
{
public:
    Demo()                          //构造函数
    {
        cout <<"目前在构造函数中!"<<endl;
    }
};
int main()
{
    Demo demoObj;                   //定义一个对象 demoObj
    cout <<"主函数运行结束! \n";
    return 0;
}
```

【程序运行结果】

```
目前在构造函数中!
主函数运行结束!
```

【程序解析】 上述 Demo 类仅有一个函数成员，它的名字也是 Demo，这个函数就是构造函数。当创建类对象时，自动调用构造函数 Demo。

从上例看到，构造函数与常规函数成员不同：构造函数没有返回值的类型，前面也不能加 viod 修饰。这是因为构造函数不能显示调用，也不能有返回值。构造函数的首部具有如下形式：

<类名>:: <类名>(形式参数列表)

在上例，main 函数定义 demoObj 对象时，将自动调用构造函数。由于对象的定义是在 main 函数的 cout 语句执行之前，因此，构造函数首先显示信息。

【注意】 如果构造函数没有参数，就把这种构造函数称为默认构造函数。构造函数可以有参数，也可以没有参数，可以有默认（缺省）参数，可以是内联函数，也可以被重载。

我们定义构造函数，除了实现对一般数据成员的初始化外，另一个主要功能是对特殊的数据成员——指针动态地分配空间，下面的示例演示了构造函数的这个作用。InvoiceItem 类保存了每样商品的信息，对商品的描述存放在动态分配的数组 desc 中，商品的库存量存储在 storage 数据成员中。构造函数对 desc 指针分配了 51 个字节的空间。

【例 3-6】 构造函数应用的误区。

下面的这个示例在构造函数中完成对数据成员分配空间，当对象不再使用时，并没有释放空间。下一节将增加释放内存空间的功能，当对象生存期结束时，释放由构造函数分配的内存空间。

```
#include <iostream>
using namespace std;
#include <string.h>
class InvoiceItem
{
private:
    char *desc;
    int storage;
public:
    InvoiceItem()                           //内联构造函数
    {
        desc =new char [51];
    }
    void setInformation(char *dscr, int un)
    {
        strcpy(desc, dscr);
        storage =un;
    }
    char *getDescription(){ return desc; }
    int getstorage(){ return storage; }
};
int main()
{
    InvoiceItem stock;
```

```
    stock.setInformation("鼠标", 20);
    cout <<"商品信息: "<<stock.getDescription() <<endl;
    cout <<"库存量: "<<stock.getstorage() <<endl;
    return 0;
}
```

【程序运行结果】

```
商品信息: 鼠标
库存量: 20
```

【程序解析】 上述程序在 main 函数中定义了一个对象 stock,该对象将占据 8 个字节的空间,其中 storage 和 desc 成员各占 4 个字节的空间,desc 用来存储地址,并且这 8 个字节的空间是由系统自动分配的,不需要人为分配。当在构造函数中,通过 new 运算符对 desc 成员分配 51 个字节的空间以后,stock 对象的构成如图 3-3 所示。

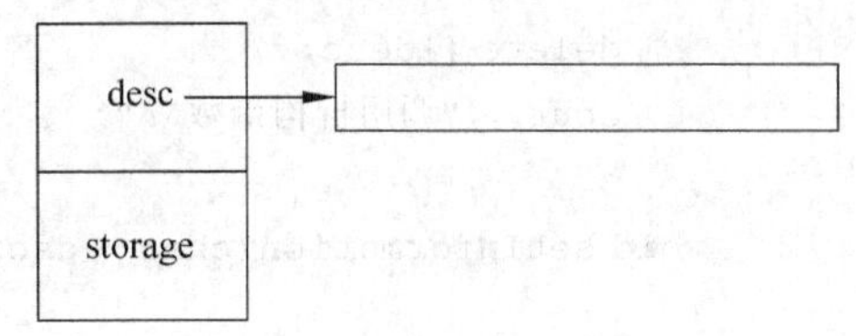

图 3-3　stock 对象的构成

如果在程序中定义一个 InvoiceItem 类的指针:

```
InvoiceItem *ptr;
```

那么该指针可以指向一个动态分配的 InvoiceItem 类对象:

```
ptr =new InvoiceItem;                    //自动调用构造函数初始化对象
```

当通过 new 操作符在内存中创建 InvoiceItem 对象时,将自动调用构造函数。

【思考】 你知道对象指针 ptr 占据几个字节吗? 答:仍然是 4 个字节,指针在 C++ 中总是占据 4 个字节的空间,与类型无关。

3.8.2　析构函数

析构函数的名字与类名相同,前面带有波浪线~,当对象终止时,系统自动调用析构函数。我们知道,当创建对象时,调用构造函数进行初始化,但当对象生存期结束时,自动调用析构函数进行善后处理。例如,析构函数中经常使用的操作是动态释放空间。

在例 3-6 中,InvoiccItem 有一个构造函数,它为 desc 成员分配了 51 个字节的内存空间,但是当对象终止时,并没有释放该空间。

【例 3-7】 修改 InvoiceItem 类,增加释放内存空间的析构函数,释放在构造函数中分配的空间。

将此析构函数定义为内联函数,当然也可以定义为非内联形式。为了说明构造函数和析构函数的调用过程,在构造函数和析构函数中增加了输出语句。

```
#include <iostream>
using namespace std;
#include <string.h>
class InvoiceItem
```

```
{
private:
    char *desc;
    int storage;
public:
    InvoiceItem()                              //构造函数
    {
        desc =new char[51];
        cout <<"调用构造函数\n";
    }
    ~InvoiceItem()                             //析构函数
    {
        delete []desc;                         //释放内存空间
        cout <<"调用析构函数\n";
    }
    void setInformation(char *dscr, int un)
    {
        strcpy(desc, dscr);
        storage =un;
    }
    char *getDescription(){ return desc; }
    int getstorage(){ return storage; }
};
int main()
{
    InvoiceItem stock;

    stock.setInformation("鼠标", 20);
    cout <<"商品信息: "<<stock.getDescription() <<endl;
    cout <<"库存量: "<<stock.getstorage() <<endl;
    return 0;
}
```

【程序运行结果】

```
调用构造函数
商品信息: 鼠标
库存量: 20
```

从上例的运行结果可以看出，当程序遇到 main 函数中的最后一个大括号时，stock 对象的生存期就要结束，此时调用析构函数，释放 stock 对象的 desc 成员指向的内存空间，所以程序输出结果的最后一行是析构函数的输出结果。

假设 ptr 是一个指向对象的指针，它指向一个动态分配的对象，采用 delete 语句将释放该指针指向的空间：

```
InvoiceItem *ptr;
```

```
ptr=new InvoiceItem;
delete ptr;
```

当执行 delete 语句时，将自动调用析构函数，对 ptr 指向的对象进行善后处理。

【注意】 对于析构函数，要注意以下几点：

(1) 析构函数没有返回值类型，也没有返回值。

(2) 析构函数一定是无参的。

(3) 一个类只能有一个析构函数。

3.8.3 带参构造函数

前面的举例都是无参的构造函数，但实际中常常需要将某些数据传递给构造函数，实现对象的初始化。例如，下面的 Sale 类是一个关于销售的类，用来计算零售总额。

```
sale.h 文件的内容
#ifndef SALE_H
#define SALE_H
class Sale                          //Sale 类的定义
{
private:
    float taxRate;
    float total;
public:
    Sale(float rate)                //带参构造函数
    {
        taxRate =rate;
    }
    void calculateSale(float cost){ total =cost + (cost * taxRate); }
    float getTotal(){ return total; }
};
#endif
```

在 calculateSale 函数中，使用数据成员 taxRate 计算销售总额。构造函数是确定销售税率，它具有一个参数，传递给 taxRate 数据成员。我们知道，构造函数是在创建对象时自动调用的，实参作为对象声明中的一部分将传递给形参，例如：

```
Sale cashier(0.06f);
```

上述语句定义 Sale 类的一个 cashier 对象，当调用构造函数时，将把 0.06f 传递给形式参数 rate，构造函数将参数的内容赋值给数据成员 taxRate。

【例 3-8】 带参构造函数。

```
#include <iostream>
using namespace std;
#include "sale.h"
int main()
{
```

```
    Sale cashier(0.06f);                    //6%税率
    float amount;
    cout.precision(2);
    cout.setf(ios::fixed | ios::showpoint);
    cout <<"请输入销售额：";
    cin >>amount;
    cashier.calculateSale(amount);
    cout <<"销售总额是 RMB";
    cout <<cashier.getTotal() <<endl;
    return 0;
}
```

【程序运行结果】

```
请输入销售额：1000 [Enter]
销售总额是 RMB1060.00
```

【程序解析】 构造函数和其他函数一样，也可以有默认（缺省）参数。在函数调用时，如果没有提供足够多的实参，将自动把默认值传递给形参，如果将 Sale 类的构造函数修改如下：

```
Sale(float rate =0.05f)              //具有默认形参值的构造函数
{
    taxRate =rate;
}
```

那么该构造函数就具有默认的形参值。若在定义 Sale 类对象时没有提供实参，将把默认值 0.05f 传递给形参。

【例 3-9】 带默认值的构造函数。

```
//sale2.h 文件的内容
#ifndef SALE2_H
#define SALE2_H
class Sale
{
private:
    float taxRate;
    float total;
public:
    Sale(float rate =0.05f)              //具有默认形参值的构造函数
    {
        taxRate =rate;
    }
    void calculateSale(float cost){ total =cost +(cost * taxRate); }
    float getTotal(){ return total; }
};
```

```
#endif

//主程序 3-9.cpp 文件的内容
#include <iostream>
using namespace std;
#include "sale2.h"

int main()
{
    Sale cashier1;                  //采用默认形参值 0.05f
    Sale cashier2(0.06f);           //采用指定形参值 0.06f
    float amount;

    cout.precision(2);
    cout.setf(ios::fixed | ios::showpoint);
    cout <<"请输入销售额: ";
    cin >>amount;
    cashier1.calculateSale(amount);
    cashier2.calculateSale(amount);
    cout <<"采用 0.05 的税率计算销售总额是 RMB";
    cout <<cashier1.getTotal() <<endl;
    cout <<"采用 0.06 的税率计算销售总额是 RMB";
    cout <<cashier2.getTotal() <<endl;
    return 0;
}
```

【程序运行结果】

```
请输入销售额: 1000 [Enter]
采用 0.05 的税率计算销售总额是 RMB1050.00
采用 0.06 的税率计算销售总额是 RMB1060.00
```

要注意的是,没有参数的构造函数属于默认构造函数;如果构造函数的所有参数都具有默认(缺省)值,那么在进行函数调用时不需要进行显式的参数传递,在此情况下,也属于默认构造函数。

3.8.4　构造函数应用举例——输入有效的对象

在本章前面讲过,OOP 应用形式之一是设计一种通用目的的对象,以适用于多种情况。例如,某程序要显示一个菜单,允许用户在选择项 A、B、C 和 D 中选择,程序就应当检验用户输入的字符,只接受上述 4 个字符之一,换句话讲就是如何完成有效性检验。可以设计一个类处理这种类型的输入,然后将其应用到其他程序中。设计这种通用程序的关键是如何定义一个类。

【例 3-10】 设计一个 CharRange 类,这种类型的对象允许用户输入一个字符,然后检验该字符是否位于指定范围(如'A'～'D')之内。当用户输入的字符超出指定范围时,该对象将显示一个出错信息,并等待用户重新输入一个新字符。

```
//类的定义文件 chrange.h 的内容
#ifndef CHARRANGE_H
#define CHARRANGE_H
class CharRange
{
private:
    char *errMsg;                    //出错信息
    char input;                      //用户输入值
    char lower;                      //有效字符的低界
    char upper;                      //有效字符的高界
public:
    CharRange(char, char, const char *);
    char getChar();
};
#endif

//CharRange 类的实现文件 chrange.cpp 定义
#include <iostream>
using namespace std;
#include <string.h>
#include <ctype.h>
#include "chrange.h"

CharRange::CharRange(char low, char high, const char *str)  //构造函数
{
    lower =toupper(low);
    upper =toupper(high);
    errMsg =new char [ strlen(str) +1];
    strcpy(errMsg, str);
}
char CharRange::getChar()
{
    cin.get(input);
    cin.ignore();
    input =toupper(input);

    while(input <lower || input >upper)
    {
      cout <<errMsg;
      cin.get(input);
      cin.ignore();
      input =toupper(input);
    }
    return input;
}
```

下面分析类的函数成员，首先是构造函数，它确定了有效字符的范围。库函数 toupper 将参数 low 和 high 转换为大写字母，并存储在私有数据成员 lower 和 upper 中。lower 和 upper 分别代表了有效字母的低界和高界。定义一个 CharRange 类对象如下：

```
CharRange input('A', 'D');
```

上述语句定义一个 CharRange 类的对象 input，该对象接受字母的范围是'A'～'D'（即字母是'A'、'B'、'C'和'D'）。如果用户输入的字母超出了这个范围，那么将在屏幕上显示一个出错信息，并提示用户重新输入字母，该有效性检验实际上是由函数成员 getChar 负责的。

从 getChar 函数的代码可以知道，其内部有一个 while 循环，除非用户输入的字母位于指定的 lower 和 upper 之间，否则将无法跳出该循环。当用户输入的字母超出指定范围时，将在屏幕上显示一个出错信息，提示用户继续输入。下面的主程序检验了 CharRange 类的应用，其内容如下：

```
#include <iostream>
using namespace std;
#include "chrange.h"
const char * Msg="请输入 J, K, L, M 或 N: ";
int main()
{
      //创建一个 input 对象，输入的字母范围是从'J'到'N'
   CharRange input('J', 'N', Msg);

   cout <<"请输入 J, K, L, M 或 N，若输入 N 将终止程序的运行. \n";
   while(input.getChar() != 'N')
      ;
   return 0;
}
```

【程序运行结果】

```
请输入 J, K, L, M 或 N，若输入 N 将终止程序的运行.
j [Enter]
p [Enter]
请输入 J, K, L, M 或 N: k [Enter]
K [Enter]
n [Enter]
```

【程序解析】 首先输入字母 j，程序接受了该字母，因为它是一个有效的字母，然后输入字母 p，由于它不是 J～N 之间的字母，所以给出了出错提示信息，最后输入 n 结束程序的运行。

3.8.5　重载构造函数

在第 1 章已经学习了外部函数重载，即定义两个或多个函数，它们的名字相同，但参数的类型或个数不全相同。同样，类的函数成员也可以重载，既然构造函数属于函数成员，也可以被重载。例如，某类中有 3 个构造函数，其中一个构造函数具有一个 int 型参数，第二个构造函数具有一个 float 型参数，第三个构造函数具有两个 int 型参数，那么这就是重载。一个类可以定义多个构造函数，只要构造函数的形参列表不全相同，编译器就可以将它们区别开，下面的 InvoiceItem 类就具有两个构造函数：

```
//InvoiceItem.h 文件的内容
#ifndef INVOICEITEM_H
#define INVOICEITEM_H
#include <string.h>
class InvoiceItem                          //定义 InvoiceItem 类
{
private:
    char * desc;
    int storage;
public:
    InvoiceItem(int size =51)              //第一个构造函数具有一个 int 型参数
    {
        desc =new char [ size];
    }
    InvoiceItem(char * d)                  //第二个构造函数具有一个 char * 型参数
    {
        desc =new char [ strlen(d)+1];
        strcpy(desc, d);
    }
    ~InvoiceItem()                         //析构函数
    {
        delete[] desc;
    }
    void setInformation(char * d, int u)
    {
        strcpy(desc, d);
        storage =u;
    }
    void setstorage(int u) { storage =u; }
    char * getDescription(){ return desc; }
    int getstorage(){ return storage; }
};
#endif
```

第一个构造函数具有一个 int 类型的形参，该参数指定了对 desc 指针分配内存空间的大小，参数默认值是 51。第二个构造函数具有一个 char * 类型的参数 d，在函数中采用 strlen 库函数获得 d 的长度，并分配一个足够容纳字符串和'\0'的内存空间，然后采用 strcpy 函数将 d 指向的字符串复制到新分配的空间中。

【例 3-11】 InvoiceItem 类的应用。

```
#include <iostream>
using namespace std;
#include "InvoiceItem.h"
int main()
{
    InvoiceItem item1("鼠标");                //调用第二个构造函数
    InvoiceItem item2;                        //调用第一个构造函数

    item1.setstorage(1000);
    item2.setInformation("电脑", 200);
    cout <<"商品信息: "<<item1.getDescription() <<"\t";
    cout <<"库存量: "<<item1.getstorage() <<endl;
    cout <<"商品信息: "<<item2.getDescription() <<"\t";
    cout <<"库存量: "<<item2.getstorage() <<endl;
    return 0;
}
```

【程序运行结果】

```
商品信息: 鼠标      库存量: 1000
商品信息: 电脑      库存量: 200
```

3.8.6　缺省构造函数的表现形式

缺省构造函数表现为如下 3 种形式：

（1）如果类中**没有定义构造函数**，系统将提供一个无参的构造函数，该构造函数属于缺省构造函数，该构造函数不实现任何功能。

（2）如果类中定义**有无参的构造函数**，那么该构造函数属于缺省构造函数。

（3）如果类中定义**有带参的构造函数**，并且所有形参均具有默认（缺省）值，那么该构造函数也属于默认构造函数。

【注意】 一个类只能有一个缺省构造函数。

在定义对象时，如果没有对构造函数指定参数，那么编译器将自动调用缺省构造函数，因此一个类只能有一个缺省构造函数。反之，如果类中有多个缺省构造函数，那么编译器将不知道该调用哪一个缺省构造函数。

在编程时，初学者容易将缺省构造函数的第一种形式和第三种形式混淆。如果首先定义一个无参的构造函数，然后又定义一个带参的构造函数，并且每个参数都有默认值，那么编译时将会出错，例如下面的定义就属于这种情况：

```
class InvoiceItem
{
    //数据成员略
public:
    InvoiceItem(){ /*代码略*/ }              //缺省构造函数
```

```
    InvoiceItem(int size=51){ /*代码略*/ }  //具有默认值的构造函数
    InvoiceItem(char * d){ /*代码略*/ }     //带参构造函数
    //其他函数成员略
};
```

在上述类的定义中,第一个构造函数没有参数,第二个构造函数的参数具有默认值。如果定义对象时,没有指定参数,那么编译器就不知道该调用哪一个构造函数,例如:

```
InvoiceItem item2;      //错误,系统不知道该调用哪个构造函数
```

修改上述错误的方法有以下 3 种:

(1) 去掉第一个构造函数,保留其余的两个。

(2) 去掉第二个构造函数,保留其余的两个。

(3) 将第二个构造函数的默认值去掉,其他不做改变。

3.9 对象数组

在 C++ 中,可以对原子数据类型(如 int、char、float 等)的变量定义数组,同样也可以定义对象数组。例如,定义 InvoiceItem 类型的对象数组形式如下:

```
InvoiceItem items[40];
```

上述语句定义一个具有 40 个 InvoiceItem 对象的数组,数组名是 items。那么这就带来一个问题,如何调用构造函数? 换句话讲,构造函数是如何初始化这 40 个对象的?

当创建一个对象数组时,对数组中的每个元素(即对象)都将调用构造函数,下面以例 3-11 中的 InvoiceItem 类说明。InvoiceItem 类具有两个构造函数,其中第一个构造函数具有默认值 51,那么将对上述数组中的 40 个对象分别调用缺省构造函数。

创建对象数组采用缺省构造函数是最为方便的,但有时想为数组中的每个对象分别指定参数。例如,为每个对象都指定参数:

```
InvoiceItem items[5]={20, 55, 80, 12, 10};
```

InvoiceItem 类的构造函数具有两个重载版本,其中第一构造函数有一个 int 型参数,并带有默认值 51。在定义对象数组时,构造函数将为 items[0]对象指定参数值为 20,对 items[1]、items[2]、items[3 和 items[4]]对象分别指定参数为 55、80、12 和 10。

如果一个类具有重载构造函数,那么就不需要对数组中的每个元素都采用同一个构造函数进行初始化,例如:

```
InvoiceItem items[5] ={ "鼠标", "电脑", 100, 200 };
```

对于 items[0]和 items[1]两个对象将调用第二个构造函数,它们的参数变量将分别是"鼠标"和"电脑"。对于 items[2]和 items[3]对象将调用第一个构造函数,并将 100 和 200 传递给形参。对于 items[4]对象,将调用第一个构造函数,并采用默认值 51 初始化。

如果构造函数具有多个(大于一个)参数,那么在初始化时就必须采用函数调用的形式。 为了说明这一点,在 InvoiceItem 类中增加一个构造函数:

```
class InvoiceItem                          //定义 InvoiceItem 类
{
    //数据成员略
public:
    InvoiceItem(int size =51)              //具有一个 int 型形参的构造函数
    {
        //代码略
    }
    InvoiceItem(char * d)                  //具有一个 char* 型形参的构造函数
    {
        //代码略
    }
    InvoiceItem(char * d, int u)           //具有两个参数的构造函数
    {
        //代码略
    }
        //其他函数成员略
};
```

如果要采用第三个构造函数初始化对象,就必须采用函数调用的形式,例如:

```
InvoiceItem items[5] ={ "鼠标", InvoiceItem("电脑", 20), 100, 200};
```

在此例中,对 items[1]元素的初始化将调用第三个构造函数。其中,items[1]的 desc 指针指向字符串"电脑",对 storage 数据成员赋值为 20。

【注意】 初始化对象数组的 3 个要点:

(1) 如果初始化值的个数比数组元素的个数要少,那么将对其余的对象调用缺省的构造函数,例如,对 items[4]对象就调用缺省的构造函数进行初始化。

(2) 如果没有缺省构造函数,那么必须对数组中的每个对象指定初始化值。

(3) 如果构造函数要求的参数个数多于一个,那么在初始化时必须采用函数调用的形式,例如,对 items[1]对象的初始化就属于这种情况。

访问数组中的对象和访问其他类型的数组一样,也是采用下标的方式。例如,调用 items[2]的函数成员 setstorage 的形式是:

```
items[2].setstorage(30);
```

该语句将把 items[2]的数据成员 storage 设置为 30。

【例 3-12】 InvoiceItem 类对象数组的应用。

```
//InvoiceItem2.h 文件的内容
#ifndef INVOICEITEM2_H
#define INVOICEITEM2_H
#include <string.h>
class InvoiceItem                          //定义 InvoiceItem 类
{
```

```
private:
    char *desc;
    int storage;
public:
    InvoiceItem(int size =51)                  //具有一个 int 型形参的构造函数
    {
        desc =new char [ size];
    }
    InvoiceItem(char * d)                      //具有一个 char* 型形参的构造函数
    {
        desc =new char [ strlen(d)+1];
        strcpy(desc, d);
    }
    InvoiceItem(char * d, int u)               //具有两个参数的构造函数
    {
        desc =new char [strlen(d)+1];
        strcpy(desc, d);
        storage =u;
    }
    ~InvoiceItem()                             //析构函数
    {
        delete[] desc;
    }
    void setInformation(char * d, int u)
    {
        strcpy(desc, d);
        storage =u;
    }
    void setstorage(int u){ storage =u; }
    char* getDescription(){ return desc; }
    int getstorage() { return storage; }
};
#endif
```

//主程序文件 3-12.cpp 的内容

```
#include <iostream>
using namespace std;
#include <iomanip>
#include "InvoiceItem2.h"

int main()
{
    InvoiceItem items [5]={
                        InvoiceItem("鼠标",100),InvoiceItem("电脑",20),
```

```
                InvoiceItem("硬盘", 300), InvoiceItem("光驱", 50),
                InvoiceItem("主板", 200) };

    cout <<"\t\t 商品库信息\n";
    for(int i =0; i <5; i++){
        cout <<setw(17) <<items[i].getDescription();
        cout <<setw(12) <<items[i].getstorage() <<endl;
    }
    return 0;
}
```

【程序运行结果】

```
        商品库信息
鼠标          100
电脑           20
硬盘          300
光驱           50
主板          200
```

3.10　类的应用举例

假设受某银行委托，为其开发一个简单管理系统，银行提出的主要任务如下：

- 保存结余账目；
- 保存账号的交易数量；
- 向某个账号存款；
- 从某个账号中提款；
- 计算每个阶段的利息；
- 报告当前的余额；
- 报告当前的交易数量。

根据对客户要求的理解，设计一个类完成上述功能。首先规划类中的数据成员，表 3-3 列出了私有的数据成员。

表 3-3　私有的数据成员

变　　量	作　　用
balance	float 变量，保存当前余额
intRate	float 变量，保存利率
interest	float 变量，保存当前已经获得的利息
transactions	int 变量，保存当前已经交易的次数

表 3-4 列出了公有的函数成员。

表 3-4 公有的函数成员

函数名	功　能
构造函数	该函数具有两个参数，分别用于初始化余额 balance 和利率 intRate，默认值分别是 0 和 0.02
makeDeposit	该函数具有一个 float 型参数，代表存款数量。函数功能是将参数的值追加到余额中
withdraw	该函数具有一个 float 型参数，代表取款的数量。若取款数小于余额，就从余额中减去取款值；若取款数大于余额，显示出错信息，不执行操作
calcInterest	函数无参数。函数功能是计算利息，将保存在 interest 数据成员中的值，追加到余额中
getBalance	返回当前的余额，即存储在 balance 中的值
getInterest	返回利息，即存储在 interest 中的值
getTransactions	返回交易数，即存储在 transactions 中的值

根据上述两个表，下面给出类的描述：

```
//account.h 文件的内容
class Account
{
private:
    float balance;
    float intRate;
    float interest;
    int transactions;
public:
    Account(float irate =0.02, float bal =0)
    {
        balance =bal;
        intRate =irate;
        interest =0;
        transactions =0;
    }
    void makeDeposit(float amount)
    {
        balance +=amount;
        transactions++;
    }
    bool withdraw(float amount);                    //该函数定义在 account.cpp 文件中
    void calcInterest()
    {
        interest =balance * intRate;
        balance +=interest;
    }
    float getBalance(){ return balance; }
    float getInterest(){ return interest; }
    int getTransactions(){ return transactions; }
```

```
};
```

在上述类中,没有将 withdraw 定义为内联函数。该函数的功能是从 balance 成员中减去取款数量。如果取款数量大于余额,将显示一条出错信息,不执行取款操作。如果取款成功,函数返回 true,否则返回 false。

```
//account.cpp 文件的内容
#include "account.h"
bool Account::withdraw(float amount)
{
    bool status =false;          //如果取款数量大于余额,取款将失败

    if(balance >amount)          //取款成功
    {
        balance -=amount;
        transactions++;
        status =true;
    }
    return status;
}
```

Account 类中的 balance、intRate、interest 和 transactions 4 个数据成员都是私有的,这是为了防止直接访问这些变量,避免出现如下几个错误:

(1) 执行了存/取款操作,但没有将记录交易数的数据成员 transactions 加 1。

(2) 取款时没有进行余额检验,导致透支。

(3) 使用错误的利率。

由于存在这些潜在的错误,因此应当包含一些公有函数成员,确保操作正确。

【例 3-13】 综合举例——Account 类的应用。

程序首先显示一个菜单,供用户进行存款、取款和查询等。其中,charRange 类是在前面讨论过的一个类,用于输入时的有效性检验。

```
#include <iostream>
using namespace std;
#include <ctype.h>
#include "account.h"
#include "chrange.h"
void displayMenu();
void makeDeposit(Account &);
void withdraw(Account &);
const char * Msg ="请输入 a ~g 之间的字母:";          //出错信息
int main()
{
    Account savings;                              //定义一个 Account 对象
    CharRange input('A', 'G', Msg);               //输入有效性检验对象
    char choice;                                  //用户输入的变量
```

```
    cout.precision(2);
    cout.setf(ios::fixed | ios::showpoint);
    do {
        displayMenu();
        choice = input.getChar();
        switch(choice)
        {
            case 'A': cout <<"当前的余额是 RMB";
                      cout <<savings.getBalance() <<endl;
                      break;
            case 'B': cout <<"已经交易过  ";
                      cout <<savings.getTransactions() <<" 次。\n";
                      break;
            case 'C': cout <<"这个时期的利息是: RMB";
                      cout <<savings.getInterest() <<endl;
                      break;
            case 'D': makeDeposit(savings);
                      break;
            case 'E': withdraw(savings);
                      break;
            case 'F': savings.calcInterest();
                      cout <<"利息已计算结束.\n";
        }
    } while(choice !='G');
    return 0;
}
    //displayMenu 函数,屏幕上显示操作菜单
void displayMenu()
{
    cout <<"\n\na) 显示账号余额\t\t\t";
    cout <<"b) 显示交易数\n";
    cout <<"c) 显示当前时期所获利息\t\t";
    cout <<"d) 存款\n";
    cout <<"e) 取款\t\t\t";
    cout <<"f) 将利息加入余额\n";
    cout <<"g) 退出程序\n\n";
    cout <<"请输入你的选择:";
}
    //makeDeposit 函数,采用一个 Account 引用作参数,执行存款操作
void makeDeposit(Account &acnt)
{
    float amount;

    cout <<"请输入存款数: ";
    cin >>amount;
```

```
    cin.ignore();                                           //忽略后面的换行符
    acnt.makeDeposit(amount);
}
//withdraw 函数采用一个 Account 引用作参数,执行取款操作
void withdraw(Account &acnt)
{
    float amount;

    cout <<"请输入取款数: ";
    cin >>amount;
    cin.ignore();
    if(!acnt.withdraw(amount))
        cout <<"错误:取款额大于余额.\n\n";
}
```

【程序运行结果】

```
a) 显示账号余额                    b) 显示交易数
c) 显示当前时期所获利息            d) 存款
e) 取款                            f) 将利息加入余额
g) 退出程序

请输入你的选择: d [Enter]
请输入存款数:   1000 [Enter]

a) 显示账号余额                    b) 显示交易数
c) 显示当前时期所获利息            d) 存款
e) 取款                            f) 将利息加入余额
g) 退出程序

请输入你的选择: f [Enter]
利息已计算结束.

a) 显示账号余额                    b) 显示交易数
c) 显示当前时期所获利息            d) 存款
e) 取款                            f) 将利息加入余额
g) 退出程序

请输入你的选择: c [Enter]
该时期的利息是: RMB20.00

a) 显示账号余额                    b) 显示交易数
c) 显示当前时期所获利息            d) 存款
e) 取款                            f) 将利息加入余额
g) 退出程序
```

```
请输入你的选择: b [Enter]
已经交易过 1 次。

a) 显示账号余额                b) 显示交易数
c) 显示当前时期所获利息        d) 存款
e) 取款                        f) 将利息加入余额
g) 退出程序

请输入你的选择: e [Enter]
请输入取款数:   500 [Enter]

a) 显示账号余额                b) 显示交易数
c) 显示当前时期所获利息        d) 存款
e) 取款                        f) 将利息加入余额
g) 退出程序

请输入你的选择: a [Enter]
当前的余额是 RMB520.00

a) 显示账号余额                b) 显示交易数
c) 显示当前时期所获利息        d) 存款
e) 取款                        f) 将利息加入余额
g) 退出程序

请输入你的选择: g [Enter]
```

3.11 抽象数组类型

面向对象程序设计的一个优点就是用户可以创建抽象数据类型,从而弥补内嵌数据类型的不足。

3.11.1 创建抽象数组类型

C 和 C++ 对数组不进行下标越界检查,因此程序员很容易在下标上出错,然而可以创建一个具有数组功能的类实现下标越界检查。本章余下部分讨论的 IntArray 类就具有此功能。

```
//IntArray.h 文件的内容
#ifndef INTARRAY_H
#define INTARRAY_H
class IntArray {                              //IntArray 类的定义
private:
    int list[20];
    bool isValid(int);
public:
```

```
    IntArray();
    bool set(int, int);
    bool get(int, int &);
};
#endif
```

//IntArray.cpp 文件的内容

```
#include <iostream>
using namespace std;
#include "IntArray.h"
    //IntArray 类的构造函数,对 list 中的每个元素初始化
IntArray::IntArray()
{
    for(int i =0; i <20; i++)
        list[ i ] =0;
}
    //isValid 函数,检验参数 element 是否为有效的下标
bool IntArray::isValid(int element)
{
    bool status =true;

    if(element <0 || element >19)
    {
        cout <<"错误: "<<element <<" 不是一个有效的数组下标.\n";
        status =false;
    }
    return status;
}
    //set 函数向指定的数组位置存储一个值。如果存储成功返回 true,否则返回 false
bool IntArray::set(int element, int value)
{
    bool status =false;

    if(isValid(element))
    {
        list[element] =value;
        status =true;
    }
    return status;
}
    //get 函数获得数组中指定位置的值,成功返回 true,失败返回 false
bool IntArray::get(int element, int &value)
{
    bool status =false;
```

```
        if(isValid(element))
        {
            value =list [element];
            status =true;
        }
        return status;
    }
```

IntArray 类允许用户操作具有 20 个整型元素空间的数组,包括存储值和获取值。为了便于理解,表 3-5 给出了各个成员的功能。

表 3-5　IntArray 类各个成员的功能

成员名	功　能
list	一个具有 20 个 int 型存储空间的整型数组
isValid	对数组的下标有效性检验。它接受一个参数作为数组的下标,如果该值位于 0～19 之间,就返回 true;否则显示一个出错信息,并返回 false
IntArray	对数组中的每个元素初始化为 0
set	设置数组元素。函数的第一个参数是元素的下标,第二个参数是要存储到元素中的值。首先采用 isValid 函数对下标进行检验,如果返回 true,就将第二参数的值存储到指定的位置,并返回 true;否则显示出错信息,返回 false
get	获取数组中指定位置上的元素。函数的第一个参数是元素的下标,第二个参数是一个引用。首先采用 isValid 函数对下标进行检验,如果元素的下标有效,把指定位置上的值通过引用传回;否则显示出错信息,返回 false

【例 3-14】 检验 IntArray 类的应用。

程序首先采用循环将数组中的每个元素赋值为 1,并在每次赋值时在屏幕上输出一个 *,以表明赋值成功。然后采用另一个循环从数组中获得元素的值,并在屏幕上输出这些值。最后调用 set 函数成员向数组下标为 100 的元素中赋值,从而检验下标的有效性。

```
#include "IntArray.h"
#include <iostream>
using namespace std;
int main()
{
    IntArray numbers;
    int val, x;

        //将 1 存储在数组中,同时显示 20 个'*'
    for(x =0; x <20; x++)
        if(numbers.set(x, 1))
            cout <<"* ";
    cout <<endl;
        //输出数组中的 20 个元素
    for(x =0; x <20; x++)
        if(numbers.get(x, val))
```

```
        cout <<val <<"  ";
    cout <<endl;
        //进行越界检验：将 3 存储在下标为 100 的位置
    if(numbers.set(100, 3))
        cout <<"对下标为 100 的元素空间设置成功!\n";
    return 0;
}
```

【程序运行结果】

```
********************
1 1 1 1 1 1 1 1 1 1 1 1 1 1 1 1 1 1 1 1
错误：100 不是一个有效的数组下标.
```

3.11.2 扩充抽象数组类型

上一节讨论的 IntArray 类包含一个具有 20 个元素的整型数组成员，可以完成数组下标越界检查。本节继续讨论该类，并对其扩展如下几个函数成员，如表 3-6 所示。

表 3-6　IntArray 类扩展的函数成员的功能

函 数 名	函 数 功 能
linearSearch	在数组中线性查找特定的值。如果找到了该元素，就返回元素的下标，否则返回－1
binarySearch	在数组中二分查找特定的值。如果找到了该元素，就返回元素的下标，否则返回－1
bubbleSort	采用冒泡排序算法，对数组进行升序排序
selectionSort	采用选择排序算法，对数组进行升序排序

为了增加上述几个函数成员，修改该类如下：

```
//IntArray2.h 文件的内容
#ifndef INTARRAY2_H
#define INTARRAY2_H
class IntArray
{
private:
    int list[20];
    bool isValid(int);
public:
    IntArray();                                  //构造函数
    bool set(int, int);
    bool get(int, int &);
        //下面是新增加的几个函数成员
    int linearSearch(int);
    int binarySearch(int);
    void bubbleSort();
    void selectionSort();
};
```

```
#endif

//IntArray2.cpp 文件的内容
#include <iostream>
using namespace std;
#include "IntArray2.h"
    //IntArray 类的构造函数,实现对 list 中的每个元素初始化
IntArray::IntArray()
{
    for(int i =0; i <20; i++)
        list[i] =0;
}
    //isValid 函数检验参数 element 是否为有效的下标
bool IntArray::isValid(int element)
{
    bool status =true;

    if(element <0 || element >19)
    {
        cout <<"错误: "<<element <<" 不是一个有效的数组下标.\n";
        status =false;
    }
    return status;
}
    //set 函数,向指定的数组位置存储一个值
bool IntArray::set(int element, int value)
{
    bool status =false;

    if(isValid(element))
    {
        list[element] =value;
        status =true;
    }
    return status;
}
    //get 函数,获得数组中指定位置的值。如果获取成功,则返回 true,否则返回 false
bool IntArray::get(int element, int &value)
{
    bool status =false;

    if(isValid(element))
    {
        value =list [element];
        status =true;
    }
    return status;
```

```
}
    //linearSearch 函数在数组中进行线性查找,找到就返回 value 下标,否则返回-1
int IntArray::linearSearch(int value)
{
    int i, status =-1;

    for(i =0; i <20; i++)
        if(list [i] ==value)
        {
            status =i;
            break;
        }
    return status;
}
    //binarySearch 函数在数组中进行二分查找,找到了就返回其下标,否则返回-1
int IntArray::binarySearch(int value)
{
    int first =0,                               //首元素的下标
        last =19,                               //最后一个元素的下标
        middle;                                 //中间元素的下标

    selectionSort();                            //首先对数组排序
    while(first <=last)
    {
        middle =(first +last) / 2;              //计算中间值的下标
        if(list[middle] ==value)                //如果找到对应的元素
            return middle;
        else if(list[middle] >value)            //如果要查找的元素位于前一半
            last =middle -1;
        else
            first =middle +1;                   //如果要查找的元素位于后一半
    }
    return -1;                                  //代表未找到指定的元素
}
    //bubbleSort 排序函数成员,对数组进行升序排列
void IntArray::bubbleSort()
{
    int temp;

    for(int line =0; line <19; line++)
        for(int col =0; col <19 -line; col++)
            if(list [ col ] >list [ col +1 ])
            {
                temp =list [ col ];
                list [ col ] =list [ col +1];
                list [ col +1 ] =temp;
            }
```

```
}
    //selectionSort 排序函数成员,对数组进行升序排列
void IntArray::selectionSort()
{
    int startScan, minIndex, temp;

    for(startScan =0; startScan <19; startScan++)
    {
        minIndex =startScan;
        for(int i =startScan +1; i <20; i++)
            if(list [ i ] <list [ minIndex ])
                minIndex =i;
        temp=list[minIndex];
        list[minIndex] =list[startScan];
        list[startScan] =temp;
    }
}
```

该程序检验了 IntArray 类的存储、排序、显示和查找功能,它首先采用随机数初始化数组,而后进行各种操作。

程序在查找之前,首先采用选择排序算法对数组进行排序,然后提示用户输入一个待查找的数,用二分查找算法进行查找。

```
//主程序 3-15.cpp 的内容
#include <iostream>
using namespace std;
#include <stdlib.h>
#include "IntArray2.h"
int main()
{
    IntArray numbers;
    int val, x, searchResult;

    for(x =0; x <20; x++)           //产生 20 个随即数,初始化数组
        if(!numbers.set(x, rand()))
            cout <<"存储数据出错! \n";
    cout <<"\n 下面是随机产生的 20 个数:\n";
    for(x =0; x <20; x++)
    {
        if(numbers.get(x, val))
            cout <<'\t'<<val;
        if((x+1) %5 ==0)            //每行显示 5 个数
            cout <<endl;
    }
    cout <<endl;
    cout <<"按 Enter 键继续..."<<endl;
```

```
    cin.get();
    numbers.selectionSort();     //采用选择排序算法排序
    cout <<"下面是排序后的 20 个数:\n";
        //显示排序后的 20 个数
    for(x =0; x <20; x++)
    {
        if(numbers.get(x, val))
            cout <<'\t'<<val;
        if((x+1) %5 ==0)         //每行显示 5 个数
            cout <<endl;
    }
    cout <<endl <<endl;
    cout <<"输入上面显示的一个数,然后进行查找: ";
    cin >>val;
    cout <<"正在查找,请稍候…\n";
    searchResult =numbers.binarySearch(val);
    if(searchResult ==-1)
        cout <<"没找到!\n";
    else
    {
        cout <<"在排序之后,找到它的下标位置是: ";
        cout <<searchResult <<endl;
    }
    return 0;
}
```

【程序运行结果】

```
下面是随机产生的 20 个数:
   41    18467    6334    26500    19169
15724    11478   29358    26962    24464
 5705    28145   23281    16827     9961
  491     2995   11942     4827     5436

按 Enter 键继续…

下面是排序后的 20 个数:
   41      491    2995     4827     5436
 5705     6334    9961    11478    11942
15724    16827   18467    19169    23281
24464    26500   26962    28145    29358

输入上面显示的一个数,然后进行查找: 28145
正在查找,请稍候…
在排序之后,找到它的下标位置是: 18
```

思考与练习

1. 设计 Date 类，该类采用 3 个整数存储日期：month、day 和 year。其函数成员具有按如下方式输出日期的功能：

```
12-25-11
December 25,2011
25 December 2011
```

编写一个完整的程序，检验此类。注意：对于日期 day 成员，不能接受大于 31 或小于 1 的值，对于月 month，不能接受大于 12 或小于 1 的值。

2. 在人口统计中，按如下公式计算出生率和死亡率：

出生率＝出生的人数÷人数　死亡率＝死亡的人数÷人数

例如，在一个人口为 100 000 的城市，每年有 8000 个新出生婴儿，同时有 6000 个人死亡。那么出生率和死亡率分别为：

出生率＝8000/100 000＝0.08　死亡率＝6000/100 000＝0.06

设计一个人口类 Population，它能存储某年的人数、出生的人数和死亡人数。其函数成员能返回出生率和死亡率。编写一个完整的程序检验该类的正确性。

输入有效性检验：人数不能小于 1，出生人数和死亡人数不能为负。

3. 设计一个类，它具有一个 float 指针成员。构造函数具有一个整型参数 count，它为指针成员分配 count 个存储数据的元素空间。析构函数释放指针指向的空间。另外，设计两个函数成员完成如下功能：

(1) 向指针指向的空间中存储数据。

(2) 返回这些数的平均值。

编写一个完整的成员检验该类的正确性。

4. 设计一个计算薪水的类 Payroll，它的数据成员包括：单位小时的工资、已经工作的小时数、本周应付工资数。在主函数定义一个具有 10 个元素的对象数组(代表 10 个雇员)。程序询问每个雇员本周已经工作的小时数，然后显示应得的工资。

输入有效性检验：每个雇员每周工作的小时数不能大于 60，同时也不能为负数。

5. 结合本章讨论的 InvoiceItem 类，设计一个商品销售类，需要完成如下功能：

(1) 询问客户购买的商品名称和数量。

(2) 从 InvoiceItem 对象获得每个商品的成本价。

(3) 在成本价的基础上加上 30%的利润，得到每个商品的单价。

(4) 将商品单价与购买商品的数量相乘，得到商品小计。

(5) 将商品小计乘 6%，得到商品的销售税。

(6) 将商品小计与商品销售税相加得到该商品的销售额。

(7) 显示客户本次交易购买商品的小计、零售税和销售额。

注：在一个程序中实现上述两个类，可以根据自己的需要随意修改 InvoiceItem 类。

输入有效性检验：购买的商品数量不能为负数。

第 4 章 类的高级部分

静态成员属于类的对象所共享的部分，它包括静态数据成员和静态函数成员，即使不创建对象，也能访问它们。友元函数可以访问类的保护成员和私有成员，它方便编程，但破坏了类的封装性。当对象传递给函数参数或者从函数返回时，会出现对象拷贝，但有时这样的拷贝不是我们所希望的，这就要通过拷贝构造函数实现。运算符重载是 C++ 的一个特性，从而可以将预定义的运算扩展到对象，使程序直观、易于理解。

本章的学习目标：

- 掌握静态的函数成员和数据成员的本质及其定义方法。
- 掌握友元函数。
- 掌握对象赋值的操作方法。
- 掌握拷贝构造函数的定义方法。
- 掌握常用运算符的重载方法。
- 理解对象组合的构造和析构过程。

4.1 静态成员

每个对象都有自己的数据成员，同类的两个对象，它们的成员变量是独立的，例如：

```
class Commodity
{
private:
    float price;
    int quantity;
public:
    Commodity(float p, int q)
    {
        price =p;
        quantity =q;
    }
    float getPrice(){ return price; }
    int getQuantity(){ return quantity; }
};
```

定义 Commodity 类的两个对象：

```
Commodity w1(14.50, 100), w2(12.75, 200);
```

那么 w1 和 w2 是独立的两个对象，每个对象都有自己的数据成员：price 和 quantity，它们的构成如图 4-1 所示。

当对象 w1 调用 getQuantity 函数时，将返回当前对象(即 w1)的数据成员 quantity。因此，下面语句将输出 100 和 200。

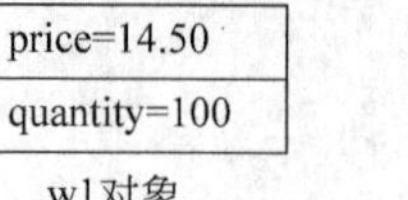

图 4-1 对象的构成

```
cout <<w1.getQuantity() <<w2.getQuantity();
```

这就说明每个对象(w1 或 w2)都有自己的数据成员 price 和 quantity，它们不是共享一个变量。

4.1.1 静态数据成员

静态的数据成员是类中的一个成员，定义时前面有 static 关键字修饰，它的特点如下：

(1) 同一个类中的所有对象都共享该变量。

(2) 静态变量不依赖于对象而存在，无论是否定义该类的对象，这种类型的变量都存在。

例如：

```
class StaticDemo
{
private:
    static int x;                        //说明静态的数据成员
    int y;
public:
    void putx(int a){ x=a; }             //注意：该函数访问了静态的变量 x
    void puty(int b){ y=b;}
    int getx(){ return x; }
    int gety(){ return y; }
};
```

仅仅对静态变量 x 进行如上**说明**还是不够的，还必须在类的外面对它进行**定义**，例如：

```
int StaticDemo::x;              //定义静态的数据成员，初始值是 0
```

在类的外部对静态的数据成员 x 给出了定义，在不显示初始化的情况下，它的初值是 0。如果按照如下方式定义 x，那么它的初始值是 100：

```
int StaticDemo::x=100;          //定义静态的数据成员，初始值是 100
```

【注意】 在类的内部是对静态变量说明，在类的外部是定义，这不同于普通的数据成员，并且类中的静态变量必须在外部进行定义，否则无法通过编译。

静态变量 x 将被 StaticDemo 类的所有对象共享，例如：

```
StaticDemo obj1, obj2;
obj1.putx(5);
obj1.puty(10);
obj2.puty(20);
```

```
cout <<"x: "<<obj1.getx() <<"  " <<obj2.getx() <<endl;
cout <<"y: "<<obj1.gety() <<"  "<<obj2.gety() <<endl;
```

该程序段的输出结果如下：

```
x: 5  5
y: 10  20
```

由于 Obj1 对象将 5 写入了静态变量 x，并且 obj1 和 obj2 共享该变量，所以在输出 x 时，两个对象通过 getx 方法都输出 5。图 4-2 给出了对象 obj1 和 obj2 的构成。

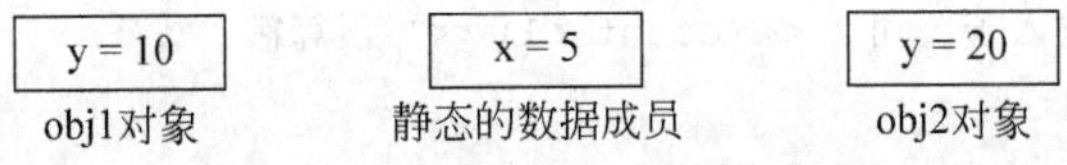

图 4-2　具有静态数据成员的对象构成

通过图 4-2 可以看出，对象 obj1 和 obj2 的大小都是 4 个字节（读者可以通过 sizeof 运算符测试对象的大小），它们的内部是由一个原子类型的变量 y 构成的；而静态的变量 x 不属于任何一个对象。静态的数据成员往往用于统计。

【例 4-1】 某公司由若干个子公司组成，Budget 类用来计算公司的预算。该类包含一个静态的数据成员 CorpBudget，用来存储整个公司的预算额。当调用函数成员 addBudget 时，将参数增加到 CorpBudget 中。程序结束时，CorpBudget 的值将是整个公司的预算额。

budget.h 文件的内容

```
#ifndef BUDGET_H
#define BUDGET_H
class Budget                                              //Budget 类的定义
{
private:
    static float CorpBudget;
    float divBudget;
public:
    Budget(){ divBudget =0; }                             //构造函数
    void addBudget(float b)
    {
        divBudget +=b;
        CorpBudget +=divBudget;                           //引用静态的数据成员
    }
    float getDivBudget(){ return divBudget; }
    float getCorpBudget(){ return CorpBudget; }  //引用静态数据成员
};
#endif
```

主程序 4-1.cpp 文件的内容

```
#include <iostream>
using namespace std;
#include "budget.h"                                       //包含 Budget 类
```

```
float Budget::CorpBudget =0;                    //定义 Budget 类中的静态成员
int main()
{
    Budget divisions[4];
    int count;
    float bud;

    for(count =0; count <4; count++)
    {
        cout <<"输入子公司 " <<(count +1) <<" 预算额: ";
        cin >>bud;
        divisions [count].addBudget(bud);
    }
    cout.precision(2);
    cout.setf(ios::showpoint | ios::fixed);
    cout <<"\n 公司预算如下:\n";
    for(count =0; count <4; count++)
    {
        cout <<"\t 子公司 " <<(count +1) <<"预算 RMB ";
        cout <<divisions[count].getDivBudget() <<endl;
    }
    cout <<"\t 公司总预算 RMB ";
    cout <<divisions[0].getCorpBudget() <<endl;
    return 0;
}
```

【程序运行结果】

```
输入子公司 1 预算额: 10000 [Enter]
输入子公司 2 预算额: 50000 [Enter]
输入子公司 3 预算额: 40000 [Enter]
输入子公司 4 预算额: 100000 [Enter]

公司预算如下:
子公司 1 预算 RMB 10000.00
子公司 2 预算 RMB 50000.00
子公司 3 预算 RMB 40000.00
子公司 4 预算 RMB 100000.00
公司总预算 RMB 200000.00
```

4.1.2 静态函数成员

从函数表面上看,静态函数成员是类中的一个函数,它的前面有 static 修饰,格式为:

static <返回值类型><函数名>(<形式参数表>)

静态的函数成员不能访问类中的非静态成员。换句话讲,它只能访问类中定义的静态

成员(即静态的数据成员或静态的函数成员),这是因为:

(1) 静态数据成员实际上是在类外定义的一个变量,它的生存期和整个程序的生存期一样,在定义对象之前,静态数据成员就已经存在。

(2) 静态函数成员和静态数据成员类似,在对象生成之前也已经存在。这就是说,在对象产生之前,静态的函数成员就能访问其他静态成员,从而可以给对象设置特殊的任务。

【例 4-2】 该例是在上例的基础上修改而成的,它验证了静态函数成员和静态数据成员的功能。假设一个公司由几个子公司和一个总公司构成,在输入各个子公司的预算之前,首先要输入总公司的预算。这里对 Budget 类进行了修改,它包含一个静态的函数成员 mainOffice,功能是将其参数增加到静态变量 CorpBudget 中,并且在创建 Budget 类对象之前调用该函数。

budget2.h 文件的内容:

```
#ifndef BUDGET2_H
#define BUDGET2_H
class Budget                                    //Budget 类的定义
{
private:
    static float CorpBudget;                    //说明静态的数据成员
    float divBudget;
public:
    Budget(){ divBudget =0; }
    void addBudget(float b)
    {
        divBudget +=b;
        CorpBudget +=divBudget;
    }
    float getDivBudget(){ return divBudget; }
    float getCorpBudget(){ return CorpBudget; }
    static void mainOffice(float);              //静态的函数成员
};
#endif
```

文件 budget2.cpp 的内容:

```
#include "budget2.h"
float Budget::CorpBudget =0;                    //定义 Budget 类中的静态成员
    //定义静态的函数成员 mainOffice,该函数将总公司的预算增加到 CorpBudget 变量中
void Budget::mainOffice(float moffice)
{
    CorpBudget +=moffice;
}
```

主程序 4-2.cpp 的内容:

```
#include <iostream>
using namespace std;
```

```
#include "budget2.h"                          //Budget类定义在此文件中
int main()
{
    float amount;
    int count;
    float bud;

    cout <<"输入总公司的预算: ";
    cin >>amount;
    Budget::mainOffice(amount);               //调用静态的函数成员
    Budget divisions[4];
    for(count =0; count <4; count++)
    {
        cout <<"输入子公司 " << (count +1) <<" 预算额: ";
        cin >>bud;
        divisions [count].addBudget(bud);
    }
    cout.precision(2);
    cout.setf(ios::showpoint | ios::fixed);
    cout <<"\n公司预算如下:\n";
    for(count =0; count <4; count++)
    {
        cout <<"\t 子公司 " << (count +1) <<"预算 RMB ";
        cout <<divisions[count].getDivBudget() <<endl;
    }
    cout <<"\t 公司(含总公司)总预算 RMB ";
    cout <<divisions[0].getCorpBudget() <<endl;
    return 0;
}
```

【程序运行结果】

```
输入总公司的预算: 300000 [Enter]
输入子公司 1 预算额: 1200.59 [Enter]
输入子公司 2 预算额: 2000.8 [Enter]
输入子公司 3 预算额: 5045.89 [Enter]
输入子公司 4 预算额: 3000 [Enter]

公司预算如下:
    子公司 1 预算 RMB 1200.59
    子公司 2 预算 RMB 2000.80
    子公司 3 预算 RMB 5045.89
    子公司 4 预算 RMB 3000.00
    公司(含总公司)总预算 RMB 311247.28
```

【注意】 对上述程序要注意如下两点。

(1) 调用静态函数成员 mainOffice 的语句如下：

```
Budget::mainOffice(amount);
```

这说明对于静态的函数成员，是通过类名和作用域分辨符调用的。此外，也可以采用对象点的方式调用，例如 divisions[0]. mainOffice(1000)也是调用该函数。

(2) 在 main 函数的最后一行，divisions[0]. getCorpBudget()是通过 divisions[0]对象调用 getCorpBudget 函数，从而输出整个公司的预算总额。

【思考】 如果程序中采用 divisions[1]. getCorpBudget()，那么最后的输出还是不是整个公司的预算总额？为什么？

4.2　友元函数

人类社会往往具有这样的一个特征：如果我是你的朋友(我和你不是一家人)，我就能知道你的许多小秘密。例如，你的年龄和体重，都是你的私有特征，别人是不知道的，但我就知道，原因是因为咱俩是朋友。由此看来，交朋友要慎重，否则自己的小秘密就有可能被泄露。面向对象 C++ 中也有这种类似的关系存在。

友元函数不是类中的函数成员，但它可以访问类中定义的私有成员。

类的私有成员对于类外语句是隐藏的，如果要访问它们，必须调用公有的函数成员。有时想打破这个限制，友元函数就属于这种例外。首先我们要知道，友元函数不是类的函数成员，但它能访问当前类的私有成员(这和人类社会的朋友一样，朋友和你不是一家人，但他知道你的私有信息)。换句话讲，**友元函数和类的函数成员一样，可以访问对象的私有成员。友元函数既可以是一个外部函数，也可以是另外一个类的函数成员。**

为了使一个函数变成另外一个类的友元，首先要让这个类认可它，将它看作自己的“朋友”。将一个函数声明为一个类的友元方式很简单，只要将关键字 **friend** 放在函数原型之前即可，格式如下：

```
friend <return type><function name>(<parameter list>)
```

在下面 Budget 类的声明中，Aux 类的函数 addBudget 变成了它的友元函数：

```
class Budget
{
private:
    static float CorpBudget;
    float divBudget;
public:
    Budget(){ divBudget =0; }
    void addBudget(float b)
    {
        divBudget +=b;
        CorpBudget +=divBudget;
    }
    float getDivBudget(){ return divBudget; }
```

```
    float getCorpBudget(){ return CorpBudget; }
    static int mainOffiee(float);
    friend void Aux::addBudget(float, Budget &);        //Budget 类的友元
};
```

假设 Aux 类是一个辅助办公室类，每个子公司都有一个单独的辅助办公室，也需要有自己的预算，需要把辅助办公室的预算加到各个子公司的预算中。将 Aux::addBudget 函数定义为 Budget 类的友元，实际上是告诉编译器该函数可以访问 Budget 类中的私有数据成员。

addBudget 函数具有两个参数，一个是 float 参数，另一个是 Budget 类的引用，它代表一个可以被修改的 Budget 类对象，将作为参数传递给该函数。下面给出了 Aux 类的定义：

```
class Aux
{
private:
    float auxBudget;
public:
    Aux(){ auxBudget =0; }
    void addBudget(float, Budget &);
    float getDivBudget(){ return auxBudget; }
};
```

Aux 类的函数成员 addBudget 定义如下：

```
void Aux::addBudget(float b, Budget &div)
{
    auxBudget +=b;
    div.CorpBudget +=auxBudget;                      //直接访问 div 对象的私有成员
}
```

参数 div 是一个 Budget 类的引用，它出现在如下语句中：

```
div.CorpBudget +=auxBudget;
```

该语句将当前对象的 auxBudget 追加到 div.CorpBudget 变量中。

【例 4-3】 友元函数应用示例。基于上述 Budget 类和 Aux 类，完成公司总预算的设计。

auxil.h 文件的内容：

```
#ifndef AUXIL_H
#define AUXIL_H
class Budget;                    //对 Budget 类超前使用说明，因为该类要使用 Budget 类
class Aux                        //Aux 类的定义
{
private:
    float auxBudget;
public:
```

```
    Aux(){ auxBudget =0; }
    void addBudget(float, Budget &);
    float getDivBudget(){ return auxBudget; }
};
#endif
```

budget3. h 文件的内容：

```
#ifndef BUDGET3_H
#define BUDGET3_H
#include "auxil.h"              //Aux 类定义在此文件中
class Budget                    //Budget 类的定义
{
private:
    static float CorpBudget;
    float divBudget;
public:
    Budget(){ divBudget =0; }
    void addBudget(float B)
    {
        divBudget +=B;
        CorpBudget +=divBudget;
    }
    float getDivBudget(){ return divBudget; }
    float getCorpBudget(){ return CorpBudget; }
    static void mainOffice(float);
    friend void Aux::addBudget(float, Budget &);    //声明友元函数
};
#endif
```

budget3. cpp 文件的内容：

```
#include "budget3.h"
float Budget::CorpBudget =0;  //定义 Budget 类中的静态数据成员
    //定义静态函数成员 mainOffice,该函数将总公司的预算增加到 CorpBudget 变量中
void Budget::mainOffice(float moffice)
{
    CorpBudget +=moffice;
}
```

auxil. cpp 文件的内容：

```
#include "auxil.h"
#include "budget3.h"
void Aux::addBudget(float b, Budget &div)
{
    auxBudget +=b;
    div.CorpBudget +=auxBudget;
```

```
}
```

主程序 4-3.cpp 的内容：

```
#include <iostream>
using namespace std;
#include <iomanip>
#include "budget3.h"
int main()
{
    float amount;
    int count;
    float bud;
    Budget divisions[4];
    Aux auxOffices[4];

    cout <<"输入总公司的预算: ";
    cin >>amount;
    Budget::mainOffice(amount);
    for(count =0; count <4; count++)
    {
        cout <<"输入子公司 " <<(count +1) <<" 预算额: ";
        cin >>bud;
        divisions[count].addBudget(bud);
        cout <<"输入子公司 ";
        cout <<(count +1) <<" 的辅助办公室预算: ";
        cin >>bud;
        auxOffices[count].addBudget(bud, divisions[count]);
    }
    cout.precision(2);
    cout.setf(ios::showpoint | ios::fixed);
    cout <<"\n 公司预算如下:\n";
    for(count =0; count <4; count++)
    {
        cout <<"\t 子公司 " <<(count +1) <<"预算 RMB ";
        cout <<divisions[count].getDivBudget();
        cout <<", 辅助办公室预算 RBM "
            <<auxOffices[count].getDivBudget() <<endl;
    }
    cout <<"\t 公司(含总公司)总预算 RMB ";
    cout <<divisions[0].getCorpBudget() <<endl;
    return 0;
}
```

【程序运行结果】

输入总公司的预算：1000 [Enter]

```
输入子公司 1 预算额: 100 [Enter]
输入子公司 1 的辅助办公室预算: 50 [Enter]
输入子公司 2 预算额: 200 [Enter]
输入子公司 2 的辅助办公室预算: 50 [Enter]
输入子公司 3 预算额: 300 [Enter]
输入子公司 3 的辅助办公室预算: 50 [Enter]
输入子公司 4 预算额: 400 [Enter]
输入子公司 4 的辅助办公室预算: 50 [Enter]

公司预算如下:
    子公司 1 预算 RMB 100.00, 辅助办公室预算 RBM 50.00
    子公司 2 预算 RMB 200.00, 辅助办公室预算 RBM 50.00
    子公司 3 预算 RMB 300.00, 辅助办公室预算 RBM 50.00
    子公司 4 预算 RMB 400.00, 辅助办公室预算 RBM 50.00
    公司(含总公司)总预算 RMB 2200.00
```

在 auxil. h 文件中包含如下一行：

```
class Budget;
```

这一行是对 Budget 类的超前使用说明。在本程序中，这一行是必不可少的，因为在函数成员 addBudget 中要使用该类：

```
void addBudget(float, Budget &);
```

由于编译器要在编译 budget. h 文件之前编译 auxil. h 文件，如果不包含这一行，那么编译器就不知道 Budget 是一个类。超前使用说明是告诉编译器，Budget 这个类的定义在后面，目前这个地方要用到它。

【注意】 可以将一个类定义为另一个类的友元。例如，将 Aux 类定义为 Budget 类的友元，只要在 Budget 类的定义中加入下面这一行即可：

```
friend class Aux;
```

但要注意的是，这个方法并不好。因为，Aux 类的每个函数成员都能访问 Budget 类中的私有成员。最好的方法是，将 Aux 类中必须要访问 Budget 类私有成员的函数声明为友元，从而限制对私有成员的任意访问。

4.3　对象赋值问题

采用赋值运算符＝可以将一个对象赋值给另外一个对象，或者采用一个对象初始化另外一个对象。在默认情况下，该操作执行的是对象成员之间的复制，也称为按位复制(按位拷贝)或浅复制(浅拷贝)。

对象和其他类型的变量一样(数组除外)，采用赋值运算符＝可以将一个对象赋值给另外一个对象。

【例 4-4】 采用 Rectangle 类验证对象赋值。

```
#include <iostream>
using namespace std;
#include <iomanip>
class Rectangle
{
private:
    float width;
    float length;
    float area;
    void calculateArea(){ area =width * length; }
public:
    void setData(float w, float l)
    {
        width =w;
        length =l;
        calculateArea();
    }
    float getWidth(){ return width; }
    float getLength(){ return length; }
    float getArea(){ return area; }
};

int main()
{
    Rectangle box1, box2;

    box1.setData(2, 20);
    box2.setData(5, 10);
    cout <<"对象赋值前\n";
    cout <<"Box1 宽: "<<box1.getWidth() <<setw(7)
       <<"长: "<<box1.getLength() <<setw(10)
       <<"面积: "<<box1.getArea() <<endl;
       cout <<"Box2 宽: "<<box2.getWidth() <<setw(7)
       <<"长: "<<box2.getLength() <<setw(10)
       <<"面积: "<<box2.getArea() <<endl;
    box2 =box1;          //对象按位复制
    cout <<"\n将 box1 对象赋值给 box2 对象以后 \n";
    cout <<"Box1 宽: "<<box1.getWidth() <<setw(7)
       <<"长: "<<box1.getLength() <<setw(10)
       <<"面积: "<<box1.getArea() <<endl;
    cout <<"Box2 宽: "<<box2.getWidth() <<setw(7)
       <<"长: "<<box2.getLength() <<setw(10)
       <<"面积: "<<box2.getArea() <<endl;
    return 0;
}
```

【程序运行结果】

```
对象赋值前
Box1 宽: 2  长: 20  面积: 40
Box2 宽: 5  长: 10  面积: 50

将 box1 对象赋值给 box2 对象以后
Box1 宽: 2  长: 20  面积: 40
Box2 宽: 2  长: 20  面积: 40
```

【程序解析】 从程序的运行结果可以看出，下面的赋值语句将 box1 对象的 width、length 和 area 等数据成员，直接复制给了 box2 对象的对应部分：

```
box2=box1;
```

当采用一个对象初始化另一个对象时，对象成员之间的赋值也是按位复制，即将一个对象的数据成员按在内存中存储形式（二进制位），直接复制给另一个对象。此外，赋值和初始化之间是有区别的：赋值出现在两个对象都已经存在的情况下，而初始化出现在创建对象时，例如：

```
Rectangle box1;
box1 . setData(10, 50);
Rectangle box2 =box1;
```

上述程序段中的第三个语句是定义一个对象 box2，并采用 box1 对象对其进行初始化。此时的赋值是通过按位复制进行的，所以 box2 对象与 box1 对象的内容完全相同。

【注意】 这样写 Rectangle box2＝box1；是采用 box1 初始化 box2 对象，它等同于 Rectangle box2(box1)；。

4.4 拷贝构造函数

拷贝构造函数是一个特殊的构造函数，当定义一个对象并采用同类型的另外一个对象初始化时，将自动调用拷贝构造函数。

通常，采用 C++ 默认的按位复制操作也能正确地实现赋值，但在某些特殊情况下，却不能正常地执行，例如：

```
class PersonInfo
{
private:
    char * name;                          //注意：该数据成员是一个指针
    int age;
public:
    PersonInfo(char * n, int a){
        name =new char [ strlen(n) +1];
        strcpy(name, n);
        age =a;
```

```
    }
    ~PersonInfo(){ delete [] name; }          //注意：释放指针指向的空间
    char * getName(){ return name; }
    int getAge(){ return age; }
};
```

该类中潜伏的"危险分子"是成员 name，它是一个指针变量。构造函数对指针完成动态分配内存空间的操作，并将一个字符串复制到该空间中。例如，下面的语句创建一个 personInfo 类对象 person1，在内存中，对它的数据成员 name 动态地分配了一块空间，并将字符串"ZhangSan"复制到该空间。

```
PersonInfo person1("ZhangSan", 25);
```

下面的语句是创建另一个 PersonInfo 对象 person2，并采用 person1 初始化该对象：

```
PersonInfo person2=person1;
```

【思考】 如果采用 person1 初始化 person2，那么将出现什么问题？请读者暂时不要继续向下看，思考该问题后再继续阅读。

在上述语句中，并不调用 person2 的构造函数。相反，采用对象按位复制操作，将 person1 对象的每个成员复制到 person2 中。这就意味着，并没有对 person2 的成员 name 分配一块的内存空间，仅是简单地将存储在 person1 中的 name 的地址赋给 person2 的 name 指针。此时，这两个对象的 name 指针指向同一个地址空间，如图 4-3 所示。

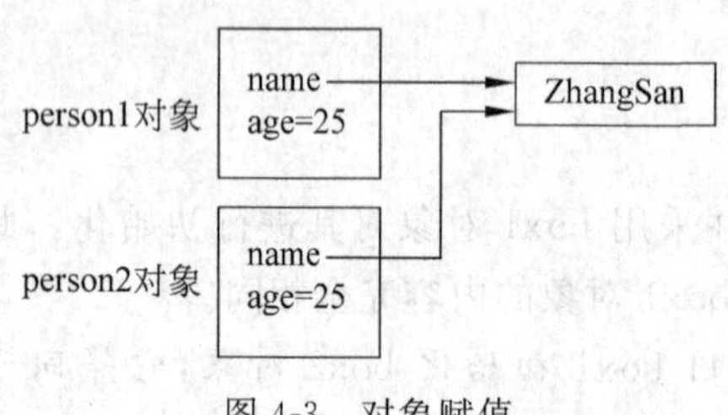

图 4-3 对象赋值

在此情况下，person1 和 person2 的 name 指针都能操作这个字符串，因为它们在共用同一个内存空间。当某个对象的生存期结束时，如 person1，那么将调用析构函数释放该对象的 name 指针指向的内存空间。但是，person2 对象的 name 指针仍旧指向那个已经释放的内存区域，从而造成 person2 的 name 指针悬空，这是我们所不希望看到的。

解决上述问题的方法是在类中定义一个拷贝构造函数。**拷贝构造函数是一个特殊的构造函数，当采用一个对象初始化另一个对象时，将自动调用该函数**。它的形式与一般构造函数类似，唯一的区别是其参数是一个当前类的引用，例如，下面就是 PersonInfo 类的拷贝构造函数：

```
PersonInfo(PersonInfo &obj)           //函数参数的类型是一个 PersonInfo 引用
{
    name =new char [strlen(obj.name) +1];
    strcpy(name, obj.name);
    age =obj.age;
}
```

拷贝构造函数的参数代表了=运算符右边的对象，例如，在下面的初始化语句中：

```
PersonInfo person2=person1;
```

将调用 person2 的拷贝构造函数,其形参 obj 指代 person1 对象,执行拷贝构造函数后,对象 person1 和 person2 的 name 指针将分别指向不同的内存区域,如图 4-4 所示。

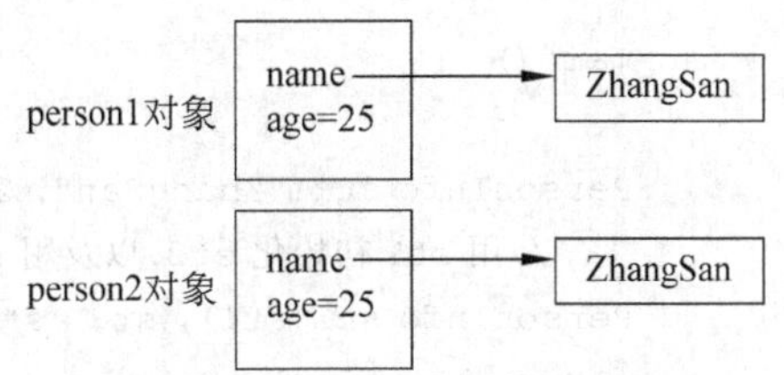

图 4-4 执行拷贝构造函数后的对象

从拷贝构造函数的代码可以看到,person2 的 name 能正确地指向自己的内存空间。这样,析构 person1 就不会再破坏 person2 的数据,下面给出了整个类的定义:

```
class PersonInfo
{
private:
    char * name;
    int age;
public:
    PersonInfo(char * n, int a)                         //构造函数
    {
        name =new char [ strlen(n) +1];
        strcpy(name, n);
        age =a;
    }
    PersonInfo(PersonInfo &obj)                         //拷贝构造函数
    {
        name =new char [ strlen(obj.name) +1];
        strcpy(name, obj.name);
        age =obj.age;
    }
    ~PersonInfo(){ delete [] name; }                    //析构函数
    char * getName(){ return name; }
    int getAge(){ return age; }
};
```

【注意】 C++ 要求拷贝构造函数的参数一定是一个引用。拷贝构造函数本身也是一个函数,如果它的形参不是引用,而是一个普通的局部对象,当将对象传递给拷贝构造函数时,又将调用拷贝构造函数自身。这个过程将无止境地进行下去,除非内存耗尽,程序才会结束。为了防止拷贝构造函数调用自己,C++ 要求其参数必须是一个引用。

4.4.1 默认的拷贝构造函数

如果一个类没有定义拷贝构造函数,C++ 将为其创建一个默认(缺省)的拷贝构造函数。默认的拷贝构造函数的功能就是前面讨论过的按位赋值。因此在有些情况下,必须定义拷贝构造函数。

4.4.2 调用拷贝构造函数的情况

普通的构造函数是在创建对象时被调用,而拷贝构造函数在下面几种情况下才被调用。

(1) 用对象初始化同类的另一个对象。例如:

```
int main()
{
    PersonInfo st1("ZhangSan", 20);      //定义一个对象 st1
      //用 st1 初始化 st2,以及用 st1 初始化 st3,都将调用拷贝构造函数
    PersonInfo st2(st1), st3 =st1;       //此处的 st3 =st1 等价于st3(st1)
    return 0;
}
```

(2) 如果函数的形参是对象,当进行参数传递时将调用拷贝构造函数。例如:

```
void changePerson(PersonInfo p)            //函数的形参是对象
{
    //代码略
}
int main()
{
    PersonInfo st1("ZhangSan", 20);
    changePerson(st1);                   //当实参 st1 传递给形参 p 时,将调用拷贝构造函数
    return 0;
}
```

(3) 如果函数的返回值是对象,函数执行结束时,将调用拷贝构造函数对无名临时对象初始化。

【例 4-5】 对象作为函数的返回值,传递给调用函数举例。

```
#include "iostream"
using namespace std;
class PersonInfo
{
public:
    PersonInfo(){ cout<<"调用构造函数\n"; }
    PersonInfo(PersonInfo &obj){ cout<<"调用拷贝构造函数\n"; }
    ~PersonInfo(){ cout<<"调用析构函数\n"; }
};
PersonInfo getPerson()
{
    PersonInfo person;
    return person;                 //函数的返回值是对象
}

int main()
{
    PersonInfo student;
    student =getPerson();          //将函数的返回值赋值给 student 对象
```

```
    return 0;
}
```

【程序运行结果】

调用构造函数
调用构造函数
调用拷贝构造函数
调用析构函数
调用析构函数
调用析构函数

【程序解析】 系统调用拷贝构造函数将 person 对象复制到新创建的无名临时对象中，如图 4-5 所示。

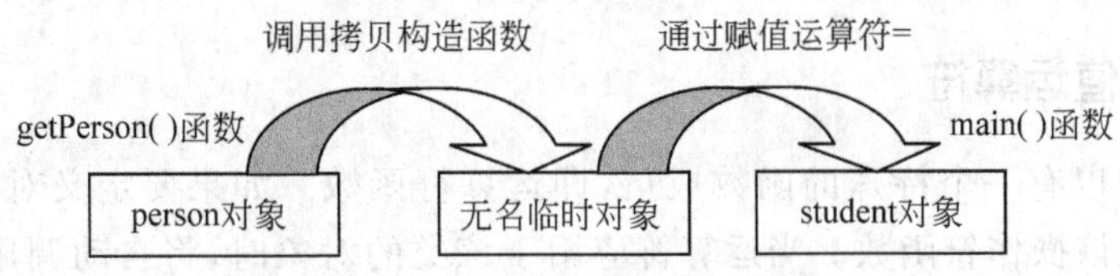

图 4-5　生成无名对象时调用拷贝构造函数

在 main 函数中，赋值运算符＝将无名临时对象复制到 student 对象中，当它们的生存期结束时将调用析构函数。

4.4.3　拷贝构造函数中的常参数

由于拷贝构造函数要求引用作参数，因此在拷贝构造函数中，通过引用就能访问参数对象的数据部分。既然引入拷贝构造函数的目的是为了对参数做一个拷贝，因此就不应该在拷贝构造函数中修改参数对象的数据。基于这个原因，一个比较好的方法是在拷贝构造函数的参数前面加上 const，将其设置为常引用。例如：

```
PersonInfo(const PersonInfo &obj)      //拷贝构造函数的参数为常引用
{
    name =new char [ strlen(obj.name) +1 ];
    strcpy(name, obj.name);
    age =obj.age;
}
```

采用 const 关键字能够确保函数不能修改参数的内容，这可以防止程序员无意间修改参数对象的数据。

4.5　运算符重载

C++ 提供了许多操作原子数据类型的运算符，然而这些操作符并不适合对象。例如，有一个名为 Date 的类，其数据成员有 3 个：year、month 和 day。假设 Date 类有一个函数成员 add，该函数能将天数增加到 date 变量中，并自动调整相应的 month 和 year。下面的语句将 today 对象的 date 变量增加 5 天：

```
today.add(5);
```

尽管通过 add 函数对 today 对象增加了 5 天，但总感觉不直观。如果能以如下方式实现就比较好：

```
today +=5;
```

上述语句采用标准的+=运算符将 5 增加到 today 对象中，这种运算必须通过运算符重载才能实现。

【注意】 运算符重载并不是一个新概念，实际上在 C 中就有这个概念。例如，除运算符/能完成两种类型的除。如果两个运算数中有一个浮点数，那么运算结果将是一个浮点值；如果两个操作数都是整数，那么运算结果将是一个整型值，小数部分将自动舍去。

4.5.1 重载赋值运算符

C++ 的类可以有一个特殊的函数成员，即运算符函数。如果要定义对象的特定操作，那么就必须重载该操作符函数。当运算符应用于该类的对象时，将自动调用新定义的运算符函数。

如果对象中有指针成员，采用前面讲过的拷贝构造函数能解决对象初始化问题，但并不能处理对象赋值(注意对象初始化与对象赋值是两个不同的概念)。拷贝构造函数是在创建对象时被调用，下面的赋值语句仍然完成按位复制：

```
PersonInfo person1("ZhangSan", 20), person2("John",24);
person2 =person1;       //将对象 person1 按位复制给 person2
```

为了解决上面的赋值操作，必须重载赋值运算符，使它按照我们的要求工作。当重载后的=运算符应用于对象时，就能重新定义该运算符的现有操作，从而实现新功能。例如，修改 PersonInfo 类，实现赋值运算符重载：

```
class PersonInfo
{
private:
    //数据成员略
public:
    //其他函数略
    void operator =(const PersonInfo &right)       //重载赋值运算符
    {
        delete [] name;
        name =new char [ strlen(right.name) +1];
        strcpy(name, right.name);
        age =right.age;
    }
};
```

首先看 operator=函数的首部：

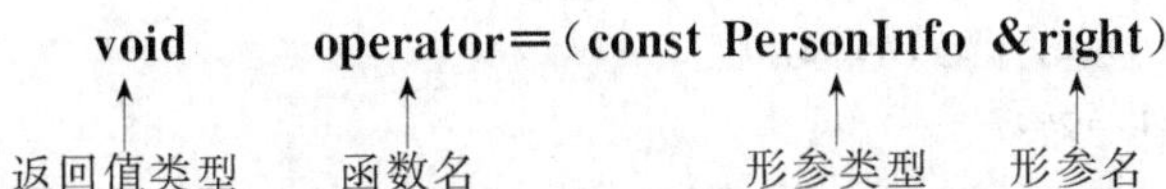

上述函数名是 operator=，表明类中重载了赋值运算符=。既然该函数是 PersonInfo 类的一个成员，当此运算符用于 PersonInfo 类对象时，将调用 operator =函数。

函数的形参 right 是 PersonInfo 类的一个常引用，代表运算符=右边的对象。例如，当执行如下赋值语句时，right 将指代 person1：

```
person2 =person1;                    //调用运算符函数的第一种方法
```

【注意】 operator= 函数的参数不一定是常引用，上述声明具有如下原因：

(1) 基于效率考虑。采用引用可以防止参数传递时生成对象拷贝，从而节省了初始化对象和析构对象的时间。

(2) 将参数声明为常引用，可以防止函数无意间修改对象 right 的内容。

(3) 符合赋值运算的常识。当执行 x=y 赋值运算时，=操作符并不修改 y 的值，因此将 operator=函数的形参声明为常引用符合现有运算的常识。

在上述函数中，将参数命名为 right 是为了说明该对象位于赋值号的右边，我们可以对该参数随意命名。operator= 函数总是将赋值号右边的对象传递给函数参数，上述赋值语句实际就是如下的函数调用：

```
person2.operator=(person1);  //调用运算符函数的第二种方法
```

上述语句是将 person1 对象传递给函数的参数 right，在函数内部，采用 right 的值初始化 person2。

【注意】 对运算符函数的调用可以采用如上所示的任意一种方法，它们是等价的。

【例 4-6】 以 PersonInfo 类为基础，运算符函数重载举例。

```
#include <iostream>
using namespace std;
#include <string.h>
class PersonInfo
{
private:
   char * name;
   int age;
public:
   PersonInfo(char * n, int a)
   {
      name =new char [ strlen(n) +1];
      strcpy(name, n);
      age =a;
   }
   PersonInfo(PersonInfo &obj)                              //拷贝构造函数
   {
      name =new char [ strlen(obj.name) +1];
```

```
        strcpy(name, obj.name);
        age =obj.age;
    }
    ~PersonInfo(){ delete [] name; }
    char * getName(){ return name; }
    int getAge(){ return age; }
    void operator =( const PersonInfo &right)              //重载=运算符
    {
        delete [] name;
        name =new char [ strlen(right.name) +1];
        strcpy(name, right.name);
        age =right.age;
    }
};

int main()
{
    PersonInfo jim("Jim", 20), bob("Bob", 21);
    clone=jim;                              //jim初始化 clone 要调用拷贝构造函数

    cout <<"Jim 的信息: "<<jim.getName() <<", "<<jim.getAge() <<endl;
    cout <<"Bob 的信息: "<<bob.getName() <<", "<<bob.getAge() <<endl;
    cout<<"Clone 的信息: "<<clone.getName()<<","<<clone.getAge()<<endl;
    cout <<"\n 下面将调用运算符重载函数实现对象的信息交换\n";
    clone =bob;                                          //调用重载的运算符函数=
    bob =jim;
    jim=clone;
    cout <<"Jim 的信息: "<<jim.getName() <<", "<<jim.getAge() <<endl;
    cout<<"Bob 的信息: "<<bob.getName()<<", "<<bob.getAge() <<endl;
    cout<<"Clone 的信息: "<<clone.getName()<<","<<clone.getAge()<<endl;
    return 0;
}
```

【程序运行结果】

```
Jim 的信息: Jim, 20
Bob 的信息: Bob, 21
Clone 的信息: Jim, 20

下面将调用运算符重载函数实现对象的信息交换
Jim 的信息: Bob, 21
Bob 的信息: Jim, 20
Clone 的信息: Bob, 21
```

4.5.2 this 指针

在例 4-6 中,赋值运算符函数的返回值是 void 类型,这不符合常规,因为 C++ 提供的内嵌赋值运算符支持如下形式的赋值语句：

```
a =b =c;
```

在上述语句中，首先执行表达式 b=c，将 c 的值送给 b，然后将表达式的返回值，即变量 b 的值再送给 a。如果重载了=运算符，依照上述方式实现对象赋值，那么该函数的返回值类型就不应当是 void，而应当为对象类型，下面给出了修改后 operator=函数：

```
class PersonInfo
{
private:
    //数据成员略
public:
    //其他函数略
    PersonInfo operator =(const PersonInfo &right)          //重载运算符函数=
    {
        delete [] name;
        name =new char [ strlen(right.name) +1 ];
        strcpy(name, right.name);
        age =right.age;
        return * this;                                      //函数返回当前对象
    }
};
```

上面的运算符函数 operator=返回的是一个对象，请分析该函数的最后一行：

```
return * this;
```

上述语句返回的是一个对象。

【注意】 this 是一个隐含的内嵌指针，在函数成员中频繁出现，它指向调用成员函数的当前对象。

如果 person1 和 person2 都是 PersonInfo 类对象，那么下面的语句使 getName 函数返回 person1 的 name：

```
cout <<person1.getName() <<endl;
```

同样，下面的语句将使 getName 函数返回 person2 的 name：

```
cout <<person2.getName() <<endl;
```

当 person1 对象调用 getName 函数时，this 指针就指向 person1；当 person2 对象调用 getName 函数时，this 指针就指向 person2。也就是说，this 指针总是指向调用函数成员的当前对象。

【注意】 this 指针是以隐含参数的形式传递给非静态的函数成员的。

【例 4-7】 重载运算符函数 operator=实现对象复制。

```
#include <iostream>
using namespace std;
```

```
#include <string.h>
class PersonInfo
{
private:
    char * name;
    int age;
public:
    PersonInfo(char * n, int a)
    {
        name =new char [ strlen(n) +1];
        strcpy(name, n);
        age =a;
    }
    PersonInfo(PersonInfo &obj)                                    //拷贝构造函数
    {
        name =new char [ strlen(obj.name) +1];
        strcpy(name, obj.name);
        age =obj.age;
    }
    ~PersonInfo(){ delete [] name; }
    char * getName(){ return name; }
    int getAge(){ return age; }
    PersonInfo operator =(const PersonInfo &right)        //重载运算符函数=
    {
        delete [] name;
        name =new char [ strlen(right.name)+1];
        strcpy(name, right.name);
        age =right.age;
        return * this;
    }
};

int main()
{
    PersonInfo jim("Jim", 20), bob("Bob", 21), clone =jim;

    cout <<"Jim 的信息: "<<jim.getName() <<", "<<jim.getAge() <<endl;
    cout <<"Bob 的信息: "<<bob.getName() <<", "<<bob.getAge() <<endl;
    cout<<"Clone 的信息: "<<clone.getName()<<","<<clone.getAge()<<endl;
    cout <<"\n 下面将调用运算符重载函数\n";
    clone =bob =jim;                                             //调用重载后的运算符=
    cout <<"Jim 的信息: "<<jim.getName() <<", "<<jim.getAge() <<endl;
    cout <<"Bob 的信息: "<<bob.getName() <<", "<<bob.getAge() <<endl;
    cout<<"Clone 的信息: "<<clone.getName()<<","<<clone.getAge()<<endl;
    return 0;
```

```
}
```

【程序运行结果】

```
Jim 的信息: Jim, 20
Bob 的信息: Bob, 21
Clone 的信息: Jim, 20

下面将调用运算符重载函数
Jim 的信息: Jim, 20
Bob 的信息: Jim, 20
Clone 的信息: Jim, 20
```

【注意】 this 指针除了用于返回当前对象以外,还经常出现在非静态的函数成员中。例如,如果将 PersonInfo 类的构造函数修改如下,那么就必须通过 this 指明数据成员:

```
PersonInfo(char * name, int age)          //注意: 形参与数据成员同名
{
    this->name =new char [ strlen(name) +1];
    strcpy(this->name, name);
    this->age =age;                        //此处的 this 不可少,否则是形参自赋值
}
```

【注意】 在上述函数中,由于形参和数据成员同名,就必须通过 this 指明数据成员,例如 this－＞name 代表当前对象的 name,而不带 this 的 name 是形参 name。如果读者不小心将 this 漏写,例如将 this－＞age ＝ age 写成了 age ＝ age,那么就不能实现正确的赋值,而是将形参 age 自己赋值给自己。

4.5.3 重载运算符时要注意的问题

首先,通过运算符重载,虽然可以改变运算符的含义,但最好不要改变它们的原义。例如,＝本来是一个赋值运算符,但可以将它设置为显示信息,而不是实现赋值,将 PersonInfo 类的 operator＝函数修改如下:

```
PersonInfo operator =( const PersonInfo &right)     //运算符函数
{
    cout <<this->getName() <<", "<<right.name <<endl;
    return * this;
}
```

显然 operator＝函数并没有实现赋值运算,仅仅是显示当前对象和参数对象的 name,如果执行如下运算:

```
bob=jim;
```

尽管表面上看起来是赋值,但实际上是将对象 bob 和 jim 的 name 在屏幕上显示,显然这样实现运算符函数不是我们所希望的。

其次,运算符重载不能改变运算符原来要求的参数个数。例如,＝总是一个二元运算

符，++和--总是一元运算符，无论如何重载，都不能改变这些特性。

最后，尽管可以重载C++中的大部分运算符，但有些运算符是不允许重载的。表4-1列出了可以重载的运算符。

表4-1　可以重载的运算符

+	-	*	/	%	^	&	|	~	!
=	<	>	+=	-=	*=	/=	%=	^=	&=
|=	<<	>>	>>=	<<=	==	!=	<=	>=	&&
||	++	--	->*	,	->	[]	()	new	delete

C++中不能被重载的运算符是?:、.、.*、::和sizeof。

4.5.4　重载双目算术运算符

如表4-1所示，不但可以重载赋值运算符，而且也可以重载其他运算符，下面讲解如何重载双目算术运算符。为了便于说明双目算术运算符重载，下面设计一个表示距离的类FeetInches，下面几节都要使用该类为例说明。本节首先讲述如何重载双目运算符+和-，其他双目运算符重载与此类似，在此不再叙述。

```
class FeetInches                              //采用 feet 和 inches 表示距离
{
private:
    int feet;
    int inches;
    void simplify();
public:
    FeetInches(int f =0, int i =0)            //构造函数
    {
        feet =f;
        inches =i;
        simplify();
    }
    void setData(int f, int i)                //设置尺寸
    {
        feet =f;
        inches =i;
        simplify();
    }
    int getFeet(){ return feet; }
    int getInches(){ return inches; }
};
    //simplify 函数
    //检验存储在数据成员 inches 中的值是否大于 12 或小于 0。如果出现了这种
    //情况将对 feet 和 inches 进行调整。例如，5 英尺 18 英寸调整为 6 英尺 6 英寸
```

```
void FeetInches::simplify()
{
   if(inches >=12)
   {
      feet +=inches / 12;             //整除
      inches =inches %12;
   } else if(inches <0)               //如果 inches 为负数
   {
      feet -=abs(inches) / 12 +1;
      inches =12 -abs(inches) %12;    //abs()是求绝对值函数
   }
}
```

FeetInches 类采用 feet 和 inches 进行距离表示，它有 5 个函数成员：

(1) 构造函数：用来设置 feet 和 inches 的值，默认情况下是将它们设置为 0。

(2) setData 函数：向 feet 和 inches 中存储值。

(3) getFeet 函数：返回 feet 数据成员的值。

(4) getInches 函数：返回 inches 数据成员的值。

(5) simplify 函数：对 feet 和 inches 的值进行调整。

下面修改 FeetInches 类，从而使其支持 FeetInches 对象的加/减操作。例如，定义 length1 和 length2 两个对象：

```
FeetInches length1(3, 5), length2(6, 3);
```

其中，length1 对象是 3 英尺 5 英寸，length2 对象是 6 英尺 3 英寸，假设实现两个对象相加：

```
length3 =length1 +length2;
```

那么 length3 对象将是 9 英尺 8 英寸，可以通过重载＋操作符实现这个功能，下面给出了 operator ＋函数成员的实现：

```
FeetInches FeetInches::operator +(const FeetInches &right)
{
   FeetInches temp;

   temp.inches =inches +right.inches;
   temp.feet =feet +right.feet;
   temp.simplify();
   return temp;
}
```

当两个 FeetInches 对象执行＋操作时，将自动调用上述重载函数，该函数与前面讲过的重载赋值运算符＝相似，它的参数也是一个引用，代表运算符右边的对象。例如，在下面的语句中，形参 right 指代 length2 对象：

```
length3 =length1 +length2;
```

上述语句和下述语句完全等价，它们实际上是对同一函数的调用，只是表现形式不同：

```
length3 =length1.operator +(length2);
```

上述语句把 length2 对象传递给 operator ＋函数的形参 right，当函数调用结束时，将返回 FeetInches 类的一个临时对象，并把它赋值给 length3。

下面分析如何实现 operator ＋函数，函数首先定义了一个局部对象 temp：

```
FeetInches temp;
```

这是一个临时对象，用于存储加操作的结果；然后将当前对象（本例是 length1）的 inches 和 right. inches 相加，并存储在 temp. inches 中：

```
temp.inches =inches +right.inches;
```

上面的 inches 是 length1 对象的成员，由于 length1 对象调用了＋函数，因此该语句等价于：

```
temp.inches =this->inches +right.inches;
```

下一步是将当前对象（本例是 length1）的 feet 和 right. feet 相加，并存储在 temp. feet 中：

```
temp.feet =feet +right.feet;
```

此时，函数中的 temp 对象就包括了表达式中两个对象的 feet 和 inches 之和，然后调用 simplify 函数，调整 temp 对象的值：

```
temp.simplify();
```

最后返回 temp 对象：

```
return temp;        //调用拷贝构造函数返回一个临时对象,见 4.4.2 节
```

在 length3＝length1＋length2 语句中，将存储在 temp 中的值返回，并复制给 length3 对象。

【注意】 任何一个双目算术运算符 B 被重载以后，当执行如下形式的二元运算时：

```
Obj1 B Obj2
```

都完全等价于：Obj1 . operator B(Obj2)，即对象 Obj1 调用函数成员 operator B，其中 Obj2 作函数的实参。

4.5.5 重载单目算术运算符

在程序设计中，常用的单目运算符有＋＋和－－，并且它们具有前置和后置之分。此外，单目运算符还有正负号＋/－，但它们要比＋＋/－－简单，因此我们只讨论＋＋和－－的重载。

一元运算符＋＋和－－的重载方式和二元运算符的重载方式类似。**由于一元运算符仅仅作用于当前对象，因此，当将这些运算符重载为函数成员时，就不再需要参数。**首先考虑前置＋＋运算符。假设有一个 FeetInches 对象 distance，它的值是 7 英尺 11 英寸，执行如下的＋＋操作后，对象的成员值将变成 8 英尺 0 英寸：

```
++distance;
```

首先分析如何重载**前置＋＋运算符函数**。

```
FeetInches FeetInches::operator ++()
{
    ++inches;
    simplify();
    return * this;
}
```

上述函数首先将对象的成员 inches 加 1，然后调用 simplify() 函数调整数据，最后返回当前对象。例如，下面的语句将调用前置＋＋函数：

```
++distance1;
```

该语句完全等价于函数调用：

```
distance1.operator ++();
```

重载后置＋＋运算符与重载前置＋＋运算符只有一个很小的差别。下面以 FeetInches 类为例给出重载后置＋＋运算符函数：

```
FeetInches FeetInches::operator ++(int)    //注意：形参只有类型而没有名称
{
        //采用当前对象的 feet 和 inches 初始化 temp 对象
    FeetInches temp(feet,inches);

    inches++;                                //当前对象的 inches 增 1
    simplify();
    return temp;                             //返回 inches 增加之前的临时对象
}
```

我们看到的**第一个差别是上述函数的参数**，该参数只有类型，而没有名称，我们将这种形式的参数称为哑元（即哑巴元素）。当 C++ 看到＋＋函数中的哑元时，它就知道这个函数是用于处理后置＋＋运算的。

第二个差别是后置＋＋函数中采用了临时对象 temp，并用当前对象初始化 temp。这样就可以保证在当前对象 inches 加 1 之前，temp 成为当前对象的一个拷贝。然后将 inches 加 1，最后将 temp 对象返回。例如，下面的语句就调用后置＋＋函数：

```
distance1++;
```

该语句完全等价于如下的函数调用：

```
distance1.operator ++(0);    //此处的实参可以是任何一个整数，如-1
```

前置＋＋是将对象的值先加 1，然后返回增加后的对象；后置＋＋先将对象保留在一个临时对象中，然后再加 1，最后返回临时对象。

4.5.6　重载关系运算符

C++ 不但可以重载赋值运算符和算术运算符，还可以重载关系运算符。通过重载关系运算符，可以实现两个对象的比较，例如：

```
if(distance1 <distance2)
{
   …
}
```

重载关系运算符和重载二元运算符实现方式相似。唯一的区别是**关系运算符函数要返回一个布尔值(true 或者 false)**。下面给出了在 FeetInches 类中重载>运算符的方法：

```
bool FeetInches::operator >(const FeetInches &right)
{
    if(feet >right.feet)
        return true;                //true 就是 1
    else if(feet ==right.feet && inches >right.inches)
        return true;
    else return false;              //false 就是 0
}
```

上述函数,首先比较 feet 成员,如果 feet 相同,则比较 inches 成员。如果调用者对象包含的值大于参数对象,那么将返回 true,否则返回 false。

4.5.7 重载流操作符<<和>>

通过重载算术运算符和关系运算符,可以像操作内嵌数据类型(整型、浮点型等)一样操作对象。然而,如果对象的数据成员是私有的,还要显示地调用函数成员通过 cout 输出它们的值。例如,distance 是一个 FeetInches 对象,下面的语句显示其数据成员：

```
cout <<distance.getFeet() <<" feet, ";
cout <<distance.getInches() <<"inches";
```

同样,要设置 FeetInches 对象的数据成员,也需要显示地调用有关函数成员。例如,通过用户输入的值设置 distance 对象：

```
cout <<"输入英尺: ";
cin >>f;
distance.setFeet(f);
cout <<"输入英寸: ";
cin >>i;
distance.setInches(i);
```

我们发现采用目前调用函数的方法,输入和输出对象并不方便。但幸运地是,C++ 提供了解决这种问题的方法,通过重载流插入符<<,可以直接输出 distance 对象的信息。例如,如果重载了插入符<<,那下面的语句就能输出对象的信息：

```
cout <<distance;
```

同样,如果重载了流提取符>>,可以直接通过 cin 读取数据：

```
cin >>distance;
```

重载上述两个流运算符，与重载前面讲述过的其他符号有一些差别。这两个符号实际上都是 C++ 预先定义在 ostream 和 istream 类中的函数，cout 和 cin 分别是 ostream 和 istream 类的对象，因此要重载 ostream 类的操作<< 和 istream 类的操作 >>，必须在自己的类中编写重载函数。例如，**如果要为 FeetInches 类重载流插入符<<，那么必须通过友元函数的形式实现函数重载**，下面给出了重载<<函数的格式，它能显示 FeetInches 类对象。

【思考】 请读者在阅读下面函数时，思考其中的黑体字。

```
ostream &operator << (ostream &strm, FeetInches &obj)
{
    strm <<obj.feet <<"英尺, "<<obj.inches <<" 英寸";
    return strm;
}
```

我们看到，上述函数具有两个参数：一个是 ostrearm 类的引用 strm；另一个是 FeetInches 类的引用 obj。其中，strm 代表插入符<<左边的 ostream 对象，而 obj 代表<<右边的 FeetInches 类对象。上述函数告诉 C++ 如何处理下列形式的表达式：

```
ostream_object <<FeetInches_object
```

因此，当 C++ 遇到下列形式的语句时，它将调用重载后的<<函数：

```
cout <<distance;
```

函数的返回值之所以是一个 ostream 对象，这是为了处理如下**级联调用**形式的语句：

```
cout <<distancel <<" "<<distance2 <<endl;
```

C++ 在执行上述语句时，**完全等价于如下过程**：

(1) 首先调用 FeetInches 类中的重载函数<<，执行上述语句中的 cout << distancel，该表达式的返回值是 cout 对象。

(2) 在上述(1)返回值的基础上执行 cout << " "，此处的<<是由 C++ 系统提供的符号，而不是 FeetInches 类中的重载函数，该项表达式的返回值是 cout 对象。

(3) 以步骤(1)的方式，执行 cout << distance2。

(4) 以步骤(2)的方式，执行表达式中的 cout << endl。

下面给出重载插入符>>的函数，它能处理 FeetInches 类对象：

```
istream &operator >> (istream &strm, FeetInches &ob j)
{
    cout <<"英尺: ";
    strm >>obj.feet;
    cout <<"英寸: ";
    strm >>obj.inches;
    obj.simplify();                    //进行数据变换
    return strm;                       //返回流对象
}
```

上述函数可以处理如下形式的输入语句：

```
istream_object >>FeetInches_object;
```

该函数的返回值是一个 istream 对象，同样也是为了处理如下**级联调用**形式的输入：

```
cin >>distance1 >>distance2;     //依次为 distance1 和 distance2 对象输入数据
```

如果仅仅按照上述格式定义这两个函数，它们还并不能正确地运行，因为在函数内部要访问 FeetInches 对象的私有成员。由于这两个函数不是 FeetInches 类的函数成员，所以不能访问对象的私有成员，只要将它们设置为 FeetInches 类的友元函数，即可解决这个问题，具体见例 4-8。

4.5.8 重载类型转换运算符

C++ 系统对原子类型的数据具有自动类型转换的能力，假设具有如下形式的两个变量：

```
int i =10;
float f =12.34f;
```

下面的语句将存储在整型变量 i 中的值，自动转换为浮点类型的值并存储在变量 f 中：

```
f =i;          //变量 f 的值是 10.0,i 的值是 10
```

同样，下列的语句将把 3.14 转换为整数，并存储在 i 中：

```
i=3.14;      //i 的值是 3
```

对于一个对象，通过重载类型转换函数，也可实现类型转换功能。例如，假设 distance 是一个 feetInches 类对象，f 是一个 float 变量，如果在 FeetInches 类编写了相应的转换函数，那么下列的语句将把 distance 对象转换为一个 float 类型的数，并存储在 f 中：

```
f=distance;
```

为了实现上述语句的功能，必须写一个类型转换的运算符函数，将对象类型转换为基本类型，下面是将 FeetInehes 对象转换为 float 类型的函数：

```
FeetInches::operator float()
{
    float temp=feet;
    temp +=inches / 12.0f;
    return temp;
}
```

上述函数首先对 feet 和 inches 进行计算。例如，4 英尺 6 英寸将转换为 4.5，然后返回转换后的值。

【注意】 该函数没有返回值类型，这是因为该函数是一个从 FeetInches 到 float 的转换函数，它总是返回一个 float 类型的值。

【例 4-8】 修改 FeetInches 类，实现运算符函数重载。

feetinches.h 文件的内容：

```
#ifndef FEETINCHES_H
#define FEETINCHES_H
#include <iostream>
using namespace std;
class FeetInches
{
private:
    int feet;
    int inches;
    void simplify();
public:
    FeetInches(int f =0, int i =0)
    {
        feet =f;
        inches =i;
        simplify();
    }
    void setData(int f, int i)
    {
        feet =f;
        inches =i;
        simplify();
    }
    int getFeet(){ return feet; }
    int getInches(){ return inches; }
        //重载算术运算符+和-
    FeetInches operator +(const FeetInches &);      //重载+运算符
    FeetInches operator -(const FeetInches &);      //重载-运算符
        //重载算术运算符++和--
    FeetInches operator ++();                       //重载前置++运算符
    FeetInches operator ++(int);                    //重载后置++运算符
        //重载关系运算符
    bool operator >(const FeetInches &);
    bool operator <(const FeetInches &);
    bool operator ==(const FeetInches &);
        //重载流运算符
    friend ostream &operator <<(ostream &, FeetInches &);
    friend istream &operator >>(istream &, FeetInches &);
        //重载类型转换运算符
    operator float();
    operator int(){ return feet; }                  //截断 inches 部分的值
};
#endif
```

feetinches.cpp 文件的内容：

```
#include <stdlib.h>
#include "feetinches.h"
    //simplify 函数
    //函数功能：检验存储在数据成员 inches 中的值是否大于 12 或小于 0
    //如果出现了这种情况将对 feet 和 inches 进行调整
void FeetInches::simplify()
{
    if(inches >=12)
    {
        feet +=(inches / 12);                           //整除
        inches =inches %12;
    } else if(inches <0)                                //如果 inches 为负数
    {
        feet -=abs(inches) / 12 +1;
        inches =12 -abs(inches) %12;
    }
}
    //重载二元运算符+
FeetInches FeetInches::operator +(const FeetInches &right)
{
    FeetInches temp;

    temp.inches =inches +right.inches;
    temp.feet =feet +right.feet;
    temp.simplify();
    return temp;
}
    //重载二元运算符-
FeetInches FeetInches::operator-(const FeetInches &right)
{
    FeetInches temp;

    temp.inches =inches -right.inches;
    temp.feet =feet -right.feet;
    temp.simplify();
    return temp;
}
    //重载前置一元运算符++,返回增加后的对象
FeetInches FeetInches::operator ++()
{
    ++inches;                                           //增加当前对象的 inches
    simplify();
    return *this;                                       //返回当前对象
}
```

```
    //重载后置一元运算符++,返回增加前的对象
FeetInches FeetInches::operator ++(int)
{
    FeetInches temp(feet, inches);                  //temp 保留对象的初值

    ++inches;                                       //增加当前对象的 inches
    simplify();
    return temp;                                    //返回保留旧值的临时对象
}
    //重载>运算符,若当前对象大于右边的对象,返回 true,否则返回 false
bool FeetInches::operator >(const FeetInches &right)
{
    if(feet >right.feet)
        return true;
    else if(feet ==right.feet && inches >right.inches)
        return true;
    else return false;
}
    //重载<运算符,若当前对象小于右边的对象,返回 true,否则返回 false
bool FeetInches::operator <(const FeetInches &right)
{
    if(feet <right.feet)
        return true;
    else if(feet ==right.feet && inches <right.inches)
        return true;
    else return false;
}
    //重载==运算符,若当前对象的值和右边对象的值相同,返回 true,否则返回 false
bool FeetInches::operator ==(const FeetInches &right)
{
    if(feet ==right.feet && inches ==right.inches)
        return true;
    else return false;
}
    //重载流插入符<<,在屏幕上显示 FeetInches 对象的信息
ostream &operator <<(ostream &strm, FeetInches &obj)
{
    strm <<obj.feet <<" 英尺, "<<obj.inches <<" 英寸";
    return strm;
}
    //重载流提取符>>,输入 FeetInches 对象所需要的信息
istream &operator >>(istream &strm, FeetInches &obj)
{
    cout <<"英尺: ";
    strm >>obj.feet;
```

```
    cout <<"英寸: ";
    strm >>obj.inches;
    obj.simplify();
    return strm;
}
    //将 FeetInches 类对象转换为 float 类型的数
FeetInches::operator float()
{
    float temp = (int) feet;
    temp += (inches / 12.0f);
    return temp;
}
```

主程序 4-8.cpp:

```
//该程序演示了各个重载函数的应用
#include <iostream>
using namespace std;
#include "feetinches.h"
int main()
{
    FeetInches first, second;
    float f;
    int i;

        //检验流插入符和提取符
    cout <<"输入 first 对象\n";
    cin >>first;
    cout <<"输入 second 对象\n";
    cin >>second;
    cout <<"对象的值是: ";
    cout <<first <<" 和 "<<second<<endl;
        //检验符前置++、后置++
    cout <<"\n 检验前置 ++\n";
    first =++second;                                                  //前置 ++
    cout <<"First 对象: "<<first.getFeet() <<" 英尺, "
        <<first.getInches() <<" 英寸 ";
    cout <<"\nSecond 对象: "<<second.getFeet() <<" 英尺, "
        <<second.getInches() <<" 英寸\n";
    cout <<"\n 检验后置 ++\n";
    first =second++;                                                  //后置 ++
    cout <<"First 对象: "<<first.getFeet() <<" 英尺, "
        <<first.getInches() <<" 英寸 ";
    cout <<"\nSecond 对象: "<<second.getFeet() <<" 英尺, "
        <<second.getInches() <<" 英寸\n\n";
        //检验关系运算符
```

```
    cout <<"检验关系运算 \n";
    if(first ==second)                              //检验关系运算
        cout <<"这两个对象相等 \n";
    else if(first >second)
        cout <<"first 对象大于 second 对象\n";
    else
        cout <<"first 对象小于 second 对象\n";
    //检验类型转换
    cout <<"\n 检验类型转换 \n";
    f =second;                                      //调用类型转换函数 operator float()
    i =second;                                      //调用类型转换函数 operator int()
    cout <<"对象的值是: " <<second;
    cout <<",等于 " <<f <<" 英尺,";
    cout <<"或近似于 " <<i <<" 英尺 \n";
    return 0;
}
```

【程序运行结果】

```
输入 first 对象
英尺: 3 [Enter]
英寸: 4 [Enter]
输入 second 对象
英尺: 5 [Enter]
英寸: 6 [Enter]
对象的值是: 3 英尺, 4 英寸 和 5 英尺, 6 英寸

检验前置 ++
First 对象: 5 英尺, 7 英寸
Second 对象: 5 英尺, 7 英寸

检验后置 ++
First 对象: 5 英尺, 7 英寸
Second 对象: 5 英尺, 8 英寸

检验关系运算
first 对象小于 second 对象

检验类型转换
对象的值是: 5 英尺, 8 英寸,等于 5.66667 英尺,或近似于 5 英尺
```

4.5.9　重载[ ]操作符

我们知道 string 类支持[]，因此可方便地访问 string 对象中的单个字符。例如：

```
string name ="John";
```

其中的 name 是一个 string 对象,它的第一个字符 name [0]是'J',下面语句将在屏幕上显示 J。

```
cout <<name [0];
```

同样,也可以改变 name 对象中的某个字符:

```
name [1] ='O';
```

C++ 除了支持重载传统的运算符,还支持重载[]符。这样就能像操作普通数组一样操作对象数组。下面通过重载[]操作符,创建一个 IntArray 数组类,它实现了 C++ 中不具备的数组下标越界检查,同时还有一些功能上的改进。

```
class IntArray
{
private:
    int * aptr;                              //指向存储区的指针
    int arraySize;                           //存储数组中元素的个数
    void memError();                         //处理内存分配错误
    void subError();                         //处理下标越界
public:
    IntArray(int);                           //构造函数
    IntArray(const IntArray &);              //拷贝构造函数
    ~IntArray();                             //析构函数
    int size(){ return arraySize; }          //返回数组对象的元素个数
    int &operator[](const int&);             //重载[]运算符
};
```

首先看该类的构造函数和析构函数,下面给出了构造函数的代码:

```
IntArray::IntArray(int s)
{
    arraySize =s;
    aptr =new int [s];
    if(aptr ==NULL)
        memError();
    for(int count =0; count <arraySize; count++)
        * (aptr +count) =0;
}
```

当定义该类的一个对象时,首先将数组所需元素的个数传递给构造函数的参数 s,并把 s 的值复制给数据成员 arraySize,然后动态地分配数组所需的空间。如果 new 操作符返回 NULL,表明内存分配失败,调用函数 memError()在屏幕上显示一个出错信息,然后调用 exit()函数结束程序的运行;如果分配成功,那么构造函数将数组中的所有元素赋值为 0。

```
for(int count =0; count <arraySize; count++)
    * (aptr +count) =0;
```

此外,该类还有一个拷贝构造函数,用于一个对象初始化另外一个对象:

```
IntArray::IntArray(const IntArray &obj)
{
    arraySize =obj.arraySize;
    aptr =new int [arraySize];
    if(aptr ==0)
        memError();
    for(int count =0; count <arraySize; count++)
        * (aptr +count) = * (obj.aptr +count);
}
```

该函数的参数是一个引用obj，一旦为数组成功地分配了内存空间，构造函数就将obj数组中的值复制到调用构造函数的对象中。

析构函数释放由构造函数分配的内存空间，它首先检验对象数组中元素的个数，然后释放数组空间。

```
IntArray::~IntArray()
{
    if(arraySize>0)
        delete [] aptr;                          //释放内存空间
    arraySize=0;                                 //将代表数组元素个数的变量清零
}
```

重载[]操作符与重载其他操作符类似，下面给出了IntArray类的重载函数[]：

```
int &IntArray::operator[](const int &sub)      //函数的返回值是一个引用
{
    if(sub <0 || sub >=arraySize)
        subError();
    return aptr[sub];
}
```

操作符函数[]仅有一个参数sub，它是一个int类型的常引用，代表数组的下标。如果table是一个IntArray类对象，那么在下面的语句中，将把12传递给sub参数：

```
cout <<table[12];
```

函数采用下面的语句对sub的值进行测试：

```
if(sub <0 || sub >=arraySize)
    subError();
```

上述语句首先判断sub是否位于数组下标的范围之内。如果sub小于0或大于等于arraySize，那么sub将是一个无效的下标，调用subError()函数显示错误信息，否则返回aptr[sub]元素自身(即引用)。

operator[]函数的返回值类型特别值得关注，函数不应当仅仅返回一个整型值，而应当返回一个引用，这是因为该函数有时要出现在赋值号的左边，例如：

```
table[5] =27;
```

由于赋值运算符=的左边(即左元)必须代表一个可修改的内存空间(例如变量),如果函数[]返回的是一个值,那么就不能作左元,即不能出现在赋值运算符的左边,但一个引用可以作左元,因为它代表一个变量,例如:

```
table [7] =52;           //[ ] 函数出现在赋值运算符=的左边
```

在上述语句中,将 7 传递给了操作符函数[]的参数。由于 7 位于要求的范围之内,函数将返回代表 aptr+7 位置的引用,上述语句在实现功能上等价于:

```
*(aptr +7) =52;
```

由于运算符函数[]返回的是一个整型元素(实际上是代表该整型元素的引用),因此 IntArray 类不需要重载关系运算符和算术运算符。

【例 4-9】 设计 IntArray 类,实现重载[]操作符。

intarray.h 文件的内容:

```
#ifndef INTARRAY_H
#define INTARRAY_H
class IntArray
{
private:
    int *aptr;                              //指向存储区的指针
    int arraySize;                          //存储数组中元素的个数
    void memError();                        //处理内存分配错误
    void subError();                        //处理下标越界
public:
    IntArray(int);                          //构造函数
    IntArray(const IntArray &);             //拷贝构造函数
    ~IntArray();                            //析构函数
    int size()                              //返回数组对象的元素个数
    {
        return arraySize;
    }
    int &operator[](const int&);            //重载[]运算符
};
#endif
```

intarray.cpp 文件的内容:

```
#include <iostream>
using namespace std;
#include <stdlib.h>
#include "intarray.h"
    //IntArray 类的构造函数,设置数组空间的大小,分配空间并初始化
IntArray::IntArray(int s)
{
    arraySize =s;
```

```
    aptr =new int [s];
    if(aptr ==0)
        memError();
        for(int count =0; count <arraySize; count++)
            * (aptr +count) =0;
}
    //IntArray 的拷贝构造函数
IntArray::IntArray(const IntArray &obj)
{
    arraySize =obj.arraySize;
    aptr =new int [arraySize];
    if(aptr ==0)
        memError();
    for(int count =0; count <arraySize; count++)
        * (aptr +count) = * (obj.aptr +count);
}
    //IntArray 类的析构函数
IntArray::~IntArray()
{
    if(arraySize >0)
        delete [] aptr;
    arraySize=0;                        //将代表数组元素个数的变量清零
}
    //memError 函数,用于内存分配错、显示错误信息、终止程序
void IntArray::memError()
{
    cout <<"错误: 内存分配出错\n";
    exit(0);
}
    //subError 函数,用于数组下标越界错、显示错误信息、终止程序
void IntArray::subError()
{
    cout <<"错误: 数组下标越界\n";
    exit(0);
}
    //重载[]运算符,函数的参数代表数组下标,返回值是数组元素的引用
int &IntArray::operator[](const int &sub)
{
    if(sub<0 || sub >=arraySize)
        subError();
    return aptr[sub];
}
```

主程序 4-9.cpp,测试 IntArray 类,并在最后测试下标越界:

```
#include <iostream>
```

```
using namespace std;
#include "intarray.h"

int main()
{
    IntArray table(10);                    //定义一个 IntArray 类对象
    int x;

    for(x =0; x <10; x++)
        table [ x ] =x ;
    for(x =0; x <10; x++)                  //显示数组中的值
        cout <<table [ x ] <<" ";
    cout <<endl;
    for(x =0; x <10; x++)                  //采用系统提供的运算符+操作数组元素
        table [ x ] =table [ x ] +2;
    for(x =0; x <10; x++)                  //显示数组中的值
        cout <<table [ x ] <<" ";
    cout <<endl;
    for(x =0; x <10; x++)                  //采用系统提供的运算符++操作数组元素
        table [x] ++;
    for(x =0; x <10; x++)                  //显示数组中的值
        cout <<table [ x ] <<" ";
    cout <<endl;
    cout <<"\n 访问 table[11],测试下标越界\n";
    table[11] =0;                          //测试数组下标越界
    return 0;
}
```

【程序运行结果】

```
0  1  2  3  4  5  6  7  8  9
2  3  4  5  6  7  8  9  10  11
3  4  5  6  7  8  9  10  11  12

访问 table[11],测试下标越界
错误:数组下标越界
```

在主函数的最后测试了数组的下标越界检查功能:

```
table[11]=0;
```

当执行到这一行时,运算符函数[]调用 subError()函数,显示错误信息,并终止程序。

4.5.10 操作符重载综合举例——自定义 string 类

目前版本的 C++ 提供的 string 类,能处理许多繁杂的事情,例如内存的动态分配、数组下标的越界检查等,同时它也提供了许多重载操作符,例如+和=,从而简化了字符串处理。下面通过重载函数,创建自己的 string 类,并命名为 MyString。

MyString 类是一个抽象数据类型，用来处理字符串，与字符数组相比具有如下优点：

(1) 自动实现内存的动态分配，程序员无须关心为一个数组要分配多少个字节的空间。

(2) 可以将系统提供的 string 对象直接赋值给 MyString 对象，无须调用 strcpy 函数。

(3) 采用+=操作符可以连接两个 MyString 对象，无须使用 strcat 函数。

(4) 采用==、<、>和!=操作符可以实现两个对象的比较，无须调用 strcmp 函数。

(5) 程序员可以模仿该类，增加新的重载函数，实现新功能，下面给出了该类的完整实现。

mystring.h 文件的内容：

```
#ifndef MYSTRING_H
#define MYSTRING_H
#include <iostream>
using namespace std;
   //下面是 MyString 类的定义，它是处理字符串的一个抽象数据类型
class MyString
{
private:
    char * str;
    int len;
    void memError();
public:
    MyString(){ str =NULL; len =0; }
    MyString( const char * );
    MyString(MyString &);                                    //拷贝构造函数
    ~MyString(){ if(len !=0) delete [] str; }
    int length(){ return len; }                              //获取串长
    char * getValue(){ return str; };                        //获取字符串
        //重载赋值运算符
    MyString operator += (MyString &);
    char * operator += (const char * );
    MyString operator = (MyString &);
    char * operator = ( const char * );
        //重载关系运算符
    bool operator == (MyString &);
    bool operator == (const char * );
    bool operator != (MyString &);
    bool operator != ( const char * );
    bool operator > (MyString &);
    bool operator > (const char * );
    bool operator < (const char * );
    bool operator < (MyString &);
    bool operator >= (MyString &);
    bool operator >= (const char * );
    bool operator <= (const char * );
```

```
    bool operator <= (MyString &);
        //重载流插入符和提取符,流操作符必须重载为友元
    friend ostream &operator << (ostream &, MyString &);
    friend istream &operator >> (istream &, MyString &);
};
#endif
```

类的实现文件,mystring.cpp 文件的内容:

```
#include <iostream>
using namespace std;
#include <string.h>                          //需要使用一些字符串处理库函数
#include <stdlib.h>                          //exit()函数在此文件中
#include "mystring.h"
    //memError 函数,如果内存分配失败,调用 exit()函数终止程序
void MyString::memError()
{
    cout <<"内存分配出错 \n";
    exit(0);
}
    //MyString 构造函数,采用参数 sptr 初始化数据成员 str
MyString::MyString(const char * sptr)
{
    len =strlen(sptr);
    str =new char[len +1];
    if(str ==NULL) memError();
    strcpy(str, sptr);
}
    //拷贝构造函数
MyString::MyString(MyString &right)
{
    str =new char[right.length() +1];
    if(str ==NULL) memError();
    strcpy(str, right.getValue());
    len =right.length();
}
    //重载=操作符,当赋值号=左边的 MyString 对象调用了该函数,将把
    //右边的 MyString 对象作参数传递给调用函数。返回值是调用对象
MyString MyString::operator = (MyString &right)
{
    if(len !=0) delete [] str;
    str =new char[right.length() +1];
    if(str ==NULL) memError();
    strcpy(str, right.getValue());
    len =right.length();
    return *this;                            //返回调用对象本身
```

```
}
    //重载=操作符。当赋值号=左边的 MyString 对象调用了该函数,将把右边
    //字符串传递给调用函数,返回值是调用对象自身
char * MyString::operator =( const char * right)
{
    if(len !=0)
        delete [] str;
    len =strlen(right);
    str =new char[len +1];
    if(str ==NULL)
        memError();
    strcpy(str, right);
    return str;
}
    //重载+=操作符。当赋值号=左边的 MyString 对象调用了该函数,将把
    //右边 MyString 对象作参数传递给调用函数,并把它的字符串 str 连接
    //到当前对象 str 的后面,返回值是调用对象自身
MyString MyString::operator +=(MyString &right)
{
    char * temp =str;

    str =new char [ strlen(str) +right.length() +1];
    if(str ==NULL)
        memError();
    strcpy(str, temp);
    strcat(str, right.getValue());
    if(len !=0)
        delete [] temp;
    len =strlen(str);
    return * this;
}
    //重载+=操作符
    //当赋值号=左边的 MyString 对象调用了该函数,将把右边字符串传递给
    //调用函数,并把参数连接到当前对象 str 的后面,返回值是调用对象
char * MyString::operator +=(const char * right)
{
    char * temp =str;

    str =new char [ strlen(str) +strlen(right) +1];
    if(str ==NULL)
        memError();
    strcpy(str, temp);
    strcat(str, right);
    if(len !=0)
        delete [] temp;
```

```
    return str;
}
    //重载==操作符
    //如果调用对象和参数对象的 str 内容相同,返回 true,否则返回 false
bool MyString::operator == (MyString &right)
{
    return strcmp(str, right.getValue())==0 ? true : false;
}
    //重载==操作符
    //若调用对象和参数 right 的内容相同,返回 true,否则返回 false
bool MyString::operator == (const char * right)
{
    return strcmp(str, right)==0 ? true : false;
}
    //重载!=操作符。如果!=号两边都是 MyString 对象,将调用该函数
    //如果它们的内容不同,返回 true,否则返回 false
bool MyString::operator != (MyString &right)
{
    return strcmp(str, right.getValue()) ==0 ? false : true;
}
    //重载!=操作符。如果!=号右边是一个 char * 字符串,将调用该函数
    //如果它们的内容不同,返回 true,否则返回 false
bool MyString::operator != ( const char * right)
{
    return strcmp(str, right) ==0 ? false : true;
}
    //重载>操作符。如果>号右边是一个 MyString 对象,将调用该函数
    //如果调用对象的 str 大于 right.str,返回 true,否则返回 false
bool MyString::operator > (MyString &right)
{
    if(strcmp(str, right.getValue()) >0)
        return true;
    else return false;
}
    //重载 >操作符。如果>号右边是一个 char* 字符串,将调用该函数
    //如果调用对象的 str 大于 right,返回 true,否则返回 false
bool MyString::operator > (const char * right)
{
    if(strcmp(str, right) >0)
        return true;
    else
        return false;
}
    //重载<操作符。如果<号右边是一个 MyString 对象,将调用该函数
    //如果调用对象的 str 小于 right.str,返回 true,否则返回 false
```

```
bool MyString::operator < (MyString &right)
{
    if(strcmp(str, right.getValue()) <0)
        return true;
    else
        return false;
}
    //重载<操作符。如果<号右边是一个 char* 字符串,将调用该函数
    //如果调用对象的 str 小于 right,返回 true,否则返回 false
bool MyString::operator < (const char * right)
{
    if(strcmp(str, right) <0)
        return true;
    else
        return false;
}
    //重载>=操作符。如果>=号右边是一个 MyString 对象,将调用该函数
    //如果调用对象的 str 大于或等于 right.str,返回 true,否则返回 false
bool MyString::operator >= (MyString &right)
{
    if(strcmp(str, right.getValue()) >=0)
        return true;
    else
        return false;
}
    //重载>=操作符。如果>=号右边是一个 char* 字符串,将调用该函数
    //如果调用对象的 str 大于或等于 right,返回 true,否则返回 false
bool MyString::operator >= (const char * right)
{
    if(strcmp(str, right) >=0)
        return true;
    else
        return false;
}
//重载<=操作符。如果<=号右边是一个 MyString 对象,将调用该函数
//如果调用对象的 str 小于或等于 right.str,返回 true,否则返回 false
bool MyString::operator <= (MyString &right)
{
    if(strcmp(str, right.getValue()) <=0)
        return true;
    else
        return false;
}
    //重载<=操作符。如果<=号右边是一个 char* 字符串,将调用该函数
    //如果调用对象的 str 小于或等于 right,返回 true,否则返回 false
```

```
bool MyString::operator <= (const char * right)
{
    if(strcmp(str, right) <=0)
        return true;
    else
        return false;
}
    //重载流插入符<<,返回一个引用
ostream &operator << (ostream &strm, MyString &obj)
{
    strm <<obj.str;
    return strm;                          //将当前流对象返回
}
    //重载流提取符>>
istream &operator >> (istream &strm, MyString &obj)        //返回一个引用
{
    strm.getline(obj.str,obj.len);
    strm.ignore();
    return strm;                          //将当前流对象返回
}
```

下面分析 MyString 类中的一些函数成员。

1）构造函数和拷贝构造函数

MyString 类具有一个 char * 指针作参数的构造函数，其动态地分配内存空间，并且采用参数的值初始化新分配的空间。此外，该类还提供了一个拷贝构造函数，采用另一个 MyString 类对象初始化当前对象的数据成员。

2）重载＝操作符

MyString 类具有两个重载＝操作符的函数。第一个函数用来处理将一个 MyString 对象赋值给另一个 MyString 对象，下面的程序段给出了调用形式：

```
MyString first("Hello"), second;
second =first;                          //对象赋值
```

第二个重载＝函数用来处理将一个字符数组赋值给一个 MyString 对象。当赋值号右边是一个字符串常量或是一个 char * 指针时，将调用该函数，下面的程序段给出了调用形式：

```
MyString name;
char who[] ="Jimmy";
name =who;
```

3）重载＋＝操作符

＋＝函数将运算符右边的字符串连接到 MyString 对象的后面，与＝操作符一样，它也有两个重载版本的函数。第一个版本处理运算符右边是一个 MyString 对象，例如：

```
MyString first("Hello "), second("world");
```

```
first +=second;
```

第二个版本的+=函数用于处理运算符右边是一个字符串或是一个字符指针，例如：

```
MyString first("Hello ");
first +="World";
```

4）重载==运算符

为了判断两个 MyString 对象是否相等，该类重载了==运算符，它和其他运算符函数一样，也有两个版本。第一个版本处理运算符右边是一个 MyString 对象，第二个版本处理运算符右边是一个传统的字符串，如字符数组或字符串常量，例如：

```
MyString namel("John"), name2("Jon");
if(namel ==name2)
    cout <<"The names are the same.\n";
else
    cout <<"The names are different. \n";
MyString namel("John");
if(namel =="Jon")
    cout <<"The names are the same. \n";
else
    cout <<"The names are different. \n";
```

5）重载>和<操作符

为了实现大于操作符>和小于操作符<函数，MyString 类分别为它们提供了两个重载版本。第一个版本处理运算符右边是一个 MyString 对象，第二个版本处理运算符右边是一个传统的字符串，它们都是通过调用库函数 strcmp()实现字符串的比较。

对于>操作符函数，如果调用对象的 str 成员大于右边操作数中的字符串，那么将返回 true，否则返回 false。对于<操作符函数，如果调用对象的 str 成员，小于右边操作数中的字符串，那么将返回 true，否则返回 false。采用上述操作符函数，可以构造如下形式的关系表达式：

```
MyString namel("John"), name2("Jon");
if(namel >name2)
    cout <<"John is greater than John";
else
    cout <<"John is not greater than John";
MyString namel("John");
if(namel <"Jon")
    cout <<"John is less than Jon";
else
    cout <<"John is not greater than Jon.\n";
```

6）重载>=和<=操作符

MyString 类对>=和<=操作符都提供了两个重载版本的函数。第一个版本是处理运算符右边是一个 MyString 对象，第二个版本处理运算符右边是一个传统的字符串。重

载函数内部都是调用库函数 strcmp()实现字符串的比较。

对于>=操作符函数,如果调用对象的 str 成员大于或等于右边操作数中的字符串,那么将返回 true,否则返回 false。对于<=操作符函数,如果调用对象的 str 成员小于或等于右边操作数中的字符串,那么将返回 true,否则返回 false。采用上述操作符函数,可以构造如下形式的关系表达式:

```
MyString namel("John") , name2("Jon");
if(namel >=name2)
    cout <<"John is greater than Jon.\n";
else
    cout <<"John is not greater than Jon.\n";
MyString namel("John");
if(namel <="Jon")
    cout <<"John is less than Jon.\n";
else
    cout <<"John is not greater than Jon.\n";
```

【例 4-10】 自定义一个 string 类,实现前面所讲的操作符重载。

该程序演示了 MyString 类+=操作符函数和关系操作符函数的运用,它不但比较了两个 MyString 类对象,而且还将 MyString 类对象和传统的字符串进行了比较。

```
#include <iostream>
using namespace std;
#include "mystring.h"
int main()
{
    MyString obj1("I "), obj2("love ");
    MyString obj3("China");
    MyString obj4 =obj1;                          //调用拷贝构造函数
    char str[] ="!";

    cout <<"对象 1: "<<obj1 <<endl;
    cout <<"对象 2: "<<obj2 <<endl;
    cout <<"对象 3: "<<obj3 <<endl;
    cout <<"对象 4: "<<obj4 <<endl;
    cout <<"字符数组: "<<str <<endl;
        //演示对象 +=操作
    obj1 +=obj2;
    obj1 +=obj3;
    obj1 +=str;
    cout <<"对象 1: "<<obj1 <<"\n\n";
        //演示关系运算
    if(obj1 ==str)
        cout <<obj1 <<" 等于字符数组 "<<str <<endl;
    else cout <<obj1 <<" 不等于字符数组 "<<str <<endl;
```

```
    if(obj3 =="China")
        cout <<obj3 <<" 等于 China\n";
    else
        cout <<obj3 <<" 不等于 China\n";
    if(obj1 >obj2)
        cout <<obj1 <<" 大于 "<<obj2 <<endl;
    else
        cout <<obj1 <<" 不大于 "<<obj2 <<endl;
    if(obj1 >=obj2)
        cout <<obj1 <<" 大于或等于 "<<obj2 <<endl;
    else
        cout <<obj1 <<" 小于 "<<obj2 <<endl;
    return 0;
}
```

【程序运行结果】

```
对象 1: I
对象 2: love
对象 3: China
对象 4: I
字符数组: !
对象 1: I love China!

I love China! 不等于字符数组!
China 等于 China
I love China! 不大于 love
I love China! 小于 love
```

4.6　对象组合

结构体支持嵌套，即在定义一个结构体类型时，可以嵌套结构体类型的变量。同样，C++ 的类也可以出现这种情况，即让某个类的对象作为另一个类中的数据成员出现，这就是对象组合。下面的 Customer 类将几个 MyString 实例和 Account 类的实例作为其成员出现，它属于对象组合。

customer.h 文件的内容：

```
#include "account.h"
#include "mystring.h"
class Customer
{
public:
    MyString name;          //MyString 类的对象作为 Customer 类的成员
    MyString address;
    MyString city;
```

```
    MyString state;
    MyString zip;
    Account savings;            //Account 类的对象作为 Customer 类的成员
    Account checking;
    Customer(char * n, char * a, char * c, char * s, char * z)
    {
        name =n; address =a; city =c; state =s; zip =z;
    }
};
```

Customer 类描述的信息包括：名字 name、街道地址 address、城市 city、省 state、邮政编码 zip、储蓄额 account 和账户 checking。

【例 4-11】 对象组合应用举例。将 Account 类、MyString 类和 Customer 类相综合，实现对象组合。

```
#include <iostream>
using namespace std;
#include "customer.h"
int main()
{
    Customer ZhangSan("ZhangSan","29YuDaoStreet", "Nanjing",
    "Jiangsu", "210016");

    ZhangSan.savings.makeDeposit(1000);
    ZhangSan.checking.makeDeposit(500);
    ZhangSan.savings.calcInterest();
    ZhangSan.checking.calcInterest();
    cout.precision(2);
    cout.setf(ios::showpoint | ios::fixed);
    cout <<"邮编: "<<ZhangSan.zip <<endl;
    cout <<"省: "<<ZhangSan.state <<endl;
    cout <<"城市: "<<ZhangSan.city <<endl;
    cout <<"街道地址: "<<ZhangSan.address <<endl;
    cout <<"客户名: "<<ZhangSan.name <<endl;
    cout <<"储蓄额: " <<ZhangSan.savings.getBalance() <<endl;
    cout <<"利息: " <<ZhangSan.savings.getInterest() <<endl;
    cout <<"结余: " <<ZhangSan.checking.getBalance() <<endl;
    cout <<"核算利息: " <<ZhangSan.checking.getInterest() <<endl;
    return 0;
}
```

【程序运行结果】

```
邮编: 210016
省: Jiangsu
城市: Nanjing
街道地址: YuDao Street 29
```

```
客户名：ZhangSan
储蓄额：1045.00
利息：45.00
结余：522.50
核算利息：22.50
```

【注意】 该示例比较大，涉及多个类，细心阅读，仔细理解，对掌握对象组合很有帮助。

思考与练习

1. 定义一个 NumDays 类，它的功能是将以小时(hour)为单位的工作时间，转换为天数(day)。例如，8 个小时转换为 1 天，12 小时转换为 1.5 天。该类的构造函数具有一个代表工作小时的参数，此外还有一些函数成员，实现小时和天的存储和检索。同时，该类还要重载下列一些操作符：

＋：加操作符。当两个 NumDays 对象相加时，重载后的＋操作符函数应当返回这两个对象的 hours 成员之和。

－：减操作符。当两个 NumDays 对象相减时，重载后的－操作符函数应当返回这两个对象的 hours 成员之差。

＋＋：前置增 1 操作符和后置增 1 操作符。这两个函数的功能是对 NumDays 对象的 hours 数据成员增 1。hours 增加以后，应当自动重新计算对应的天数。

－－：前置减 1 操作符和后置减 1 操作符。这两个函数的功能是对 NumDays 对象的 hours 数据成员减 1。hours 减 1 以后，应当自动重新计算对应的天数。

2. (假设你已经做完了习题 1)设计一个 TimeOff 类，用于计算雇员生病、休假和不支付报酬的时间。该类应当包含下面 NumDays 类型的成员：

maxSickDays：一个 NumDays 对象，用来记录雇员因生病可以不工作的最多天数。

sickTaken：一个 NumDays 对象，用来记录雇员因生病已经不工作的天数。

maxVacation：一个 NumDays 对象，用来记录雇员可以带薪休假的最多天数。

vacTaken：一个 NumDays 对象，用来记录雇员已经带薪休假的天数。

maxUnpaid：一个 NumDays 对象，用来记录在不支付薪水的情况下，雇员可以休假的最多天数。

unpaidTaken：一个 NumDays 对象，用来记录在不支付薪水的情况下，雇员已经休假的天数。

此外，该类还应当有一些用于存储雇员姓名和工号的数据成员，并提供适当的构造函数和成员函数，用于存储和检索上面成员对象的信息。

注：许多公司规定，雇员带薪休假累计不能超过 24 个小时，因此，maxVacation 对象存储的 hours 值不能大于这个数。

3. (假设你已经做完了习题 1 和习题 2) 采用习题 2 设计的 TimeOff 类，定义该类的一个对象。程序要求用户输入某雇员已经工作的月数(months)，然后采用 TimeOff 类对象计算并显示雇员因病休假和正常休假的最多天数。注：雇员每月可以有 12 小时的带薪休假和 8 小时的生病休假。

第5章 继承、多态和虚函数

继承是 C++ 的一个重要机制，使程序员可以在已有类的基础上创建新类。多态是指类中具有相似功能的不同函数采用同一个名称来实现，从而可以使用相同的调用方式来调用这些具有不同功能的同名函数。

本章的学习目标：

- 掌握类的继承方法。
- 理解为什么需要保护成员。
- 掌握类继承下的构造和析构方法。
- 掌握纯虚函数和抽象类的定义方法。
- 掌握基类的指针和引用。
- 理解多继承和多重继承区别及其对象的构造与析构过程。

5.1 继承

C++ 允许在当前类的基础上构造新类，这样，新类就继承了当前类的所有数据成员和函数成员(构造函数和析构函数除外)。继承是 OOP 程序设计中很重要的一个方面。继承易于扩充现有类以满足新的应用。通常将已有的类称为**父类**，也称为**基类**，将新产生的类称为**子类**，也称为**导出类**或**派生类**。

【注意】 导出类不做任何改变地继承了基类中的所有变量和函数(构造函数和析构函数除外)，并且还可以增加新的数据成员和函数，从而使导出类比基类更加特殊化。

例如，下面是一个学生成绩类 Grade，它有两个数据成员，一个用于存储分值成绩(如 80、90.5 等)，另一个用于存储字符成绩(如 A、B、C、D 等)。此外，还有一个函数成员用于将分值成绩转换为字符成绩。Grade 类的定义如下：

```
class Grade
{
private:
    char letter;                        //字符成绩
    float score;                        //分值成绩
public:
    void setScore(float);
    float getScore() { return score; }
    char getLetter() { return letter; }
};
void Grade :: setScore(float s)     //setScore 函数的定义
{
```

```
    score =s;
    if(score >89)
        letter ='A';
    else if(score >79)
        letter ='B';
    else if(score >69)
        letter ='C';
    else if(score >59)
        letter ='D';
    else
        letter =='F';
}
```

setScore 函数将分值成绩存储在数据成员 score 中，并且根据优、良、中、差的转换原则，将相应的字符'A'、'B'、'C'、'D'赋给变量 letter。

Test 类是 Grade 类的导出类，它定义有 3 个数据成员 numQuestions、pointsEach 和 numMissed，分别表示问题的个数、每个问题的分值和答错的题数。下面给出 Test 类的定义：

```
class Test : public Grade
{
private:
    int numQuestions;                    //问题个数
    float pointsEach;                    //每个问题的分值
    int numMissed;                       //答错的题数
public:
    Test(int, int);
};
```

注意 Test 类的第一行：

```
class Test: public Grade
```

该行指明了当前要声明的类是 Test，它的父类是 Grade，其中 public 是关键字，称为继承修饰符，它决定了能否在子类中访问基类中的成员（私有成员、保护成员和公有成员）。下一节将详细讨论访问修饰符，下面是 Test 类的构造函数：

```
    //参数：q 代表问题数，m 代表答错的题数
Test :: Test(int q, int m)
{
    float numericGrade;

    numQuestions =q;
    numMissed =m;
    pointsEach =100.0 / numQuestions;      //采用平均的方式计算问题的分值
    numericGrade =100.0 -numMissed * pointsEach;
    setScore(numericGrade);                //调用 setScore 函数
```

```
}
```

构造函数将参数 q(测试的问题数)和参数 m(答错的题数)分别赋给了 numQuestions 和 numMissed,然后计算出每个题目的分值。上述函数中的最后一个语句调用 Grade 类中定义的 setScore 函数。由于 Test 类是 Grade 类的子类,所以父类中的 setScore 也被继承到 Test 类中,成为 Test 类中的一个成员,这相当于调用该类自身定义的函数。图 5-1 描述了 Grade 类和 Test 类。

Grade类
私有成员: char letter; float score; void calculateGrade( );

公有成员:
void setScore(float);
float getScore( );
char getLetter( );

Test类
私有成员: int numQuestions float pointsEach int numMissed;
公有成员: Test(int , int);

图 5-1 Grade 类和 Test 类

当 Test 类继承 Grade 类,Test 类的可见成员如图 5-2 所示。

需要注意的是,在子类中不可直接访问基类中的私有成员,虽然这些私有成员也被子类继承了,但由于它们是基类中的私有成员,只有基类的函数成员才能访问它们。例如,Grade 类中的 letter、score 和函数 calculateGrade,在子类 Test 中都不可直接访问。

基类中的公有成员,如 setScore、getScore 和 getLetter,**在公有继承方式下,它们都变成了子类中的公有成员。**

Test类
私有成员: int numQuestions; float pointsEach; int numMissed;

公有成员:
Test(int , int);
void setScore(float);
float getScore( );
char getLetter( );

图 5-2 Test 类继承 Grade 类后的可见成员

【注意】 基类的访问修饰符直接影响子类从父类继承所得成员的特性,不同的访问修饰符对子类的影响也不同,下一节将详细讨论这一特性。

【例 5-1】 Grade 和 Test 的应用,继承举例。

Grade 类定义在 grade. h 文件中,它的函数成员定义在 grade. cpp 中;Test 类定义在 test. h 中,它的函数成员定义在 test. cpp 中。

grade. h 文件的内容:

```
#ifndef GRADE_H
#define GRADE_H
class Grade                    //Grade 类的声明
{
private:
```

```
    char letter;
    float score;
    void calculateGrade();
public:
    void setScore(float s){ score =s; calculateGrade(); }
    float getScore() { return score; }
    char getLetter() { return letter; }
};
#endif
```

grade.cpp 文件的内容：

```
#include "grade.h"
//定义函数成员 Grade :: calculateGrade
void Grade :: calculateGrade()
{
    if(score >89)
        letter ='A';
    else if(score >79)
        letter ='B';
    else if(score >69)
        letter ='C';
    else if(score >59)
        letter ='D';
    else
        letter ='F';
}
```

test.h 文件的内容：

```
#ifndef TEST_H
#define TEST_H
#include "grade.h"                //必须包含 Grade 类的声明
class Test : public Grade         //Test 类的声明
{
private:
    int numQuestions;
    float pointsEach;
    int numMissed;
public:
    Test(int, int);
};
#endif
```

test.cpp 文件的内容：

```
#include "test.h"
//Test 类的构造函数,参数 q 代表问题的个数,m 代表答错的题数
```

```
Test :: Test(int q , int m)
{
    float numericGrade;

    numQuestions =q;
    numMissed =m;
    pointsEach =100.0f / numQuestions;
    numericGrade =100.0f -numMissed * pointsEach;
    setScore(numericGrade);
}
```

主程序 5-1.cpp 文件的内容：

```
#include <iostream>
using namespace std;
#include "test.h"
int main()
{
    int questions, missed;
    cout <<"测试的问题个数？";
    cin >>questions;
    cout <<"答错的个数？";
    cin >>missed;

    Test exam(questions, missed);        //定义一个 test 类对象
    cout.precision(2);
    cout <<"成绩是：" <<exam.getScore() <<endl;
    cout <<"分数是：" <<exam.getLetter() <<endl;
    return 0;
}
```

【程序运行结果】

```
测试的问题个数？20 [ Enter ]
答错的个数？3 [ Enter ]
成绩是：85
分数是：B
```

【程序解析】 在主函数 main 中，子类对象 exam 直接调用了基类 Grade 中的公有函数成员：

```
cout <<"The score is" <<exam.getScore() <<endl;
cout <<"The grade is" <<exam.getLetter() <<endl;
```

这是因为 Test 类中的公有成员在被继承以后，在子类中仍然是公有的，它们可以和子类中的公有成员一样被访问。但反过来是错误的，基类对象或基类中的某个函数成员不能调用子类中的函数成员。例如，下面这个示例在编译时就会出现错误，因为基类 BadBase 的构造函数调用了子类中定义的函数：

```
class BadBase
{
private:
    int x;
public:
    BadBase(){ x =getVal(); }        //本行有错,不能调用子类的 getVal 函数
};
class Derived : public BadBase
{
private:
    int y;
public:
    Derived(int z){ y =z; }
    int getVal(){ return y; }        //这是子类定义的一个公有函数
};
```

5.2　保护成员和类的访问

迄今为止,已经用过了两个访问修饰符: private 和 public。C++ 提供的第三个访问修饰符是 protected。**基类中的保护成员和私有成员比较类似,唯一的区别是:子类不可访问基类中的私有成员,但可访问基类中的保护成员**。但对于程序的其他部分,保护成员仍然是不可访问的,与私有成员的特性类似。

【注意】 在公有继承或保护继承的情况下,子类能访问基类的 protected 成员。

【例 5-2】 修改例 5-1,检验继承中的保护成员。

将 Grade 类的私有成员修改为保护成员,并且在 Test 类中增加了一个新的函数成员 adjustScore,该函数能直接访问 score 变量,并且调用了 calculateGrade 函数,它的功能是判断 score 变量的小数部分是否大于或等于 0.5,如果成立就对 score 进行四舍五入处理。

grade2.h 文件的内容:

```
#ifndef GRADE2_H
#define GRADE2_H
class Grade
{
protected:
    char letter;
    float score;
    void calculateGrade();
public:
    void setScore(float s){ score =s; calculateGrade(); }
    float getScore(){ return score; }
    char getLetter(){ return letter; }
};
#endif
```

grade2.cpp 文件的内容：

```
#include "grade2.h"
//定义函数成员 Grade :: calculateGrade
void Grade :: calculateGrade()
{
    if(score >89)
        letter ='A';
    else if(score >79)
        letter ='B';
    else if(score >69)
        letter ='C';
    else if(score >59)
        letter ='D';
    else
        letter ='F';
}
```

test2.h 文件的内容：

```
#ifndef TEST2_H
#define TEST2_H
#include "grade2.h"
class Test : public Grade                          //Test 类的声明
{
private:
    int numQuestions;
    float pointsEach;
    int numMissed;
public:
    Test(int, int);
    void adjustScore();
};
#endif
```

test2.cpp 文件的内容：

```
#include "test2.h"
//Test 类的构造函数,参数 q 代表问题数,m 代表答错的题数
Test :: Test(int q, int m)
{
    float numericGrade;

    numQuestions =q;
    numMissed =m;
    pointsEach =100.0f / numQuestions;
    numericGrade =100.0f -numMissed * pointsEach;
```

```
    setScore(numericGrade);
}
//adjustScore 函数对 score 变量进行四舍五入处理,并重新计算 letter 的值
void Test :: adjustScore()
{
    if((score - int(score)) >=0.5f)
    {
        score=(int)(score +0.5);
        calculateGrade();                    //重新计算 letter 的值
    }
}
```

主程序 5-2. cpp 文件的内容：

```
#include <iostream>
using namespace std;
#include "test2.h"
int main()
{
    int questions, missed;

    cout <<"测试的问题个数？";
    cin >>questions;
    cout <<"答错的个数？";
    cin >>missed;
    Test exam(questions, missed);            //定义一个 Test 类对象
    cout.precision(2);
    cout.setf(ios :: fixed);
    cout <<"调整前的分数："<<exam.getScore() <<endl;
    cout <<"调整前的分值："<<exam.getLetter() <<endl;
    exam. adjustScore();
    cout <<"调整后的分数："<<exam.getScore() <<endl;
    cout <<"调整后的分值："<<exam.getLetter() <<endl;
    return 0;
}
```

【程序运行结果】

```
测试的问题个数？29 [Enter]
答错的个数？3
调整前的分数：89.66
调整前的分值：A
调整后的分数：90.00
调整后的分值：A
```

【程序解析】 请注意 Test 类定义的第一行：

```
class Test : public Grade
```

从定义可见，Test 类公有继承了 Grade 类。**继承修饰符可以是 public、private 或 protected，它规定了子类对象能否访问基类中定义的成员。**表 5-1 总结了在不同继承修饰符的情况下，基类成员在子类中的表现。

表 5-1　不同基类修饰符下，基类成员在子类中的表现

继承基类的方式	基类成员在子类中的表现
private	(1) 基类的私有成员在子类中不可访问； (2) 基类的保护成员变成了子类中的私有成员； (3) 基类的公有成员变成了子类中的私有成员
protected	(1) 基类的私有成员在子类中不可访问； (2) 基类的保护成员变成了子类中的保护成员； (3) 基类的公有成员变成了子类中的保护成员
public	(1) 基类的私有成员在子类中不可访问； (2) 基类的保护成员变成了子类中的保护成员； (3) 基类的公有成员变成了子类中的公有成员

从表 5-1 可以看出，继承修饰符对基类成员在子类中的出现具有很大的影响。如果将基类的继承修饰符看作一个过滤器，那么当子类继承基类时，基类的成员必须通过这个过滤器才能成为子类中的一个"有效"成员，如图 5-3 所示。

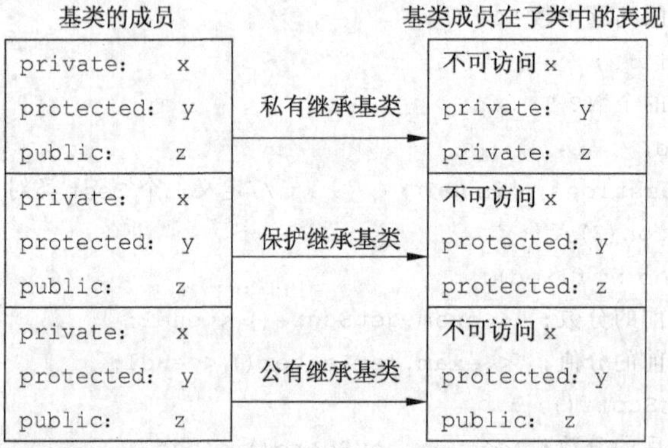

基类的成员		基类成员在子类中的表现
private: x protected: y public: z	私有继承基类	不可访问 x private: y private: z
private: x protected: y public: z	保护继承基类	不可访问 x protected: y protected: z
private: x protected: y public: z	公有继承基类	不可访问 x protected: y public: z

图 5-3　不同的继承方式对基类成员的影响

如果省略了继承修饰符，那么就是私有继承。下面就是对 Grade 类的私有继承：

```
class Test: Grade
```

【注意】　不要将继承修饰符与成员的访问修饰符相混淆，成员访问修饰符是规定类外语句能否访问类中的成员，而继承修饰符是为了限定基类成员在子类中的表现。

5.3　构造函数和析构函数

当基类和子类都有构造函数时，如果定义一个子类对象，那么首先要调用基类的构造函数，然后再调用子类的构造函数；析构函数的调用次序与此相反，即先调用子类的析构函数，然后再调用基类的析构函数。

5.3.1 缺省构造函数和析构函数的调用

【例 5-3】 检验继承类中的构造函数和析构函数。

DerivedDemo 类是 BaseDemo 的子类。每个类都有一个默认的构造函数和析构函数，并且都有信息输出，验证它们的调用顺序。

```
//验证基类和子类的构造函数和析构函数的调用顺序
#include <iostream>
using namespace std;
class BaseDemo                              //BaseDemo 类
{
public:
    BaseDemo()                              //构造函数
    {
        cout <<"调用基类 BaseDemo 的构造函数 \n";
    }
    ~BaseDemo()                             //析构函数
    {
        cout <<"调用基类 BaseDemo 的析构函数 \n";
    }
};

class DerivedDemo : public BaseDemo
{
public:
    DerivedDemo()                           //构造函数
    {
        cout <<"调用子类 DerivedDemo 的构造函数 \n";
    }
    ~DerivedDemo()                          //析构函数
    {
        cout <<"调用子类 DerivedDemo 的析构函数 \n";
    }
};

int main()
{
    cout <<"下面定义一个 DerivedDemo 类对象 \n";
    DerivedDemo object;                     //定义一个对象
    cout <<"\n 下面将要结束程序 \n";
    return 0;
}
```

【程序运行结果】

```
下面定义一个 DerivedDemo 类对象
```

```
调用基类 BaseDemo 的构造函数
调用子类 DerivedDemo 的构造函数

下面将要结束程序
调用子类 DerivedDemo 的析构函数
调用基类 BaseDemo 的析构函数
```

【程序解析】 从程序运行结果可以看出，在调用构造函数时，是先调用基类的构造函数，然后再调用子类的构造函数；而在调用析构函数时，是先调用子类的析构函数，然后再调用基类的析构函数。

5.3.2 向基类的构造函数传参数

在例 5-3 中，基类和子类都使用了默认（缺省）的构造函数，它们的调用是自动完成的，这是一种隐式调用。但是，如果基类的构造函数带有参数，那么该如何调用呢？如果基类有多个构造函数，又该如何调用呢？

答案是**让子类的构造函数显式调用基类的构造函数，并且向基类构造函数传递适当的参数**。例如，下面是一个矩形类的定义：

Rect.h 文件的内容：

```
#ifndef RECT_H
#define RECT_H
class Rectangle                              //Rectangle 类的声明
{
protected:
    float width, length, area;
public:
    Rectangle(){ width =length =area =0.0; }
    Rectangle(float, float);
    float getArea(){ return area; }
    float getLen(){ return length; }
    float getWidth(){ return width; }
};
#endif
```

矩形类 Rectangle 能存储矩形的长、宽和面积等信息。该类具有两个构造函数，第一构造函数无参数，它是一个默认的构造函数，仅仅实现对数据成员 width、length 和 area 赋值为 0；第二构造函数具有两个 float 类型的参数，它的定义如下：

rect.cpp 文件的内容：

```
#include "rect.h"
    //Rectangle 类的构造函数
Rectangle :: Rectangle(float w, float l)
{
    width =w;
    length =l;
```

```
    area =width * length;
}
```

下面的方体类 Cube 继承了上述的 Rectangle 类。

cube.h 文件的内容：

```
#ifndef CUBE_H
#define CUBE_H
#include "rect.h"
class Cube : public Rectangle                        //Cube 类的声明
{
protected:
    float height;
    float volume;
public:
    Cube(float, float, float);
    float getHeight(){ return height; }
    float getVol(){ return volume; }
};
#endif
```

Cube 类对象可以用于存储方体的信息，它不仅具有长和宽，而且还具有高和体积，因此它的构造函数应当有 3 个参数，定义如下。

cube.cpp 文件的内容：

```
#include "cube.h"
//Cube 类的构造函数
Cube::Cube(float wide, float length, float high):Rectangle(wide, length)
{
    height =high;
    volume =area * high;
}
```

请注意上述构造函数的首行，在构造函数 Cube 参数列表的后面是一个冒号，后面是对基类构造函数的调用，描述如下：

```
Cube :: Cube ( float wide, float length, float high) : Rectangle (wide, length)
          ↑                                                      ↑
      子类构造函数                                          调用基类的构造函数
```

子类构造函数调用基类构造函数的一般形式是：

<子类名>::<子类名>(参数列表)：<父类名>(参数列表)

采用上述方式，不仅将子类构造函数的一些参数传递给了基类的构造函数，而且还确定了在基类具有多个构造函数的情况下，到底需要调用基类的哪个构造函数。

【注意】 在上述示例中，对基类构造函数的调用出现在子类构造函数的定义中，而在定义子类 Cube 时，并没有出现。如果子类的构造函数定义在类的声明中，即子类构造函数作为内联形式出现，那么对基类构造函数的调用也应当出现在子类的定义中。

无论构造函数是否有参数，基类构造函数仍然是在子类构造函数执行之前执行。在上述示例中，Cube 构造函数具有 wide、length 和 high 3 个参数，其中 wide 和 length 传递给了 Rectangle 的构造函数。Rectangle 的构造函数执行结束以后，将调用 Cube 的构造函数。

传递给子类构造函数的参数都可以传递给基类的构造函数。

【例 5-4】 通过 Rectangle 和 Cube 类掌握构造函数中的参数传递。

主程序 5-4.cpp 文件的内容：

```
#include <iostream>
using namespace std;
#include "cube.h"
int main()
{
    float cubeWide, cubeLong, cubeHigh;

    cout <<"输入方体的参数：\n";
    cout <<"宽：";
    cin >>cubeWide;
    cout <<"长：";
    cin >>cubeLong;
    cout <<"高：";
    cin >>cubeHigh;
        //注意：子类构造函数向基类构造函数传递参数
    Cube box(cubeWide, cubeLong, cubeHigh);
    cout <<"方体参数如下：\n";
    cout <<"宽：" <<box.getWidth() <<endl;
    cout <<"长：" <<box.getLen() <<endl;
    cout <<"高：" <<box.getHeight() <<endl;
    cout <<"面积：" <<box.getArea() <<endl;
    cout <<"体积：" <<box.getVol() <<endl;
    return 0;
}
```

【程序运行结果】

```
输入方体的参数：
宽：10 [Enter]
长：15 [Enter]
高：12 [Enter]
方体参数如下：
宽：10
长：15
高：12
面积：150
体积：1800
```

【注意】 如果基类没有缺省形式的构造函数，那么子类必须至少具有一个带参的构造函数，以向基类构造函数传递参数。

5.4 覆盖基类的函数成员

在编程中经常使用继承，以扩展子类的功能。请考虑如下MileDist类的定义。

miledist.h文件的内容：

```
#ifndef MILEDIST_H
#define MILEDIST_H
class MileDist                          //MileDist类的声明
{
protected:                              //注意此处
    float miles;
public:
    void setDist(float d){ miles =d; }
    float getDist(){ return miles; }
};
#endif
```

上述类用于处理以英里为单位的距离，其中setDist函数是将参数d赋给miles变量，getDist函数返回miles的值。为了实现英里和英尺之间的转换，采用下面的FeetDist类扩展mileDist类。

FeetDist.h文件的内容：

```
#ifndef FEETDIST_H
#define FEETDIST_H
#include "miledist.h"
class FeetDist : public MileDist                //FeetDist类的声明
{
protected:
    float feet;
public:
    void setDist(float);
    float getDist(){ return feet; }
    float getMiles(){ return miles; }
};
#endif
```

子类FeetDist也有两个函数成员setDist和getDist，并且它们的返回值类型、函数形参的个数与类型与父类中的相应函数都相同。那么就说在此情况下，子类函数覆盖了基类中的相应函数。

【注意】 覆盖(overriding)与重载(overloading)是两个不同的概念，重载的特点是：

(1) 重载表现为有多个函数，它们的名字相同，但参数不全相同，编译器通过实参类型来区别到底该调用哪个函数。

(2) 重载可以出现在同一个类中,例如一个类中定义有多个名称相同的函数。

(3) 重载也可以出现在具有继承关系的父类与子类中,例如子类中定义的某个函数与其父类中定义的某个函数名称相同,但参数的个数或类型不全相同。

(4) 重载也可以表现为外部函数的形式。

覆盖的特点是:

(1) 覆盖一定出现在具有继承关系的基类和子类之间。

(2) 覆盖除了要求函数名完全相同,还要求相应的参数个数和类型也完全相同。

(3) 当进行函数调用时,子类对象所调用的是子类中定义的函数。

(4) 覆盖是C++多态性的部分体现。

下面继续研究FeetDist类,首先分析函数setDist的定义。

FeetDist.cpp文件的内容:

```
#include "FeetDist.h"
void FeetDist :: setDist(float ft)
{
    feet =ft;
    MileDist :: setDist(feet / 5280);          //调用基类的 setDist 函数
}
```

上述函数具有一个参数,并将其存储到数据成员feet中(这个值是以英尺为单位)。为了实现由英尺向英里的转换,就将feet变量的值除以5280,并把运算结果传递给基类的函数setDist。注意,在函数调用中使用了作用域分辨符"::",这是因为当前的子类函数与基类函数同名,通过作用域分辨符指明要调用的是基类中setDist函数;如果不使用作用域分辨符,那么该函数将调用自身,即递归调用。作用域分辨符的使用方式如下:

<base class name>::<function name>(argument list);

既然FeetDist类的getDist函数覆盖了MileDist类中的getDist函数,那么它也提供了第三个函数成员getMiles,该函数返回MileDist类中的数据成员miles的值。

【例5-5】 通过FeetDist和MileDist类,理解覆盖和重载。

主程序5-5.cpp文件的内容:

```
#include <iostream>
using namespace std;
#include "FeetDist.h"
int main()
{
    FeetDist feet;
    float ft;
    cout <<"请输入以英尺为单位的距离: ";
    cin >>ft;
    feet.setDist(ft);
    cout.precision(1);
    cout.setf(ios :: fixed);
```

```
    cout <<feet.getDist() <<" 英尺等于 ";
    cout <<feet.getMiles() <<" 英里\n";
    return 0;
}
```

【程序运行结果】

```
请输入以英尺为单位的距离: 12600 [Enter]
12600 英尺等于 2.4 英里
```

要注意的是，尽管子类中的函数可以覆盖基类中的函数，但一个基类对象仍然可以调用这个函数，不要将“覆盖”误解为“基类中那个同名函数被盖掉了，已经不存在了”。

【例 5-6】 覆盖中的误解举例。

```
//当子类函数覆盖基类函数时，基类对象调用的仍然是基类中的函数
#include <iostream>
using namespace std;
class Base
{
public:
    void showMsg(){ cout <<"This is the Base class .\n"; }
};
class Derived : public Base
{
public:
    void showMsg(){ cout <<"This is the Derived class .\n"; }
};
int main()
{
    Base b;
    Derived d;

    b.showMsg();
    d.showMsg();
    return 0;
}
```

【程序运行结果】

```
This is the Base class.
This is the Derived class.
```

【程序解析】 在上述程序中，基类 Base 定义有一个函数 showMsg，子类 Derived 覆盖了该函数。在 main 函数中分别定义了两个对象 b 和 d，其中 b 是 Base 类的对象，d 是 Derived 类的对象。当 b 调用 showMsg 函数时，它所使用的是 Base 类的函数，当 d 调用 showMsg 时，它所使用的是 Derived 类的函数。

5.5 虚函数

函数覆盖体现了一定的多态性。但简单的函数覆盖并不能称为真正的多态性。例如，将 MileDist 类修改如下。

miledist2. h 文件的内容：

```
#ifndef MILEDIS2_H
#define MILEDIS2_H
class MileDist                                          //MileDist 类的声明
{
protected:
    float miles;
public:
    void setDist(float d){ miles =d; }
    float getDist(){ return miles; }
    float square(){ return getDist() * getDist(); }  //新增加的函数
};
#endif
```

上述类有一个新的函数成员 square,它返回的是 getDist 函数返回值的平方。如果一个 FeetDist 对象调用该函数,那么会出现什么结果呢？请分析例 5-7。

【例 5-7】 错误的函数覆盖。

FeetDist2. h 文件的内容：

```
#ifndef FEETDIST2_H
#define FEETDIST2_H
#include "miledis2.h"
class FeetDist: public MileDist                          //FeetDist 类的声明
{
protected:
    float feet;
public:
    void setDist(float);
    float getDist(){ return feet; }
    float getMiles(){ return miles; }                  //覆盖了父类中的函数
};
#endif
```

FeetDist2. cpp 文件的内容：

```
#include "FeetDist2.h"
void FeetDist :: setDist(float ft)
{
    feet =ft;
    MileDist :: setDist(feet / 5280);
```

```
}
```

主程序 5-7.cpp 文件的内容：

```
//该程序验证了函数覆盖不正确的一面
#include <iostream>
using namespace std;
#include "FeetDist2.h"
int main()
{
    FeetDist feet;
    float ft;

    cout <<"请输入以英尺为单位的距离：";
    cin >>ft;
    feet.setDist(ft);
    cout.precision(1);
    cout.setf(ios :: fixed);
    cout <<feet.getDist() <<" 英尺等于 ";
    cout <<feet.getMiles() <<" 英里\n";
    cout <<feet.getDist() <<" 英尺的平方等于 ";
    cout <<feet.square() <<" \n";
    return 0;
}
```

【程序运行结果】

```
请输入以英尺为单位的距离：12600 [Enter]
12600 英尺等于 2.4 英里
12600 英尺的平方等于 5.7
```

【程序解析】 显然，12 600 的平方值不是 5.7，上述程序并没有正确地计算出 feet 的平方值。错误的原因是，square 函数对 getDist 函数的调用不正确。由于 square 函数属于 MileDist 类，那么它就调用 MileDist 类中的 getDist 那个函数，而不会去调用子类中的 getDist 函数。MileDist 类的 getDist 函数返回的是 miles，而不是子类中的 feet，所以结果就不正确。

上述错误结果的根本原因是 **C++ 编译器在默认情况下，对函数成员的调用实施的是静态连编(static binding，也称静态绑定)**。在函数覆盖的情况下，在基类中调用函数 getDist，实际上所调用的将是基类中的 getDist 函数，而不是子类中的 getDist 函数。

为了解决上述问题，可以将 getDist 设置为虚函数。**虚函数也是一个函数成员，唯一要求的是在子类中一定要覆盖它。对于虚函数，编译器完成的是动态连编(dynamic binding，也称动态绑定)，即对函数的调用是在运行时确定的**。声明虚函数的方法很简单，只需要将 virtual 关键字放在函数类型之前，例如：

```
virtual float getDist()
{
```

```
    return miles;
}
```

上述声明是告诉编译器，子类要覆盖 getDist 函数，不要对该函数调用进行静态绑定。

【例 5-8】 动态连编举例。在例 5-7 的基础上，修改 getDist 函数为虚函数。

miledist3.h 文件的内容：

```
#ifndef MILEDIS3_H
#define MILEDIS3_H
class MileDist                                  //MileDist 类的声明
{
protected:
    float miles;
public:
    void setDist(float d){ miles =d; }
    virtual float getDist(){ return miles; }   //虚函数
    float square(){ return getDist() * getDist(); }
};
#endif
```

FeetDist3.h 文件的内容：

```
#ifndef FEETDIST3_H
#define FEETDIST3_H
#include "miledis3.h"
class FeetDist : public MileDist                //FeetDist 类的声明
{
protected:
    float feet;
public:
    void setDist(float);
    virtual float getDist(){ return feet; }    //覆盖父类中的虚函数
    float getMiles(){ return miles; }
};
#endif
```

FeetDist3.cpp 文件的内容：

```
#include "FeetDist3.h"
void FeetDist :: setDist(float ft)
{
    feet =ft;
    MileDist :: setDist(feet / 5280);          //调用基类中的 setDist 函数
}
```

主程序 5-8.cpp 文件的内容：

```
#include <iostream>
```

```
using namespace std;
#include <iomanip>
#include "FeetDist3.h"
int main()
{
    FeetDist feet;
    float ft;

    cout <<"请输入以英尺为单位的距离: ";
    cin >>ft;
    feet.setDist(ft);
    cout.precision(1);
    cout.setf(ios :: fixed);
    cout <<feet.getDist() <<" 英尺等于 ";
    cout <<feet.getMiles() <<" 英里\n";
    cout <<feet.getDist() <<" 英尺的平方等于 ";
    cout <<feet.square() <<" \n";
    return 0;
}
```

【程序运行结果】

```
请输入以英尺为单位的距离: 12600 [Enter]
12600 英尺等于 2.4 英里
12600 英尺的平方等于 158760000
```

【注意】 覆盖和重载不能体现真正的多态性,只有虚函数才是多态性的表现。一个程序设计语言,如果不支持多态性,那么就不能称为面向对象的语言,只能称为对象式语言,早期的 Ada 83 就属于对象式语言,而 C++、Java 和 Ada 95 等才是面向对象的语言。

5.6　纯虚函数和抽象类

纯虚函数是在基类中声明的虚函数,在声明它的基类中没有给出函数体,要求继承基类的子类必须覆盖该虚函数。带有纯虚函数的类称为抽象类,抽象类处于类层次的上层,不能定义抽象类的对象,只能通过继承机制,生成抽象类的非抽象子类,然后再定义对象。

5.6.1　纯虚函数

纯虚函数是一个函数成员,是一个在基类中说明的虚函数,并且没有具体的函数代码,各派生类可以根据自己的需要,分别覆盖它,从而实现真正意义上的多态性。纯虚函数的声明格式为:

```
virtual  函数返回值类型  函数名(形参表)=0;
```

基类不需要给出纯虚函数的实现代码,而由派生类给出。如果一个类具有一个或多个纯虚函数,那么它就是一个抽象类。例如,下面的函数成员 showInfo 就是一个纯虚函数:

```
virtual void showInfo()=0;
```

基类中的纯虚函数没有函数体，或者说没有对其进行定义，必须在子类中覆盖它。

5.6.2 抽象类

带有纯虚函数的类称为抽象类，它位于类层次的上层，不能定义抽象类的对象。

【例 5-9】 抽象类应用举例。

例如，定义一个抽象类 Student，它具有所有学生的一般信息，但它不具有每个学生都需要的特性：专业。

student. h 文件的内容：

```
#ifndef STUDENT_H
#define STUDENT_H
#include <string.h>
class Student                          //该类是一个抽象类,它包含有纯虚函数
{
protected:
    char name[51];                     //姓名
    char id[21];                       //学号
    int yearAdmitted;                  //入学年份
    int hoursCompleted;                //已修学时数
public:
    Student(){ name[0] =id[0] =yearAdmitted =hoursCompleted =0; }
    void setName(char * n){ strcpy(name, n); }
    void setID(char * i){ strcpy(id, i); }
    void setYearAdmitted(int y){ yearAdmitted =y; }
    virtual void setHours() =0;        //纯虚函数
    virtual void showInfo() =0;        //纯虚函数
};
#endif
```

上述 Student 类包含学生名 name、学号 id、入学时间 yearAdmitted 和已经修完的学时数 hoursCompleted。同时，该类还提供一些辅助函数，并声明了纯虚函数 setHours 和 showInfo。

在 Student 类的子类中，必须覆盖这两个纯虚函数。设置这两个函数的目的就是让 Student 类作为其他类的基类。例如，计算机科学专业的学生类 CsStudent 和生物专业的学生类 BiologyStudent，都能作为其子类。

CsStudent 类学生所学的课程与 BiologyStudent 类学生所学的课程，肯定属于不同的学科，他们的学时要求也不相同，并且每个类显示信息的方法还应当不同，下面是 CsStudent 类的定义。

csstudent. h 文件的内容：

```
#ifndef CSSTUDENT_H
#define CSSTUDENT_H
```

```
#include "student.h"
class CsStudent : public Student
{
private:
    int mathHours;                          //数学课程学时
    int csHours;                            //计算机科学课程学时
    int genEdHours;                         //普通课程学时
public:
    void setMathHours(int mh){ mathHours =mh; }
    void setCsHours(int csh){ csHours =csh; }
    void setGenEdHours(int geh){ genEdHours =geh; }
          //下面两个函数不是纯虚函数
    void setHours(){ hoursCompleted =genEdHours+mathHours+csHours;}
    void showInfo();                        //该函数定义在 csstudent.cpp 文件中
};
#endif
```

csstudent.cpp 文件的内容：

```
#include <iostream>
using namespace std;
#include "csstudent.h"
void CsStudent :: showInfo()
{
    cout <<"姓名：" <<name <<endl;
    cout <<"学号：" <<id <<endl;
    cout <<"入学年份：" <<yearAdmitted <<endl;
    cout <<"修完的学时数：\n";
    cout <<"\t 普通课程学时：" <<genEdHours <<endl;
    cout <<"\t 数学学时：" <<mathHours <<endl;
    cout <<"\t 计算机科学学时：" <<csHours <<endl;
    cout <<"\t 已修总学时：" <<hoursCompleted <<endl;
}
```

上面的 CsStudent 类是 Student 类的子类，它具有自己的数据成员和函数。此外，它还覆盖了基类中的 setHours 和 showInfo 函数。

主程序 5-9.cpp 文件的内容：

```
#include <iostream>
using namespace std;
#include "csstudent.h"
int main()
{
    CsStudent student1;
    char chInput[51];                       //输入字符串的缓冲区
    int intInput;                           //输入整数的临时变量
```

```
    cout <<"输入关于学生的下列信息: \n";
    cout <<"姓名: ";
    cin.getline(chInput, 51);
    student1.setName(chInput);              //设置学生的姓名
    cout <<"学号: ";
    cin.getline(chInput, 21);
    student1.setID(chInput);                //设置学生的 id 号
    cout <<"入学年份: ";
    cin >>intInput;
    student1.setYearAdmitted(intInput);//设置入学时间
    cout <<"已修完普通教育的学时数: ";
    cin >>intInput;
    student1.setGenEdHours(intInput);  //设置已经修完普通教育的学时数
    cout <<"已修完数学课程的学时数: ";
    cin >>intInput;
    student1.setMathHours(intInput);   //设置已经修完数学课程的学时数
    cout <<"已修完计算机科学课程的学时数: ";
    cin >>intInput;
    student1.setCsHours(intInput);     //设置已经修完计算机科学课程的学时数
    student1.setHours();                    //计算已经修完的总学时数
    cout <<"\n 学生信息如下\n";
    student1.showInfo();                    //显示学生的信息
    return 0;
}
```

【程序运行结果】

```
输入关于学生的下列信息:
姓名: ZhangSan [ Enter ]
学号: 0404031101 [ Enter ]
入学年份: 2004 [ Enter ]
已修完普通教育的学时数: 60 [ Enter ]
已修完数学课程的学时数: 100 [ Enter ]
已修完计算机科学课程的学时数: 90 [ Enter ]

学生信息如下
姓名: ZhangSan
学号: 0404031101
入学年份: 2004
修完的学时数:
普通课程学时: 60
数学学时: 100
计算机科学学时: 90
已修总学时: 250
```

【注意】 对于抽象类和纯虚函数要注意如下要点:

(1) 如果一个类包含有纯虚函数,那么它就是抽象类,必须让其他类继承它。

(2) 基类中的纯虚函数没有代码。

(3) 不能定义抽象类的对象,即抽象基类不能实例化。

(4) 必须在子类中覆盖基类中的纯虚函数。

5.6.3 指向基类的指针

指向基类对象的指针可以指向其子类的对象,当基类指针指向子类对象时,采用该指针所访问的仍然是基类中的成员。这种类型的指针具有如下特性:

(1) 指向基类对象的指针可以指向其子类的对象。

(2) 如果子类覆盖了基类中的成员(函数成员或变量),但通过基类指针所访问的成员仍是基类的成员,而不是子类成员。

【例 5-10】 指向基类对象的指针应用举例。

```
#include <iostream>
using namespace std;
class Base
{
public:
    void show() { cout << "基类的函数成员 show()\n"; }
};
class Derived : public Base
{
public:
    void show() { cout << "子类的函数成员 show()\n"; }
};

int main()
{
    Base * bptr;
    Derived dobject;

    bptr =&dobject;
    bptr->show();      //采用基类指针调用函数,仍将访问基类中的函数
    return 0;
}
```

【程序运行结果】

```
基类的函数成员 show()
```

【程序解析】 dobject是子类对象,即Derived类的对象。指向基类对象的指针bptr可以指向dobject对象。但是,当采用bptr调用show函数时,指针将忽略dobject对象自己的show函数,而是直接调用Base类中的show函数。

这种行为可以采用虚函数来修正,如果将Base类中的show函数声明为虚函数,那么

bptr 所调用的将是子类中的 show 函数，请读者试一试。

5.7 多重继承

有时希望建立一种继承链，如图 5-4 所示。在此情况下，继承链可以由若干层次的类构成。

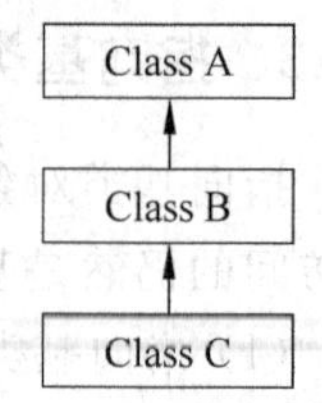

图 5-4 多重继承

在图 5-4 中，类 C 继承了 B 的所有成员，包括 B 从 A 继承所得的成员。当然继承修饰符将限制能否在子类访问基类的成员，这个原则是不会改变的。

【例 5-11】 多重继承应用举例。

下面通过创建继承链实现多重继承，其中 InchDist 类是 5.5 节分析过的 FeetDist 类的子类。

【注意】 该程序中类的继承关系是：InchDist 类公有继承 FeetDist，而 FeetDist 类又公有继承了 MileDist 类。明白这一点，对理解程序很有帮助。

inchdist.h 文件的内容：

```
#ifndef INCHDIST_H
#define INCHDIST_H
#include "FeetDist3.h"                    //FeetDist类的定义在例 5-8 中
class InchDist : public FeetDist          //声明 InchDist类
{
protected:
    float inches;
public:
    void setDist(float);
    float getDist(){ return inches; }
    float getFeet(){ return feet; }
};
#endif
```

当定义 FeetDist 类时，它有一个保护成员 inches。既然 FeetDist 类公有地继承了 InchDist 类(继承修饰符是 public)，那么 FeetDist 类的所有保护成员和公有成员，将原样不变地成为 InchDist 子类的成员，即 InchDist 类的保护成员在 FeetDist 类中还是保护成员，InchDist 类的公有成员在 FeetDist 类中还是公有成员。表 5-2 给出了 InchDist 类的所有成员。

表 5-2 InchDist 类的所有成员

修饰符	成员名	对该成员的解释
protected	Miles	InchDist 从 FeetDist 类继承所得的一个数据成员，该变量实际上是 FeetDist 从 MileDist 类继承所得(多重继承的表现)
protected	Feet	InchDist 从 FeetDist 类继承所得的一个数据成员
protected	inches	InchDist 类自身所定义的一个数据成员

续表

修饰符	成员名	对该成员的解释
public	setDist	InchDist 类定义的一个函数成员，该函数覆盖了基类中的 setDist 函数
public	getDist	InchDist 类定义的一个函数成员，该函数覆盖了基类中的 getDist 函数
public	getFeet	InchDist 从 FeetDist 类继承所得的一个函数成员
public	getMiles	InchDist 从 FeetDist 类继承所得的一个函数成员，该函数实际上是 FeetDist 从 MileDist 类继承所得(多重继承的表现)

InchDist 类也有函数成员 setDist 和 getDist，设置它们的目的是为了处理 inches 成员，其定义如下。

inchdist.cpp 文件的内容：

```
#include "inchdist.h"
    //InchDist 类的函数成员 setDist
void InchDist :: setDist(float in)
{
    inches =in;
    FeetDist :: setDist(inches / 12);           //调用基类的函数
}
```

如果某个 InchDist 类的对象调用 InchDist :: setDist 函数，将引起一个连锁调用，即调用 FeetDist::setDist 和 MileDist。例 5-11 验证了这一点。为了节省篇幅，miledist.h、FeetDist.h 和 FeetDist.cpp 3 个文件在此不再给出，请参考前面的 5.5 节。

主程序 5-11.cpp 文件的内容：

```
    //本程序验证了多重继承
#include <iostream>
using namespace std;
#include <iomanip>
#include "inchdist.h"
int main()
{
    InchDist inch;
    float in;

    cout <<"输入的距离英寸表示：";
    cin >>in;
    inch.setDist(in);
    cout.precision(1);
    cout.setf(ios :: fixed);
    cout <<inch.getDist() <<" 英寸等于 ";
    cout <<inch.getFeet() <<" 英尺.\n";
    cout <<inch.getDist() <<" 英寸等于 ";
    cout <<inch.getMiles() <<" 英里\n";
```

```
    return 0;
}
```

【程序运行结果】

```
输入的距离英寸表示：115900 [Enter]
115900 英寸等于 9658.3 英尺.
115900 英寸等于 1.8 英里
```

5.8 多继承

如果一个子类具有两个或多个直接父类，那么就称为多继承。

上一节讲述了类之间的多重继承，它们之间的继承关系构成了一个继承链。在整个继承链中，最下层的子类只有一个直接父类和多个间接父类。继承关系的另外一种方式是多继承，在此情况下，**一个类有两个或多个父类**，其显著的特征如图 5-5 所示。

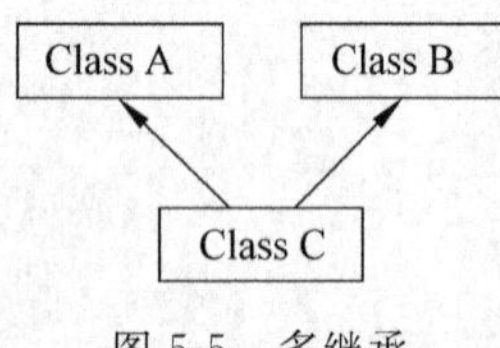

图 5-5 多继承

在图 5-5 中，类 C 是从类 A 和类 B 共同导出的，因此它就继承了 A 和 B 的所有成员，而 A 和 B 并没有从其他类继承，它们的成员仅仅传递给了 C。

多继承已经遭到许多程序设计人员的批评。许多人士认为，多继承只能增加程序的复杂性，并建议在编程中要尽量少用或不用多继承。Java 语言已经取消了多继承，它们认为通过单继承已经能够解决比较复杂的问题。因此，本书也不准备过多地阐述多继承。

【例 5-12】 多继承简单举例。为了便于读者理解多继承的含义，首先分析下面给出的两个类 Date 和 time。

date.h 的文件内容：

```
#ifndef DATE_H
#define DATE_H
class Date
{
protected:
    int day, month, year;
public:
    Date(int d, int m, int y){ day =d; month =m; year =y; }
    int getDay(){ return day; }
    int getMonth(){ return month; }
    int getYear(){ return year; }
};
#endif
```

time.h 文件的内容：

```
#ifndef TIME_H
```

```
#define TIME_H
class Time
{
protected:
    int hour, min, sec;
public:
    Time(int h, int m, int s){ hour =h; min =m; sec =s; }
    int getHour(){ return hour; }
    int getMin(){ return min; }
    int getSec(){ return sec; }
};
#endif
```

上述两个类用于保存代表日期和时间的整型数据，它们共同用作第三个类 DateTime 的父类。

datetime.h 文件的内容：

```
#ifndef DATETIME_H
#define DATETIME_H
#include <string.h>
#include "date.h"                                    //Date 类定义在此文件中
#include "time.h"                                    //Time 类定义在此文件中
class DateTime : public Date, public Time            //注意此行的定义
{
protected:
    char dTString[20];
public:
    DateTime(int, int, int, int, int, int);
    void getDateTime(char * str){ strcpy(str, dTString); }
};
#endif
```

DateTime 类定义的第一行如下：

```
class DateTime : public Date, public Time
```

上面的 DateTime 类具有两个基类，它们之间采用逗号分开，并且每个基类都有自己的继承修饰符，多继承的一般声明形式为：

```
class <子类名>: <继承修饰符><基类名 1>,<继承修饰符><基类名 2>
                ⋯<继承修饰符><基类名 n>
```

在多继承方式下，需要考虑的是构造函数调用问题。首先看 DateTime 的构造函数。

datetime.cpp 文件的内容：

```
#include "datetime.h"
#include <string.h>
#include <stdlib.h>
```

```
DateTime::DateTime(int dy, int mon, int yr, int hr, int mt, int sc):
                    Date(dy, mon, yr),Time(hr, mt, sc)     //子类的构造函数
{
    char temp[10];    //itoa()函数使用的临时变量

       //将日期存储在 dTString 中,格式为 MM/DD/YY
    strcpy(dTString, itoa(getMonth(), temp, 10));
    strcat(dTString, "/");
    strcat(dTString, itoa(getDay(), temp, 10));
    strcat(dTString, "/");
    strcat(dTString, itoa(getYear(), temp, 10));
    strcat(dTString, " ");
       //将时间存储在 dTString 中,格式为 HH : MM : SS
    strcat(dTString, itoa(getHour(), temp, 10));
    strcat(dTString, ":");
    strcat(dTString, itoa(getMin(), temp, 10));
    strcat(dTString, ":");
    strcat(dTString, itoa(getSec(), temp, 10));
}
```

【注意】 itoa()函数的原型是：char * itoa(int value, char * string, int radix),它的功能是将 value 转换为以'\0'结束的字符串,并把结果存储在 string 中,radix 指明在转换 value 的过程中的基数值,它必须位于 2～36 之间。

上述构造函数的后面还有一些符号,它们完成向基类构造函数传递参数：

```
DateTime(int dy, int mon, int yr, int hr, int mt, int sc):
          Date(dy, mon, yr), Time(hr, mt, sc)
```

在 DateTime 构造函数参数的后面是一个冒号,其后是调用 Date 和 Time 构造函数。这些调用之间采用逗号分开。采用多继承时,子类构造函数首部的一般形式为：

```
<子类名>(参数列表) :<基类名 1>(参数列表),
                    <基类名 2>(参数列表) … <基类名 n>(参数列表)
```

在子类构造函数“:”的后面是对基类构造函数的调用,这个书写顺序并不重要,因为总是以继承类的顺序调用它们。换句话讲,调用基类构造函数的顺序是在定义子类时确定的。例如,由于 DateTime 类是先继承 Date 类,而后继承 Time 类,所以总是先调用 Date 类的构造函数,然后再调用 Time 类的构造函数。在析构子类对象时,与调用构造函数的顺序恰好相反。下面的主程序检验了 Date 类、Time 类和 DateTime 类的应用。

主程序 5-12.cpp 文件内容：

```
   //该程序验证了多继承
#include <iostream>
using namespace std;
#include "datetime.h"
int main()
```

```
{
    char formatted[20];
    DateTime pastDay(12, 4, 2011, 5, 32, 27);

    pastDay.getDateTime(formatted);
    cout << formatted << endl;
    return 0;
}
```

【程序运行结果】

```
4/12/2011 5:32:27
```

【注意】 多继承使用不当就会带来二义性。如果两个基类具有同名的数据成员或同名的函数成员，那么在调用时就不知道到底该调用哪个类中成员。解决的方法是在子类中覆盖基类的函数成员，在子类的同名函数中，通过作用域分辨符"::"来确定要调用的函数。对于数据成员的二义性，只能通过作用域分辨符进行区分，否则编译器会产生错误，它不知道该调用哪个成员。

思考与练习

1. 在例 5-11 中，time.h 文件包含了一个 Time 类。设计一个 Time 类的子类 MilTime，该类能将 24 小时的时间格式(军用时间格式)转换为标准的时间格式(12 小时间格式)。该类具有如下数据成员：

milHours：存储 24 小时的时间格式。例如，将 1:00PM 存储成 1300，4:30PM 存储为 1630。

milSeconds：存储标准的时间格式。

此外，该类还具有如下的函数成员：

构造函数：该函数具有两个参数，一个参数用于接受军用时间格式数据，另一个参数用于接受秒。该函数根据这两个参数，将它们转换为标准的时间格式，并分别存储在 time 类的 hours、min 和 sec 的数据成员中。

setTime：该函数将接受的参数存储在 milHour 和 milSeconds 变量中，并将时间转换为标准的时间，分别存储在 hours、min 和 sec 的数据成员中。

getHour：返回军用时间格式的时间。

getStandHr：返回标准时间格式的小时。

当用户输入军用时间格式的时间后，程序能以军用时间格式和标准时间格式显示时间。

输入数据的有效性检验：MilTime 类不能接受大于 2359 或小于 0 的时间，也不能接受大于 59 或小于 0 的秒数。

2. 设计一个名为 Employee 的雇员类，它的数据成员能保存如下信息：

雇员的姓名：采用 char * 指针表示。

雇员编号：格式为 XXX-L，此处的 X 是 0～9 之间的数字，L 是 A～M 之间的一个字母。

受雇日期(自己设计)。

向该类增加构造函数、析构函数和其他相关的函数成员。构造函数能动态分配内存以存储雇员姓名,析构函数能释放不用的空间。

下面设计一个 Employee 类的子类 EmployeePay,它具有如下数据成员:

月工资:float 类型的变量表示。

部门号:整型变量表示。

编写一个完整的程序,要求用户从键盘输入雇员的信息,然后在屏幕上显示这些信息,以验证程序工作是否正常。注意输入数据的有效性检验。

3. 设计一个名为 HourlyPay 的类,它是上题中 EmployeePay 的子类。HourlyPay 类中数据成员能存储如下信息:

正常工作每小时的工资、超时工作每小时的工资和已经工作的小时数。

编写程序,要求用户从键盘输入信息,检验程序的正确性。

输入数据的有效性检验如下:

(1) 正常工作每小时的工资:该数据不能为负数,也不能大于 50 元。

(2) 超时工作每小时的工资:该数据不能为负数,也不能大于 100 元。

(3) 工作的小时数:由于该程序是计算月薪,因此,每月工作的小时数不能大于 176 小时,也不能为负数。

4. 设计一个 TimeClock 类,该类是第 1 题中 MilTime 类的子类。该类能接受两个参数:开始时间和终止时间。该类具有一个函数成员,它能返回这两个时间的差值。例如,开始时间是 900(代表 9:00AM),终止时间 1700(代表 5:00PM),那么时间差值就是 8 小时。

输入数据的有效性检验:该类接受的时间不能大于 2359,也不能小于 0。

5. 根据上述第 3、4 两题中的类,编写程序,输入雇员的信息、工作开始时间、终止时间,计算一天的工资。

6. 设计一个名为 StudentInfo 的类,该类具有如下的数据成员:

学生名:char * 指针。

学号:10 个字符,采用数组表示。

专业:采用字符数组表示,如计算机专业、管理专业等。

编写适当的函数成员,能操作上述变量。注意,在构造函数中对学生名分配空间,在析构函数中释放空间。

另外,再设计一个 Grades 类,该类是 StudentInfo 的子类,其数据成员能存储如下信息:

考试成绩:这是 float 类型的数组,具有 6 个元素。

平均成绩:上述 6 门功课的平均成绩。

编写适当的函数成员,能存储和获取上述数据成员的信息。

编程:定义一个 Grades 类的对象数组,用户输入每个对象的信息,并能正确输出每个学生的平均成绩。

输入数据的有效性检验:每门功课的成绩不能小于 0,也不能大于 100。

7. 定义一个抽象类 BasicShape,它具有如下成员。

(1) 私有数据成员

area:一个 double 类型变量,用于存储面积。

(2) 公有函数成员：

getArea：返回 area 变量中的值。

CalcArea：纯虚函数。

下面定义一个 BasicShape 类的子类 Circle，它具有如下成员。

(1) 私有数据成员

centerX：一个整型变量，存储圆中心的 X 坐标。

centerY：一个整型变量，存储圆中心的 Y 坐标。

radius：一个 double 类型变量，存储圆的半径。

(2) 公有函数成员

构造函数：接受初始化 centerX、centerY 和 radius 的 3 个参数，并且要调用下面的 calcArea 函数，以计算圆的面积。

GetCenterX：返回 centerX 的值。

GetCenterY：返回 centerY 的值。

CalcArea：计算圆的面积，并将结果存储在继承所得的 area 变量中。

下面再定义一个 BasicShape 类的子类 Rectangle，它具有如下成员。

(1) 私有数据成员

width：采用 long 类型表示的一个数据成员，代表矩形的宽。

length：采用 long 类型表示的一个数据成员，代表矩形的长。

(2) 公有函数成员

构造函数：接受初始化 width 和 length 两个参数的值，并且要调用下面的 calcArea 函数，以计算矩形的面积。

GetWidth：返回 width 的值。

GetLength：返回 length 的值。

CalcArea：计算矩形的面积，并将结果存储在继承所得的 area 变量中。

创建上述 3 个类，定义 Circle 对象和 Rectangle 对象。检验程序能否正确地计算各形状的面积。

第6章 异常处理

我们所编写的程序不仅要保证其正确性，而且要保证具有一定的容错能力；不仅在正确的操作条件下运行正确，而且在出现意外的情况下，也能有合理的正确表现，不能出现灾难性的后果（如数据丢失）。所以在程序设计时要考虑各种意外，并给予恰当的处理。

本章的学习目标：

- 理解异常和错误之别。
- 掌握异常的抛出和捕捉的基本方法。
- 掌握基于对象的异常处理方法。

6.1 异常

异常就是在程序执行期间的突发性事件。异常与错误不同，错误的处理比较直接，可以通过编译系统处理。有些错误可以采用if语句或其他控制语句处理。例如，下面的程序片段可以处理0作除数的问题：

```
if(divisor ==0)
    cout <<"错误：0 作除数 \n";
else
    quotient =dividend / divisor;
```

如果上述代码位于函数中，那么变量quotient的值是多少？考虑如下函数：

```
float divide(int dividend , int divisor)
{
    if(divisor ==0)
    {
        cout <<"错误：0 作除数 \n";
        return 0;
    } else
        return float(dividend) / divisor;
}
```

通常，标识错误条件采用一个预先定义的值。显然，上述函数在0作除数的情况下返回0，并不是一个可信的结果，因为0是一个有效的除操作结果。即使上述函数显示了一个错误信息，但是调用该函数的程序段并不知道已经出现了错误，仍然会继续执行，像上述问题就需要一种有效的错误处理技术。

6.1.1 抛出异常

处理上述问题可以采用异常，异常是一个代表出错的值或对象，当出现错误时，就抛出异常。修改上述示例，采用异常处理上述问题：

```
float divide(int dividend , int divisor)
{
    if(divisor ==0)
        throw "错误：0 作除数 \n";
    else
        return float(dividend) / divisor;
}
```

修改后的函数采用下面这个语句抛出异常：

```
throw "错误：0 作除数\n";
```

其中，throw 是一个关键字，它后面是一个参数，该参数可以是任意一种类型的值，用于确定错误的特性，具体将在后面讲述。上述函数仅仅抛出一个包含错误信息的字符串。

【注意】 throw 语句的所在行称为异常的抛出点。当程序执行 throw 语句时，函数将终止执行，程序流程将转向异常处理部分。

6.1.2 处理异常

处理异常必须采用 try-catch 语句，这两个语句是一对，就像 switch-case 一样，每个都不能单独使用，必须成对出现，它们的一般形式如下：

```
try {
    //可能出现异常的程序代码
} catch(exception param1)
{
    //处理异常类型 1 的代码
} catch(exception param2)
{
    //处理异常类型 2 的代码
}
//异常处理结束后，继续执行的代码
```

上述语句的第一个部分是 try 语句。其中，try 是关键字，它后面是一段语句代码，这些代码有可能会直接抛出异常，或间接抛出异常。try 语句块后面是一个或多个 catch 语句，它(们)用于处理异常，catch 关键字的后面是一对包含异常参数的括号。例如，下面的 try-catch 结构可以用于处理 0 作除数问题：

```
try{
    quotient =divide(num1 , num2);
    cout <<"商是："<<quotient <<endl;
}catch(char * exceptionString)
```

```
{
    cout <<exceptionString;
}
```

既然 divide 函数抛出一个异常，并且异常的值是一个字符串，那么就必须有一个 catch 语句捕捉该异常，并进行异常处理。在上述 catch 块中，catch 语句捕捉了由参数 exceptionString 携带的异常，采用 cout 显示异常信息。下面分析 throw、try 和 catch 语句是如何协同工作的。

【例 6-1】 除数为 0 的异常处理举例。

在第一次运行程序时给它输入有效的数据，程序运行结果将没有错误信息；在第二次运行时，将除数设置为 0，程序将显示异常信息。

```
#include <iostream>
using namespace std;
float divide(int , int);                                   //函数原型
int main()
{
    int num1 , num2;
    float quotient;

    cout <<"输入两个整数: ";
    cin >>num1 >>num2;
    try{
        quotient =divide(num1 , num2);
        cout <<"商是: " <<quotient <<endl;
    } catch(char * exceptionString)
    {
        cout <<exceptionString;
    }
    cout <<"程序结束\n";                                    //异常处理结束后执行的第一条语句
    return 0;
}
float divide(int dividend , int divisor)
{
    if(divisor ==0)
        throw "错误: 0 作除数\n";
    else
        return float(dividend) / divisor;
}
```

【程序运行结果】第一次运行：

```
输入两个整数: 12  2 [Enter]
商是: 6
程序结束
```

第二次运行该程序：

输入两个整数：12　0 [Enter]
错误：0 作除数
程序结束

【程序解析】 在第二个输出结果中，由于出现了异常，从而使流程跳出 divide 函数，进入 catch 语句。在 catch 语句执行结束以后，从 try-catch 语句后面的第一条语句恢复执行，本例执行 cout << "程序结束\n";语句。

【注意】 异常处理也有可能会失败，原因有两个：一是 try 语句块中实际产生的异常，与 catch 语句圆括号指定要捕捉的异常类型不匹配；二是 try 语句块的范围太小，在 try 语句之前就已经产生了异常，那么后面的 try 语句块将不再执行。无论出现上述情况的哪一种，整个程序都将终止。

6.2　基于对象的异常处理

上面的举例都是基本类型的异常处理，此外 C++ 还支持面向对象的异常处理。

【例 6-2】 面向对象的异常处理举例。

首先看一个 intRange 类。

intRange.h 文件的内容：

```
#ifndef INTRANGE_H
#define INTRANGE_H
#include <iostream>
using namespace std;
class intRange
{
private:
    int input;                                      //用户输入的数据
    int lower;                                      //输入数据的下限
    int upper;                                      //输入数据的上限
public:
        //下面定义的异常类是一个内隐类
    class OutOfRange {          };                  //该类中没有定义任何成员
        //函数成员
    intRange(int low , int high)
    {
        lower =low; upper =high;
    }
    int getInput(void)
    {
        cin >>input;
        if(input <lower || input >upper)
            throw OutOfRange();
        return input;
    }
```

```
};
#endif
```

intRange类采用函数 getInput 输入一个整型值，并判断这个值是否位于数据成员 lower 和 upper 之间，其中 lower 和 upper 是通过构造函数进行初始化的，如果输入值小于 lower 或大于 upper，那么将抛出一个异常，以表明该值超出了指定的范围，否则 getInput 函数将返回该值。

要注意的是，函数 getInput 抛出的是一个对象，不是一个字符串，也不是一个其他基本类型的值。

【注意】 在 intRange 类的 public 部分定义有一个类 OutOfRange，它是一个**内隐类，也称为嵌套类**。C++ 2.1 以前的版本不支持这种类。内隐类的作用域就是封装它的那个类，例如 OutOfRange 的作用域就是 intRange 类，一旦超出这个范围，内隐类将失效。

OutOfRange 类中没有定义任何成员，也没有定义该类型的对象。该类唯一重要的地方是其名字，使用这个名字处理异常，分析 getInput 函数中的 if 语句：

```
if(input <lower || input >upper)
    throw OutOfRange();
```

throw 语句的后面是调用构造函数 OutOfRange()，这将产生一个 OutOfRange 类对象，并将该对象作为一个异常抛出。

主程序 6-2.cpp 文件的内容：

```
#include <iostream>
using namespace std;
#include "intRange.h"
int main()
{
    intRange range(5 , 10);
    int userValue;

    cout <<"输入一个 5~10 之间的值: ";
    try {
        userValue =range.getInput();
        cout <<"你输入的是 " <<userValue <<endl;
    }catch(intRange :: OutOfRange)
    {
        cout <<"输入值越界\n";
    }
    cout <<"程序结束\n";
    return 0;
}
```

【程序运行结果】

```
输入一个 5~10 之间的值: 12 [Enter]
输入值越界
```

程序结束

【程序解析】 在上述程序 catch 语句中，处理异常如下：

```
catch(intRange :: OutOfRange)
{
    cout <<"输入值越界\n";
}
```

catch 中出现的参数是一个异常类型，这是因为本例没有必要定义一个具体的参数，catch 语句所需要的仅仅是一个异常对象的类型。由于 OutOfRange 类定义在 intRange 类内部，那么它的名字就必须通过作用域分辨符进行指定。

6.3 捕捉多种类型的异常

例 6-1 和例 6-2 都是处理一个异常，但在许多情况下，程序需要处理多种不同类型的异常。C++ 在处理多种类型的异常时，要求这些异常对象必须属于不同类型，并且对每种类型的异常都要编写一段对应的 catch 代码。

继续扩展 intRange 类，使得它能够处理小于 low 的输入值，同样也能处理大于 high 的输入值。首先声明两个不同类型的异常类，它们都是内隐类：

```
class tooLow                          //异常类
{     };
class tooHigh
{    };
```

当用户的输入值小于 low 时，将抛出一个 tooLow 类型的异常对象，同样当输入值大于 high 时，将抛出一个 tooHigh 类型的异常对象。下面修改 getInput 函数成员，使它能够处理这两种类型的异常：

```
if(input <lower)
    throw tooLow();
else if(input >upper)
    throw tooHigh();
```

将整个修改后的类命名为 intRange2，定义如下。

intRange2.h 的内容：

```
#ifndef INTRANGE2_H
#define INTRANGE2_H
class intRange2
{
private:
    int input;                          //用户输入的数据
    int lower;                          //输入数据的下限
    int upper;                          //输入数据的上限
public:
```

```
class tooLow                         //异常类
{    };
class tooHigh
{    };
    //函数成员
intRange2(int low , int high){ lower =low; upper =high; }
int getInput(void)
{
    cin >>input;
    if(input <lower)
        throw tooLow();
    else if(input >upper)
        throw tooHigh();
    return input;
}
};
#endif
```

【例 6-3】 基于上述 intRange2 类,实现捕捉多种类型的对象类异常。

```
#include <iostream>
using namespace std;
#include "intRange2.h"
int main()
{
    intRange2 range(5 , 10);
    int userValue;
    cout <<"输入一个 5~10 之间的值: ";
    try {
        userValue =range.getInput();
        cout <<"你输入的是 " <<userValue <<endl;
    }catch(intRange2 :: tooLow)
    {
        cout <<"输入值小于下限\n";
    }catch(intRange2 :: tooHigh)
    {
        cout <<"输入值大于上限\n";
    }
    cout <<"程序结束\n";
    return 0;
}
```

【程序运行结果】

第一次运行结果:

```
输入一个 5~10 之间的值: 4 [Enter]
```

```
输入值小于下限
程序结束
```

第二次运行结果：

```
输入一个 5~10 之间的值: 12 [Enter]
输入值大于上限
程序结束
```

【程序解析】 当程序第一次运行时，输入 4，执行了第一个 catch 语句；当程序第二次运行时，输入 12，执行了第二个 catch 语句。

6.4　通过异常对象获取异常信息

可以通过异常对象将异常信息传递给异常处理者。例如，intRange 类不仅在输入值无效时能发出异常信号，并且还能将这个无效值传递给调用者。实现这个功能的方法是在异常类中增加一个数据成员，存储输入值。

下面继续修改 intRange 类，将其定义为 intRange3，在该类中增加一个数据成员和一个构造函数：

```
class OutOfRange                                    //异常类
{
public:
    int value;
    OutOfRange(int i) { value =i; }
};
```

当抛出异常时，将用户输入值传给 OutOfRange 的构造函数，通过下列的语句实现：

```
throw OutOfRange(input);
```

上述语句创建一个 OutOfRange 类的异常对象，并且将输入变量的值传递给构造函数，构造函数就将该值存储在异常对象的数据成员 value 中，这样，OutOfRange 类的实例就携带了用户的输入值，从而可以在 catch 块中捕捉异常信息。

```
catch(intRange3 :: OutOfRange ex)        //通过异常对象获取异常信息
{
    cout <<"输入值 " <<ex.value <<" 越界\n";
}
```

上述 catch 语句定义了参数对象 ex，这一点必不可少，因为我们想获取异常对象的数据成员。

【例 6-4】 通过异常对象获取异常信息举例。

intRange3.h 的内容：

```
#ifndef INTRANGE3_H
#define INTRANGE3_H
```

```
class intRange3
{
private:
    int input;                          //用户输入的数据
    int lower;                          //输入数据的下限
    int upper;                          //输入数据的上限
public:
    class OutOfRange                    //异常类,该类是一个内隐类
    {
    public:
        int value;
        OutOfRange(int i) { value =i; }
    };
        //函数成员
    int Range3(int low , int high){ lower =low; upper =high; }
    int getInput(void)
    {
        cin >>input;
        if(input <lower || input >upper)
            throw OutOfRange(input);
        return input;
    }
};
#endif
```

主程序 6-4.cpp 文件的内容：

```
#include <iostream>
using namespace std;
#include "intRange3.h"
int main()
{
    int Range3 range(5 , 10);
    int userValue;

    cout <<"输入一个 5~10 之间的值: ";
    try {
        userValue =range.getInput();
        cout <<"你输入的是 " <<userValue <<endl;
    }catch(intRange3 :: OutOfRange ex)
    {
        cout <<"输入值 " <<ex.value <<" 越界\n";
    }
    cout <<"程序结束\n";
    return 0;
}
```

【程序运行结果】

```
输入一个 5~10 之间的值: 12 [Enter]
输入值 12 越界
程序结束
```

【注意】

(1) 一旦程序抛出异常,即使在异常处理以后,程序也不能回到原来的抛出点继续执行,这是因为C++采用的是不可恢复的异常处理模型。

(2) 一旦程序抛出异常,执行throw语句的函数将立即停止执行。如果该函数被另外一个函数调用,那么调用者函数也将停止执行,其他依次类推。

(3) 如果对象的函数成员抛出了异常,那么将立即对该对象调用析构函数。

(4) 如果在try块中创建有对象,并且这些对象还未来得及析构,那么将对这些对象立即调用析构函数。

6.5 再次抛出异常

有时,在一个try-catch语句中对异常处理得不充分,可以将该异常对象提交给调用者函数进行再次处理,首先分析下面的try-catch程序段:

```
try {
    doSomething();
}catch(exception1)
{
    //处理 exception1 的代码
} catch(exception2)
{
    //处理 exception2 的代码
}
```

程序段的try块调用了doSomething函数,并且有两个catch块,一个处理exceptional类型的异常,另外一个处理exceptiona2类型的异常。如果doSomething函数也有try-catch,那么就说这是一种try-catch的嵌套。

嵌套的try块适合处理内部的异常处理者传递给外部的异常处理者的异常对象。有时,内部块和外部块都必须完成特定的异常处理操作。在此情况下,要求内部的catch块将异常重新抛给外部的catch块,以便进行再次处理。

采用throw语句,catch块能够将自己处理后的异常再次抛出。假设doSomething函数(在上面的throw块中)调用了doSomethingElse函数,而doSomethingElse函数可能要抛出exception1或exception3。假设doSomething不能处理exception1,那么在此情况下,它将该异常对象抛给了外部的try块,下面的代码说明了这一点。

```
try{
    doSomethingElse();
} catch(exeeption1)
```

```
{
    throw;                  //再次抛出异常
} catch(exception3)
{
    //处理 exception3 的代码
}
```

当第一个 catch 块捕捉到 exception1 时，throw 语句简单地将该异常再次抛出，外部的 catch 块将处理该异常。

思考与练习

1. Date 类异常。

修改在第 3 章习题 1 的 Date 类，实现如下的异常处理功能：

InvalidDay：当传递给类的日期无效时(小于 1 或大于 31)，抛出这种类型的异常。

InvalidMonth：当传递给类的月份无效时(小于 1 或大于 12)，抛出这种类型的异常。

为上述异常处理功能编写完整的程序进行测试。

2. 时间格式类异常。

修改第 5 章习题 1 的 MilTime 类，实现如下功能：

BadHour：当传递给类的小时无效时(小于 0 或大于 2359)，抛出这种类型的异常。

BadSeeonds：当传递给类的秒无效时(小于 0 或大于 59)，抛出这种类型的异常。

为上述异常处理功能编写完整的程序进行测试。

第 7 章 模板

模板是实现代码重用的重要工具，它方便了大规模的软件开发。本章介绍模板的概念、定义和使用方法，从而使读者能够正确地使用 C++ 系统中庞大的标准模板类库。

本章的学习目标：

- 掌握函数模板的定义方法。
- 掌握类模板的定义方法。

7.1 函数模板

函数模板属于类属，它能处理不同的数据类型。当编译器遇到函数调用时，将根据实际参数的类型产生特定的代码。函数模板的定义形式是：

```
template <类型参数表 >
返回值类型 函数名(形式参数表)
{
    //函数体
}
```

其中，＜类型参数表＞也称为**类属数据类型**，它可以包含基本的数据类型，也可以包括对象类型。

【注意】 函数模板并不是一个真正意义上的函数，编译系统不会为其产生任何可执行代码，该定义仅仅描述了函数的结构，表示它能处理在＜类型参数表＞中说明的数据类型。

7.1.1 从函数重载到函数模板

函数重载是函数名相同，但参数一定不完全相同，并且这些函数执行的操作类似。采用函数重载，程序员要对每个函数分别写出相应的代码，即使实现的操作完全相同也不例外。例如，采用函数重载实现求平方的 square 函数：

```
int square(int number)
{
    return number * number;
}
float square(float number)
{
    return number * number;
}
```

【注意】 上面两个函数之间的唯一区别是参数的类型和返回值的类型不同。在此情况下，采用函数模板要比采用重载函数更为方便。

函数模板只要求写一个函数定义，即可处理不同的数据类型，而不需要对每种数据类型都写一个单独的函数。采用函数模板实现上述函数 square：

```
template <class T >
T square(T number)
{
    return number * number;
}
```

函数模板的定义是采用 template 作为开始符，它是一个关键字，后面是一对尖括号，它包括了一个或多个在模板中要用到的数据类型。

类型参数表的开始符是 class，也可以是 typename，它们都是 C++ 的关键字，其后是参数名，它代表数据类型。例如，示例中的 T 就代表模板代码中的数据类型。template 的下一行是函数模板代码的定义部分，类似于函数的定义，上述示例的开头部分定义如下：

```
T square(T number)
```

其中，T 是类型参数，也称为类属数据类型，后面的 square 是函数名，返回一个 T 类型的值，圆括号中的参数 number 也属于 T 类型。在函数调用时，编译器对 square 调用进行检验，并采用合适的类型代替 T。例如，在下面的调用中将采用 int 替代 T：

```
int y, x=4;
y=square(x);
```

根据上面这行代码，编译器将自动产生如下函数：

```
int square(int number)
{
    return number * number;
}
```

而下面的函数调用：

```
float y, f =6.2;
y =square(f);
```

将产生如下形式的代码：

```
float square(float number)
{
    return number * number;
}
```

【例 7-1】 简单的函数模板应用举例。

```
#include <iostream>
using namespace std;
```

```
//Square 函数的模板定义
template <class T >
T square(T number)
{
   return number * number;
}
int main()
{
   int userInt;
   float userFloat;

   cout.precision(5);
   cout <<"请输入一个整数和一个浮点数: ";
   cin >>userInt >>userFloat ;
   cout <<"它们的平方分别是: ";
   cout <<square(userInt) <<" 和 " <<square(userFloat) <<endl;
   return 0;
}
```

【程序运行结果】

```
请输入一个整数和一个浮点数: 12  4.2 [Enter]
它们的平方分别是: 144 和 17.64
```

【程序解析】 main 函数对 square 进行了两次调用,每次调用的实参类型不相同,那么对这两次函数调用将产生不同的代码: 第一次是产生一个 int 类型参数和 int 类型返回值的 square 函数;第二次是产生一个 float 类型参数和 float 类型返回值的 square 函数,显然这两个函数属于重载。

【注意】

(1) 函数模板仅仅是对函数结构外观的声明,其自身并不占用内存。当编译器遇到函数调用时,将在内存中创建一个函数实例。

(2) 模板的定义必须出现在函数调用之前,这是因为在遇到对模板函数调用时,编译器必须知道模板的内容。模板通常放在程序的开头或者位于头文件中。

【例 7-2】 具有多个参数的函数模板。该模板具有两个引用参数,实现变量的交换。

```
#include <iostream>
using namespace std;
#include <iostream>
using namespace std;
template <class T >
void swapData(T &var1,T &var2)
{
  T temp;

  temp =var1;  var1 =var2;  var2 =temp;
}
```

```
int main()
{
    char firstChar, secondChar;
    int firstInt, secondInt;
    float firstFloat, secondFloat;

    cout <<"输入两个字符: ";
    cin >>firstChar >>secondChar;
        //交换两个字符变量的内容
    swapData(firstChar, secondChar);
    cout <<firstChar <<" "<<secondChar <<endl;
    cout <<"输入两个整数: ";
    cin >>firstInt >>secondInt;
        //交换两个整型变量的内容
    swapData(firstInt, secondInt);
    cout <<firstInt <<" "<<secondInt <<endl;
    cout <<"输入两个浮点数: ";
    cin >>firstFloat >>secondFloat;
        //交换两个浮点类型变量的内容
    swapData(firstFloat, secondFloat);
    cout <<firstFloat <<" " <<secondFloat <<endl;
    return 0;
}
```

【程序运行结果】

```
输入两个字符: A  B
B  A
输入两个整数: 10  5
5  10
输入两个浮点数: 9.9  3.3
3.3  9.9
```

总之,函数模板不是一个真正意义上的函数,它仅仅是一个函数模型。当编译器遇到函数调用时,将依据模板给出的代码,通过检验参数的数据类型,产生重载函数。

【注意】 该例的函数模板名字不能取名为 swap,因为在新版的 Visual C++ 中,系统提供了一个 swap,否则将出现编译二义性,故本例命名为 swapData。

7.1.2 在函数模板中使用操作符需要注意的地方

上面的 square 模板对 number 参数采用了乘操作符 *。对于原子类型(如 int 和 float 等)的 number 参数,没任何问题。如果将用户定义的对象类型传递给 square 函数,那么该类型必须包含有对 * 操作符的重载函数,否则将产生编译错误。

如果将一个对象传递给函数模板,那么该对象必须支持重载函数对该对象的所有操作。例如,如果函数要实现两个对象的比较(采用>、<、==等关系运算符),那么这些操作符必

须在类中进行重载。

7.1.3 在函数模板中使用多种类型

在函数模板中可以使用多种类属类型，每个类型必须具有自己的参数。例如，将 swap 模板修改如下：

```
template <class T1, class T2>
void swapData(T1 &var1, T2 &var2)
{
    T1 temp;

    temp =var1;
    var1 = (T1) var2;
    var2 = (T2) temp;
}
```

该模板使用了两种类型的参数：T1 和 T2。既然函数参数 var1 和 var2 属于不同的类型，那么以此模板为基础产生的函数就能接收不同类型的参数。

7.1.4 重载函数模板

C++ 不但**支持函数重载**，**也支持函数模板重载**。与函数重载类似，**函数模板重载也是根据形式参数列表进行区分的**。

【例 7-3】 函数模板重载举例。对 sum 函数提供两个重载版本的函数模板，第一个版本的模板具有两个参数，而第二个版本的模板具有 3 个参数。

```
#include <iostream>
using namespace std;
template <class T >
T sum(T val1, T val2)
{
    return val1 +val2;
}
template <class T >
T sum(T val1, T val2, T val3)
{
    return val1 +val2 +val3;
}
int main()
{
    float num1, num2, num3;

    cout <<"输入两个数：";
    cin >>num1 >>num2;
    cout <<"它们的和是：" <<sum(num1, num2) <<endl;
    cout <<"输入 3 个数：";
```

```
    cin >>num1 >>num2 >>num3;
    cout <<"它们的和是: " <<sum(num1, num2, num3) <<endl;
    return 0;
}
```

【程序运行结果】

```
输入两个数: 28.66  78 [Enter]
它们的和是: 106.66
输入 3 个数: 33   68.78   78
它们的和是: 179.78
```

重载函数模板还有其他方式。假设一个程序有一个普通的函数(非模板),同时还定义了一个模板,只要它们的参数列表不同,它们也能作为重载函数的形式共存。例如,将上述示例中的第一个模板修改成如下的形式,而第二个模板不改动:

```
    //下面定义的是一个普通的函数
float sum(float val1, float val2)
{
    return val1 +val2;
}
    //下面是一个函数模板
template <class T >
T sum(T val1, T val2, T val3)
{
    return val1 +val2 +val3;
}
```

那么,这也属于模板重载,当程序执行时,将根据实际调用的参数进行区分。

7.1.5 定义函数模板的方法

直接写一个函数模板比较麻烦,一些初学者不容易掌握。简单的方法是先定义一个函数,然后将该函数转换成模板,这比直接定义模板要容易许多。下面以例 7-2 中的 swapData 模板为例介绍转换过程。

(1) 第一步:定义一个普通的函数。

```
void swapData(int &var1, int &var2)
{
    int temp;

    temp =var1;
    var1 =var2;
    var2 =temp;
}
```

(2) 确保上述函数定义正确(这可通过程序测试证明),然后将函数转换为模板。

首先,在函数开头加上 template <class T>,然后将函数形参的类型和局部变量 temp

的类型 int 采用 T 替换,即完成了函数向模板的转换。

7.2　类模板

类模板用于创建类属类和抽象数据类型,从而使程序员可以创建一般形式的类,而不必编写处理不同数据类型的类,这一点和函数模板具有相同之处。

4.5.9 节介绍了一个类 IntArray,它提供有重载运算符函数[],实现了对 int 类型数组范围的检验。假设现在要对其他类型的数组范围进行检验,怎么办?

显然,一个比较麻烦的方法是设计多个类,例如 LongArray、FloatArray、DoubleArray 等,每个类分别实现一个数组下标越界检验。另一个比较好的解决方法是模仿函数模板,设计一个能处理任意原子类型的类模板。本节将 IntArray 类转换为一个通用的类模板,并且命名为 FreewillArray(任意的数组)。

7.2.1　定义类模板的方法

定义一个类模板和定义一个函数模板相似。首先,在类定义的前面加上 template 关键字。例如,template <class T>,其中 T(也可以选择其他符号)是一个数据类型参数;然后,将整个类中参数 T 所使用到的地方进行替换,下面是类模板 FreewillArray 的定义:

```
template <class T>
class FreewillArray
{
private:
    T * aptr;                                    //采用模板参数 T 替换过去的 int
    int arraySize;
    void memError(void);                         //处理内存分配错误
    void subError(void);                         //处理下标越界错误
public:
    FreewillArray(void){ aptr = 0; arraySize = 0;}
    FreewillArray(int);                          //构造函数
    FreewillArray(const FreewillArray &);        //拷贝构造函数
    ~FreewillArray(void);                        //析构函数
    int size(void) { return arraySize; }
    T &operator[](const int &);                  //对[]进行重载
};
```

如果将上述类模板与原来的 IntArray 类进行比较,可以发现,不同的地方是在模板的开头部分增加了 template 一行,并且在类的定义中对有关参数进行了替换。

【注意】 将 arraySize 变量仍然定义为 int 类型,这是因为该变量存储的是一个关于数组大小的整型值。此外,size 函数的返回值类型为 int 也是这个原因,因为它代表的是数组的大小,与数组的类型无关。下面给出整个类模板的定义。

FreewillArray.h 文件的内容如下:

```
#ifndef FREEWILLARRAY_H
```

```
#define FREEWILLARRAY_H
#include <iostream>
using namespace std;
#include <stdlib.h>
template <class T >
class FreewillArray
{
private:
    T * aptr;                                    //采用模板参数 T 替换过去的 int
    int arraySize;
    void memError(void);                         //处理内存分配错误
    void subError(void);                         //处理下标越界错误
public:
    FreewillArray(void){ aptr =0; arraySize =0;}
    FreewillArray(int);                          //构造函数
    FreewillArray(const FreewillArray &);        //拷贝构造函数
    ~FreewillArray(void);                        //析构函数
    int size(void) { return arraySize; }
    T &operator[](const int &);                  //对[]进行重载
};
    //FreewillArray类模板的构造函数。设置数组的大小,并对数组分配内存
template <class T >
FreewillArray <T>::FreewillArray(int s)
{
    arraySize =s;
    aptr =new T [s];
    if(aptr ==0) memError();
    for(int count =0; count <arraySize; count++)
        * (aptr +count) =0;
}
    //FreewillArray类模板的拷贝构造函数
template <class T >
FreewillArray <T>::FreewillArray(const FreewillArray &obj)
{
    arraySize =obj.arraySize;
    aptr =new T [arraySize];
    if(aptr ==0) memError();
    for(int count =0; count <arraySize; count++)
        * (aptr +count) = * (obj.aptr +count);
}
    //FreewillArray类模板的析构函数
template <class T >
FreewillArray <T>::~FreewillArray(void)
{
    if(arraySize >0)
```

```
        delete [] aptr;
    }
        //memError 函数。当内存分配出错时,显示错误信息,并终止程序
    template <class T >
    void FreewillArray <T>::memError(void)
    {
        cout <<"错误: 无足够的内存空间.\n";
        exit(0);
    }
        //subError 函数成员。当数组下标越界时,显示错误信息,并终止程序
    template <class T >
    void FreewillArray <T>::subError(void)
    {
    cout <<"错误: 数组下标越界\n";
    exit(0);
    }
        //重载运算符[],函数的参数是一个下标,在正常情况下,函数返回
        //下标指定的数组元素的引用,否则调用 subError 函数终止程序
    template <class T >
    T &FreewillArray <T>::operator[](const int &sub)
    {
        if(sub <0 || sub >arraySize)
            subError();
        return aptr[sub];
    }
    #endif
```

7.2.2 定义类模板的对象

定义类模板对象和定义一般的类对象相似,唯一的区别是: 在定义类模板对象时必须指明传递给类模板的数据类型,并且将类型名放在尖括号中。例如,下面将创建两个模板类对象: intTable 和 floatTable。

```
FreewillArray <int>intTable(10);
FreewillArray <float>floatTable(10)
```

在第一个定义中(即 intTable),数据类型 int 将替换参数 T 出现的任何地方,从而使 intTable 对象存储 int 类型的数组。同样,floatTable 的声明是将 float 类型传递给参数 T,从而使它存储 float 类型的数组。

【例 7-4】 FreewillArray 类模板的应用。

```
#include <iostream>
using namespace std;
#include "freewillArray.h"
int main()
{
```

```
FreewillArray <int>intTable(10);      //intTable 和 floatTable 都是对象
FreewillArray <float>floatTable(10);
int x;
    //在数组中存储值
for(x =0; x <10; x++)
{
    intTable[x] =x;
    floatTable[x] =x;
}
    //显示数组中的值
cout <<"intTable 中的值是: \n\t";
for(x =0; x <10; x++)
    cout <<intTable[x] <<" ";
cout <<endl;
cout <<"floatTable 中的值是: \n\t";
for(x =0; x <10; x++)
    cout <<floatTable[x] <<" ";
cout <<endl;
    //对数组元素采用内嵌+操作
for(x =0; x <10; x++)
{
    intTable[x] =intTable[x] +1;
    floatTable[x] =floatTable[x] +1.5f;
}
    //显示数组中的值
cout <<"intTable 中的值是: \n\t";
for(x =0; x <10; x++)
    cout <<intTable[x] <<" ";
cout <<endl;
cout <<"floatTable 中的值是: \n\t";
for(x =0; x <10; x++)
    cout <<floatTable[x] <<" ";
cout <<endl;
    //对数组元素采用内嵌++操作
for(x =0; x <10; x++)
{
    intTable[x]++;
    floatTable[x]++;
}
    //显示数组中的值
cout <<"intTable 中的值是: \n\t";
for(x =0; x <10; x++)
    cout <<intTable[x] <<" ";
cout <<endl;
cout <<"floatTable 中的值是: \n\t";
```

```
    for(x =0; x <10; x++)
        cout <<floatTable[x] <<" ";
    cout <<endl;
    return 0;
}
```

【程序运行结果】

```
intTable 中的值是:
    0  1  2  3  4  5  6  7  8  9
floatTable 中的值是:
    0  1  2  3  4  5  6  7  8  9
intTable 中的值是:
    1  2  3  4  5  6  7  8  9  10
floatTable 中的值是:
    1.5  2.5  3.5  4.5  5.5  6.5  7.5  8.5  9.5  10.5
intTable 中的值是:
    2  3  4  5  6  7  8  9  10  11
floatTable 中的值是:
    2.5  3.5  4.5  5.5  6.5  7.5  8.5  9.5  10.5  11.5
```

【注意】 类模板比较特殊,编译器看到类模板时并不为它分配内存空间,直到定义了一个模板对象,即模板参数由编译器替换时,才为其分配空间。目前,类模板声明和定义几乎总是在同一个头文件中,因为目前的许多编译器还不支持类模板的定义和实现分开。

7.2.3 类模板与继承

继承不但适合类,也适合类模板。例如,下列的 SearchArray 模板就继承了 FreewillArray 模板。

SearchArray.h 文件的内容:

```
#ifndef SEARCHARRAY_H
#define SEARCHARRAY_H
#include "freewillArray.h"
template <class T >
class SearchArray : public FreewillArray <T >              //类模板继承
{
public:
    SearchArray(int s) : FreewillArray <T >(s){     }      //构造函数
    SearchArray(SearchArray &);                           //拷贝构造函数
    SearchArray(FreewillArray <T >&obj) : FreewillArray <T >(obj)
    {       }
    int findItem(T);
};

template <class T >
SearchArray<T>::SearchArray(SearchArray &obj):vector<T >(obj.size())
```

```
{
    for(int count =0; count <this->size(); count++)
        this->operator[](count) =obj[count];
}

template <class T >
int SearchArray<T>::findItem(T item)
{
    for(int count =0; count <=this->size(); count++)
    {
        if(this->operator[](count) ==item)
            return count;
    }
    return -1;
}
#endif
```

上面定义了 FreewillArray 类模板的一个子类模板 SearchArray。其函数成员 findItem 接受一个参数,在数组中对此参数进行线形查找,如果找到了与参数相同的元素就返回对应元素的下标,否则返回−1。

在类模板中每次使用 FreewillArray 时,都要用到类型参数 T。例如,在声明 SearchArray 的第一行,FreewillArray 是作为基类出现的:

```
class SearchArray: public FreewillArray <T >
```

在下面的构造函数初始化列表中,也出现了 FreewillArray:

```
SearchArray(int s): FreewillArray <T >(s)
```

这是因为 FreewillArray 是一个类模板,必须将类型参数 T 传递给它。

【例 7-5】 类模板继承举例。首先定义两个 SearchArray 对象,然后分别查找指定的值。

```
#include <iostream>
using namespace std;
#include "SearchArray.h"
int main()
{
    SearchArray<int >intTable(10);
    SearchArray<float >floatTable(10);
    int x, result;
        //在数组中存储值
    for(x =0; x <10; x++)
    {
        intTable[x] =x +3;
        floatTable[x] =x +1.6f;
    }
```

```
    //显示数组中的值
  cout <<"intTable 中的值是: \n\t";
  for(x =0; x <10; x++)
      cout <<intTable[x] <<" ";
  cout <<endl;
  cout <<"floatTable 中的值是: \n\t";
  for(x =0; x <10; x++)
      cout <<floatTable[x] <<" ";
  cout <<endl;
      //在数组中查找特定的值
  cout <<"在 intTable 中找元素 6\n";
  result =intTable.findItem(6);
  if(result ==-1)
      cout <<"在 intTable 中没有找到元素 6\n";
  else
      cout <<"\t 元素 6 的下标是: " <<result <<endl;
  cout <<"在 floatTable 中查找 9.6\n";
  result =floatTable.findItem(9.6f);
  if(result ==-1)
      cout <<"\t 在 floatTable 中没有找到 9.6\n";
  else
      cout <<"\t 元素 9.6 的下标是: " <<result <<endl;
  return 0;
}
```

【程序运行结果】

```
intTable 中的值是:
    3  4  5  6  7  8  9  10  11  12
floatTable 中的值是:
    1.6  2.6  3.6  4.6  5.6  6.6  7.6  8.6  9.6  10.6
在 intTable 中找元素 6
    元素 6 的下标是: 3
在 floatTable 中查找 9.6
    元素 9.6 的下标是: 8
```

【注意】 上面的程序证明了一个类模板可以从另外一个类模板导出,实际上类模板也可以从一个普通类导出,并且普通类也可以从其他类模板导出。

有时定义的模板几乎能处理所有类型的数据。例如,上面定义的 FreewillArray 和 SearchArray 模板能处理数值类型和字符类型,但不能处理字符串类型。在此情况下必须采用特定类型的模板。

所谓特定类型的模板就是专门为处理特殊的数据类型而设计的模板。在此情况下,要使用实际的数据类型,而不是使用类型参数。例如,FreewillArray 的一个特定版本如下:

```
class FreewillArray <char * >
```

在此情况下,编译器知道 FreewillArray 的这个版本是专门处理 char * 类型的数据。

思考与练习

1. min 和 max 是两个常用的函数，min 有两个入口参数，它的返回值是两个参数中最小者；max 也有两个入口参数，它的返回值是两个参数中最大者。编写一个完整的程序，为它们写两个模板，验证这两个模板能处理各种原子类型数据。

2. 写一个求绝对值的函数模板，它具有一个入口参数，返回值是该参数的绝对值。例如，－99 的绝对值就是 99，编写完整的程序测试该模板。

3. 写一个计算总和的函数模板，实现对用户输入的值进行求和，并返回该值，其中函数参数是一个数组。编写完整的程序测试该模板，检验其能否对各种数据类型的值进行求和。

4. 修改本章的类模板 SearchArray，使其能够实现二分查找，而不是本章使用的顺序查找。编写一个完整的程序测试该模板。

5. 编写具有排序功能的类模板 SortableArray，该类模板是本章给出的 FreewillArray 类模板的子类。SortableArray 具有一个函数成员，实现对数组元素的升序排列(自己选择排序算法)。编写一个完整的程序测试该模板。

第8章

标准模板库STL

标准模板库(Standard Template Library,STL)是一个高效的C++程序库,它是ANSI/ISO C++标准中极具特色的一部分,包含了许多常用的基本数据结构和算法,为广大C++程序员提供了一个可扩展的应用框架,高度体现了软件的可复用性。

STL体现了泛型程序设计(Generic Programming)的思想,泛型与多态一样,也是一种软件复用技术。STL包含容器类(Container)、迭代器(Iterator)和算法(Algorithm)3个部分。学好本章将为后续课程数据结构的学习打下坚实的基础。尽管本章与前面的章节有较大的难度跃进,但希望读者能学好。

本章的学习目标:

- 掌握string对象的定义和基本使用方法。
- 掌握迭代器和顺序容器的基本应用方法。
- 掌握函数对象和泛型算法。
- 掌握关联容器。
- 掌握容器适配器。

8.1 标准模板库简介

STL提供的对象容器库,包含了多种数据结构和算法。如果要开发一些类似栈、队列等方面的程序,采用它可以节省大量的时间和精力,而且程序是高质量的,因为它们经过了大量的严格测试。

1. 容器类

容器类(Container)是管理序列的类,是容纳一组对象或对象集的类。通过由容器类提供的成员函数,可以实现诸如向序列数据中插入元素、删除元素、查找元素等操作,这些成员函数通过返回迭代器来指定元素在序列中的位置。本书涉及的容器分为三大类,参见表8-1。

表8-1 三类容器

标准库容器类	说　明
顺序容器	
vector(矢量)	从后面快速插入与删除,直接访问任何元素,封装了数组
deque(双端队列)	从前面或后面快速插入与删除,直接访问任何元素
list(列表)	从任何地方快速插入与删除,封装了双链表

续表

标准库容器类	说　明
关联容器	
set(集合)	快速查找,不允许有重复值
multiset(多重集合)	快速查找,允许有重复值
map(映射)	一对一映射,基于关键字快速查找,不允许有重复值
multimap(多重映射)	一对多映射,基于关键字快速查找,允许有重复值
容器适配器	
stack(栈)	后进先出(LIFO)
queue(队列)	先进先出(FIFO)
priority_queue(优先级队列)	最高优先级元素总是第一个出列

(1) 顺序容器(Sequence Container or Sequential Container)。

(2) 关联容器(Associative Container)。

(3) 容器适配器(Container Adapter)。

顺序容器和关联容器称为第1类容器。容器适配器不是独立的容器,它只是对基本容器的功能进行了扩展或限制。例如,栈是对顺序容器的访问方式进行限制的顺序容器。

STL容器提供了类似的接口。许多基本操作是所有容器都适用的,可以用有类似操作的新类来扩展STL,如表8-2所示。这些函数称为容器的接口。

表8-2　容器的函数

标准库容器公有的函数	说　明
默认构造函数	提供容器默认初始化的构造函数。通常每个容器都有几个不同的构造函数,提供容器不同的初始化方法
拷贝构造函数	该函数将现有容器对象初始化为另外一个对象副本
析构函数	撤销容器对象时,进行内存清理
empty()	判断容器是否为空,若空则返回true,否则返回false
max_size()	返回容器中最多允许的元素数量
size()	返回容器中当前元素数量
operator=	将一个容器对象复制给另一个同类型的容器对象
swap()	交换两个容器中的元素
operator<	如果前面的容器小于后面的容器,则返回true,否则返回false,不适用于优先级队列(priority_queue,见8.6.3节)
operator<=	如果前面的容器小于等于后面的容器,则返回true,否则返回false,不适用于priority_queue
operator>	如果前面的容器大于后面的容器,则返回true,否则返回false,不适用于priority_queue

续表

标准库容器公有的函数	说　明
operator>=	如果前面的容器大于等于后面的容器，则返回 true，否则返回 false，不适用于 priority_queue
operator==	如果前面的容器等于后面的容器，则返回 true，否则返回 false，不适用于 priority_queue
operator!=	如果前面的容器不等于后面的容器，则返回 true，否则返回 false，不适用于 priority_queue
仅用于第 1 类容器中的函数：	
begin()	获得指向被控序列开始处的迭代器，引用容器中的第一个元素
end()	获得指向被控序列末端的迭代器，引用容器中最后一个元素的后继位置
rbegin()	获得指向被控序列末端的反转型迭代器，引用容器中的最后一个元素。实际上这是该容器前后反转之后的 begin()
rend()	获得指向被控序列开始处的反转型迭代器，引用容器中第一个元素的前导位置。实际上这是该容器前后反转之后的 end()
erase()	从容器中清除一个或几个元素
clear()	从容器中清除所有元素

STL 使用模板化的编程方法，避免使用继承和虚函数，以使程序达到更好的执行性能。用 STL 编程能提高代码的可移植性，这是提高 C++ 编程必须掌握的技能。

2. 泛型算法

模板中的算法不依赖于具体的数据类型，而泛型算法(Generic Algorithm)更进一步不依赖于具体的容器。泛型算法是运算符重载的发展，没有使用继承和多态，避免了虚函数导致的开销，使 STL 的效率更高。STL 最大的优点是提供能在各种容器中通用的算法。例如，插入、删除、查找、排序等。而通常顺序表(如数组)中的这些算法不能用于链表(如单向链表)，链表的算法也不能用于顺序表。STL 提供了 70 种左右的标准算法。

一种算法通常可用于多种不同的容器，所以称为泛型算法，而泛型算法之所以能用于各种容器，是因为有迭代器。

3. 迭代器

STL 设计的精髓在于把容器和算法分开，彼此独立设计，最后再用迭代器(Iterator)把它们合在一起。迭代器在 STL 中非常重要。

迭代器提供了一种方法，可以顺序访问一个聚合对象中的每个元素，而又不暴露该对象的内部表示。迭代器的作用相当于一个“智能指针”，它指向容器内部的数据，可以通过 * 操作符来获得指针指向的数据值，还能够通过重载++、--等运算符来移动指针。

STL 提供的所有容器都提供了这样的迭代器，用以存取它们所管理的元素序列。

在表 8-2 中，容器成员函数 begin()返回指向容器中第一个元素的迭代器，end()返回指向容器中最后一个元素后继位置的迭代器。泛型函数 find()寻找一个元素并返回指向这个元素的迭代器，如果找不到则返回 end()迭代器，表示已经搜索了全部元素但未找到。

8.2 string 类型

C++ 在处理字符串方面提供了两种方法：一种方法是按 C 中的字符数组处理；另一种方法是按 string 类型的对象处理。其中，后一种处理方式要比前一种处理方式简单，但有些编译器不支持 string 类型。目前，我们使用的编程平台 Visual C++ 2010 版完全支持。

8.2.1 如何使用 string 类型

string 类是一种抽象数据类型，这意味着它不是一种内嵌的、原子数据类型，而 int、char、float、double 等都属于内嵌的原子数据类型。string 字符串与 C 的字符数组相比，具有简单、直观等特点。

使用 string 类的第一步是采用 #include 包含相应的头文件，下面就是它的格式：

```
#include <string>
```

【注意】 上面的 string 后面没有".h"，这个头文件和过去(例如 C 语言中)的 string.h 不是一个文件，不要将它们混为一谈。

然后是定义 string 对象。定义 string 对象和定义原子类型的变量一样。例如，下面的语句定义了一个名为 movieTitle 的 string 对象：

```
string movieTitle;
```

定义对象以后，可以采用赋值操作符将一个字符串赋值给 movieTitle 对象，例如：

```
movieTitle="Gone with Wind";
```

同样也可以采用 cout 对象在屏幕上显示 movieTitle 的内容，例如：

```
cout <<"Movie is" <<movieTitle <<endl;
```

【注意】 C++ 提供了两套头文件，传统的头文件后面具有".h"扩展名，而新的头文件后面没有这个扩展名。当采用 cin 或 cout 输入或输出 string 类对象时，必须采用新的 iostream 头文件，而不能使用老的 iostream.h。

处理 string 对象与处理其他类型的变量类似。例如，通过 cin 从键盘上读取字符串，并把它送给 string 对象。

```
string name;
cout <<"你的姓名？";
cin >>name;
cout <<name <<",你好" <<endl;
```

【思考】 如果对上例的输入是"zhang san"，那么输出值将是"zhang"，这是什么原因？

8.2.2 为 string 对象读取一行

通过 cin 为 string 对象读取字符串时，它只能读取输入行中的第一个非空白字符串，所以在上述示例中，name 的值是 zhang。如果要读取一行(包含空白字符)字符，可以采用

getline()函数，例如：

```
string name;
cout <<"你的姓名？";
getline(cin, name);          //注意，此处的 getline 与过去的 cin.getline 不全相同
```

getline()函数的第一个参数是流对象的名字，本例中是 cin，因为要通过 cin 从键盘上读取一行字符；第二个参数是一个 string 对象名，getline()函数将把读取的字符串存放到 name 对象中。

8.2.3　string 对象的比较

对于 string 对象，不需要采用 strcmp 之类的库函数进行大小比较，可以采用关系运算符<、>、<=、>=、==和!=直接进行比较。例如，定义如下两个 string 对象：

```
string set1 = "ABC";
string set2 = "XYZ";
```

通过 ASCII 码，我们知道第一个对象 set1 的内容"ABC"，小于第二个对象 set2 的内容"XYZ"。因此下面的 if 语句将输出"set1 小于 set2"：

```
if(set1 < set2)
    cout <<"set1 小于 set2.\n";
```

采用关系运算符比较 string 对象，与传统的 C 库函数 strcmp 类似，它们都是从左向右对字符逐个比较。先比较两个字符串中的第一个字符，如果这两个字符相同，将比较下一个字符；否则，如果第一个字符串中的字符小于第二个字符串中的对应字符，那么将返回 true，否则返回 false。例如，假设一个程序定义有如下两个 string 对象：

```
string name1 = "Mary";
string name2 = "Mark";
```

那么 name1 中的"Mary"将大于 name2 中的"Mark"，因为"Mary"中的'y'大于"Mark"中的'k'。

string 对象也可以和字符数组混合运算。假设 name1 是一个 string 对象，name2 是一个字符数组：

```
string name1="John";
char name2[10]="Jone";
cout<< (name1 >name2);
cout<< (name1 <name2);
cout<< (name1 ==name2);
```

那么上面的关系运算都是合法的。

8.2.4　string 对象的初始化

初始化 string 对象的方法有几种，表 8-3 给出了几个常用的示例。

表 8-3 常用的初始化 string 对象的方法

string 对象	含 义
string address;	定义一个名为 address 的空对象
string name("Zhang San");	定义一个名为 name 的对象,并采用"Zhang San"初始化
string person1(person2);	定义一个名为 person1 的对象,并 person2 初始化。其中 person2 可以是一个 string 对象,也可以是一个字符数组
string set1(set2, 5);	定义一个名为 set1 的对象,并采用字符数组 set2 中的前 5 个字符初始化。注意:参数 set2 必须是一个字符数组,不能是一个 string 对象
string name(fullName,0,7);	定义一个名为 name 对象,并采用 fullName 对象的子串进行初始化,该子串的长度为 7,开始于 0 号位置

此外,string 还支持如下几个常用的操作符:

(1) =:将赋值号右边的 string 对象赋值给左边的对象。

(2) +=:将+=号右边的 string 对象连接到左边对象的后面。

(3) +:将+号左边的 string 对象和右边的对象连接在一起,生成一个临时对象并返回。

(4) []:将 string 对象看作数组,类似数组的访问。例如,name[x]将返回 x 位置的一个引用。

string 的常见操作举例如下:

```
string str1, str2, str3;
str1 ="ABC";
str2 ="DEF";
str3 =str1 +str2;
str3 +="GHI";
```

8.2.5 string 的函数成员

string 有许多函数成员。例如,length 函数成员是返回 string 对象中字符串的长度,其返回值是一个无符号整型值,假设定义如下一个 string 对象:

```
string name ="zhangsan";
```

那么下面的语句将把字符串的长度 8 赋值给变量 x。

```
x =name.length();
```

string 的函数成员 size 返回的也是 string 对象的长度,例如:

```
string str1="ABC", str2="DEF", str3;
str3 =str1 +str2;
for(int x =0; x <str3.size(); x++)    //size 与 length 的功能相同
cout <<str3[x];
```

下面以举例的形式,给出了 string 类的几个常用函数成员和它们的重载版本,见表 8-4。此处的 strObj 是一个 string 类型的对象。

表 8-4　string 类常用的函数成员及其重载版本举例

举　例	功 能 描 述
strObj. append(str);	将 str 追加到 strObj 对象的后面。str 是 string 对象或字符数组
strObj. append(str,x,n);	将从 str 的 x 位置开始的 n 个字符,追加到 strObj 对象的后面。其中,str 是一个 string 对象,或者是一个字符数组
strObj. append(str,n);	将 str 字符数组中的前 n 个字符追加到 strObj 对象的后面。其中,str 只能是一个字符数组
strObj. append(n,'z');	将 n 个字符'z'追加到 strObj 对象的后面
strObj. assign(str);	将 str 赋值给 strObj 对象,其中,str 可以是一个 string 对象,也可以是一个字符数组
strObj. assign(str,x,n);	将 str 中从 x 位置开始的 n 个字符,赋值给 strObj 对象。其中,str 可以是一个 string 对象,也可以是一个字符数组
strObj. assign(str,n);	将 str 字符数组中的前 n 个字符赋值给 strObj 对象。其中,str 只能是一个字符数组
strObj. assign(n,'z');	将 n 个字符'z'赋值给 strObj 对象
strObj. at(x);	返回 strObj 对象中位于位置 x 的字符
strObj. capacity();	返回 strObj 对象的存储空间容量
strObj. clear();	清除 strObj 对象的字符内容
strObj. compare(str);	将 strObj 对象与参数 str 进行比较,类似 C 中的 strcmp 函数,返回比较结果。其中,str 可以是一个 string 对象,也可以是一个字符数组
strObj. compare(x,n,str);	将 strObj 对象从 x 位置开始的 n 个字符,与参数 str 进行比较,类似 C 中的 strncmp 函数。其中 str 可以是一个 string 对象,也可以是一个字符数组
strObj. data();	返回一个以'\0'结尾的字符数组,数组内容与 strObj 相同
strObj. empty();	判断 strObj 对象是否为空,如果为空,返回 true
strObj. erase(x,n);	删除 strObj 对象中从位置 x 开始的 n 个字符
strObj. find(str);	从 strObj 对象的左边开始查找 str 的第一次出现。其中,str 可以是 string 对象、字符数组或单个字符
strObj. insert(x,str);	将 str 的内容插入到 strObj 对象中,开始位置是 x。其中,str 可以是一个 string 对象,也可以是一个字符数组
strObj. insert(x,n,'z');	从 strObj 对象的 x 位置,插入 n 个字符'z'
strObj. length();	返回 strObj 对象中字符的个数
strObj. replace(x,n,str);	将 strObj 对象中从位置 x 开始的 n 个字符用 str 替换
strObj. resize(n,'z');	将 strObj 的对象长度设置为 n。如果 n 小于当前的长度,就把 strObj 截断为 n 个字符的长度;如果 n 大于当前的长度,就把 strObj 扩展为 n 个字符的长度,同时采用'z'填充新空间
strObj. size();	返回 strObj 对象中字符的个数,同 length()函数
strObj. substr(x,n);	返回 strObj 对象中,开始于 x 位置、长度为 n 的一个子串
strObj. swap(str);	将 strObj 和 str 的内容交换。其中,str 只能是一个字符数组

8.2.6 string 对象应用举例

【例 8-1】 在某些金融行业，输出人民币的格式为￥1,234,567.89 形式，即数量的前面加上一个人民币符号，并在数值的适当位置采用逗号分开。编写一个函数实现人民币的“格式化”输出。假设函数的参数是一个 string 类对象，它的内容是 1 234 567.89 这种形式，函数通过修改 string 对象，实现格式化输出。

```
#include <iostream>
#include <string>
using namespace std;
void RMBFormat(string &);
int main()
{
    string input;
        //输入人民币的数量
    cout <<"按照 nnnnn.nn 格式输入人民币的数量：";
    cin >>input;
    RMBFormat(input);
    cout <<"格式化结果：";
    cout <<input <<endl;
    return 0;
}
    //函数的参数是一个 string引用，它将一个普通字符串按照人民币的形式格式化
void RMBFormat(string &currency)
{
    int dp;

    dp =currency.find('.');                        //查找其中的点
    if(dp >3)                                      //插入分号
        for(int x =dp -3; x >0; x -=3)
            currency.insert(x, ",");
    currency.insert(0, "RMB");                     //插入人民币符号
}
```

【程序运行结果】

```
按照 nnnnn.nn 格式输入人民币的数量：123456789.88 [Enter]
格式化结果：RMB123,456,789.88
```

【程序解析】 在上述 RMBFormat 函数中，定义了一个名为 dp 的整型变量，它用来存储非格式化字符串中点的位置，如下面的语句所示：

```
dp=currency.find('.');
```

string 类的函数成员 find 返回 currency 对象中.的位置。其中的 if 语句用来判断点之前的位数是否大于 3：

```
if(dp>3)
```

如果点之前的数字位数大于 3,那么就通过下面的循环调用 insert 函数插入分号:

```
for(int x =dp -3; x >0; x -=3)
    currency.insert(x, ",");
```

最后,在 0 位置(即第一个字符)插入人民币符号。

【注意】 人民币符号是￥,但在 C++ 编辑器输入该符号不方便,因此采用人民币的汉语拼音缩写 RMB 代替该符号。

8.3　迭代器类

C++ 标准库中对普通类型迭代器按照基本访问功能分类,有 5 种 4 级(输入输出为同一级)预定义迭代器,其功能最强、最灵活的是随机访问迭代器。这一分类方法的依据可称为迭代器属性,如表 8-5 所示。

表 8-5　迭代器属性

标准库定义的迭代器类型	说　明
输入(InputIterator)	从容器中读取元素。输入迭代器只能一次一个元素地向前移动(即从容器开头到容器末尾)。要重读必须从头开始
输出(OutputIterator)	向容器写入元素。输出迭代器只能一次一个元素地向前移动。输出迭代器要重写,必须从头开始
正向(ForwardIterator)	组合输入迭代器和输出迭代器的功能,并保留在容器中的位置(作为状态信息),所以重新读/写不必从头开始
双向(BidirectionalIterator)	组合正向迭代器功能与逆向移动功能(即从容器序列末尾到容器序列开头)
随机访问(RandomAccessIterator)	组合了双向迭代器的功能,能直接访问容器中的任意元素,即可向前或向后跳过任意多个元素

标准库定义的各种迭代器可执行的操作如表 8-6 所示,从表中可清楚地看出,从输入输出迭代器到随机访问迭代器的功能逐步加强。对比指针对数组的操作,两者的一致性十分明显。

表 8-6　标准库定义的迭代器可执行的操作

迭代操作	说　明
所有迭代器	
++p	前置自增迭代器,先++后执行
p++	后置自增迭代器,执行后再++
输入迭代器	
*p	间接引用迭代器,作为表达式的右值
p=q	将一个迭代器赋给另一个迭代器
p==q	比较迭代器的相等性

续表

迭代操作	说明
输入迭代器	
p!=q	比较迭代器的不等性
输出迭代器	
*p	间接引用迭代器，作为表达式的左值
p=q	将一个迭代器赋给另一个迭代器
正向迭代器	提供输入和输出迭代器的所有功能
双向迭代器	包含正向迭代器所有功能，又增加了：
--p	先--后执行，称为前置自减迭代器
p--	先执行后--，称为后置自减迭代器
随机访问迭代器	包含双向迭代器所有功能，又增加了：
p+=i	迭代器p递增i位(后移i位)(p本身变)
p-=i	迭代器p递减i位(前移i位)(p本身变)
p+i	在p所在位置后移i位后的迭代器(迭代器p本身不变)
p-i	在p所在位置前移i位后的迭代器(迭代器p本身不变)
p[i]	返回与p所在位置后移i位的元素引用
p<q	如果迭代器p小于q，则返回true，否则返回false。小的含义是：p在q之前
p<=q	如果迭代器p小于等于q，则返回true，否则返回false
p>=q	如果迭代器p大于等于q，则返回true，否则返回false。大的含义是：p在q之后
p>q	如果迭代器p大于迭代器q，则返回true，否则返回false

下面结合泛型函数find()演示迭代器与泛型算法的关系。find()的定义如下：

```
template<typename InputIterator,typename T>
InputIterator find(InputIterator first, InputIterator last, const T value)
{
    for(; first !=last; ++first)
      if(value == * first)
          return first;
    return last;
}
```

其中，第一个和第二个参数给出了查找的范围，注意这个范围是一个半开半闭区间[first, last)，last所对应的元素不在查找范围内。这是一个普遍的约定，STL所有的泛型算法都遵守这个约定。

【例8-2】 查找某元素是否在一个数组中，如果出现，则输出其下标，否则输出一个提示信息。

```
#include <algorithm>
#include <iostream>
using namespace std;
```

```
int main()
{
    int value, *presult, a[] ={33, 26, 16, 37, 3, 88};

    cout<<"请输入要查找的值:";
    cin>>value;
    presult =find(a, a +6, value);
    if(presult ==a +6)
        cout<<value<<"不存在!"<<endl;
    else
        cout<<value<<"存在,下标是:"<<presult -a <<endl;

    return 0;
}
```

【程序运行结果】

```
请输入要查找的值: 16
16 存在,下标是: 2
```

【程序解析】 本例展示了泛型算法 find()的使用方法。模板参数 InputIterator 被特化为 int *。显然,指向数组元素的指针满足输入迭代器的要求。迭代器包含普通的指针,普通的指针可以代替迭代器作为 find()的参数。

由本例可见,泛型算法不直接访问容器的元素,与容器无关。元素的全部访问和遍历都通过迭代器实现,并不需要知道容器的类型。

8.4 顺序容器

STL 提供了 3 种顺序容器:vector、list 和 deque。vector 类和 deque 类是以数组为基础,list 类是以双向链表为基础。

如果仅仅将元素添加到 vector 类,则 vector 类具有很好的效率。但如果在任意位置(除了尾部之外)插入和删除元素,效率则很低。

deque 类与向量很像,但在其两端进行插入操作效率都很高。但是,如果在内部进行插入或删除操作,效率很低。

list 类适合于需要频繁在容器中进行插入和删除操作的应用。除了表 8-2 给出的所有容器和一级容器支持的函数,表 8-7 给出了顺序容器中的共同函数。

表 8-7 顺序容器中的共同函数

函　数	描　述
assign(n, elem)	将指定元素 elem 的 n 个拷贝添加到容器中
assign(beg, end)	复制迭代器 beg 到 end 之间的元素
push_back(elem)	将元素 elem 添加到容器

续表

函　数	描　述
pop_back()	删除容器尾元素
front()	返回容器首元素
back()	返回容器尾元素
insert(position，elem)	将元素 elem 插入到容器指定的位置 position 处

8.4.1 矢量类

矢量 vector 类是一个多功能的、能够操作多种数据结构和算法的模板类和函数库。它和 C/C++ 的数组一样通过下标运算符[]直接访问矢量中的元素。其元素具有连续的内存地址。当容器中的数据需要排序或通过下标访问时，使用 vector 类较好。与数组不同，vector 对象的内存空间不足时，它会自动分配更大的连续内存空间，将原来的元素复制到新内存区，并释放旧内存区，这是 vector 类的优点。内存分配由分配子 Allocator 完成。分配子也是一个类，它实际上调用了 new 和 delete 运算符。

矢量 vector 是一个类，包含了一个无参构造函数、拷贝构造函数和析构函数，并支持 empty()、size()和关系运算符，还提供了 swap、max_size、clear、erase、rend、begin、end、assign、push_back、pop_back、front、back 和 insert 等常用函数。除了这些函数外，vector 还包含一些特有的函数，用以实现队列、堆栈、列表和其他更复杂的结构。这些复杂的数据结构是后继课程"数据结构"的核心内容。

每个容器都有自己支持的迭代器类型，迭代器决定了可采用哪种算法。vector 支持随机访问迭代器，其功能很强。vector 的迭代器通常实现为 vector 元素的指针。选择容器类实际上很大部分是选择所支持的迭代器。使用矢量容器的一般声明如下：

```
#include <vector>
vector<int>intvector;        //定义一个存放整型序列的向量容器对象 intvector
                             //其长度为 0,表示一个空的 vector 对象
vector<float>floatvector;    //定义一个存放实型序列的向量容器
vector<char>charvector;      //定义一个存放字符序列的向量容器
vector<char * >strvector;    //定义一个存放字符串(字符指针)序列的向量容器
```

可以看出，这是典型的类模板的用法，都将调用默认的构造函数，创建长度为 0 的矢量对象。矢量容器还有多种构造函数：

```
vector(n,elem)               //构造一个向量,填入指定元素的 n 份拷贝
vector(beg,end);             //构造一个向量,用迭代器 beg 和 end 之间的元素进行初始化
vector(size);                //构造一个指定大小的向量
at(index):dataType;          //返回指定位置的元素
```

对矢量的操作包含了在顺序表中所列出的操作，每种操作都是成员函数。

【例 8-3】 演示 vector 类的应用。

```
#include <iostream>
```

```
#include <vector>
using namespace std;
int main()
{
    double values[] ={1, 2, 3, 4, 5, 6, 7};
    int i;

      //构造 dVector 的向量,values 和 values +7 分别指向数组第一个和最后一个元素
    vector<double>dVector(values, values +7);
    cout <<"1. dVector 中的初始内容: ";
    for(i =0; i <dVector.size(); i++)
       cout <<dVector[i] <<"\t";
    cout <<endl;

    dVector.assign(4, 1.8);                           //将 1.8 复制 4 份
    cout <<"2. 执行 assign 函数后,dVector 内容: ";
    for(i =0; i <dVector.size(); i++)
       cout <<dVector[i] <<"\t";
    cout <<endl;

    dVector.at(0) =64.4;                              //赋值向量的第一个元素为 64.4
    cout <<"3. 执行 at 函数后,dVector 内容: ";
    for(i =0; i <dVector.size(); i++)
       cout <<dVector[i] <<"\t";
    cout <<endl;

    vector<double>::iterator itr =dVector.begin();  //将首元素的迭代器赋给 itr
      //将元素 55 和 66,依次插入到首元素后的第一个位置
    dVector.insert(itr +1, 55);
    dVector.insert(itr +1, 66);

    cout <<"4. 执行 insert 函数后,dVector 内容: ";
    for(i =0; i <dVector.size(); i++)
       cout <<dVector[i] <<"\t";
    cout <<endl;

    dVector.erase(itr +2, itr +4);                    //将 itr+2~itr+4 之间的各元素删除
    cout <<"5. 执行 erase 函数后,dVector 内容: ";
    for(i =0; i <dVector.size(); i++)
       cout <<dVector[i] <<"\t";
    cout <<endl;

    dVector.clear();                                  //将容器清空
    cout <<"6. 执行 clear 函数后,dVector 中元素个数为:" <<dVector.size() <<endl;
    cout <<"7. dVector 是否为空? " <<(dVector.empty() ? "Yes" : "No") <<endl;
```

```
    return 0;
}
```

【程序运行结果】

```
1. dVector 中的初始内容：1      2      3      4      5      6      7
2. 执行 assign 函数后，dVector 内容：1.8     1.8     1.8     1.8
3. 执行 at 函数后，dVector 内容：64.4     1.8     1.8     1.8
4. 执行 insert 函数后，dVector 内容：64.4     66     55     1.8     1.8     1.8
5. 执行 erase 函数后，dVector 内容：64.4     66     1.8     1.8
6. 执行 clear 函数后，dVector 中元素个数为：0
7. dVector 是否为空？Yes
```

【程序解析】 程序首先创建了一个具有1～7元素的数组，随后用数组中的元素创建了一个向量dVector。数组可以用指针来访问，与迭代器类似，values和values＋7分别指向数组的第一个和最后一个元素。

程序使用for循环输出向量中的所有元素，这里使用了下标运算符[]来访问向量中的元素，双端队列也可以用下标运算符[]来访问元素。

【注意】 双端队列是一种具有队列和栈性质的数据结构，它是“数据结构”课程中的重要内容之一。该队列中的元素可以从两端弹出，其插入和删除操作必须在两端进行。

下面的语句将64.8赋值给向量的第一个元素：

```
doubleVector.at(0)=64.8;
```

此语句与下面语句相同：

```
doubleVector[0]=64.4
```

除了前面介绍的普通类型迭代器外，＜iterator＞头文件还定义了一些特殊类型迭代器。

首先介绍反转型迭代器（Reverse Iterator），它是把元素颠倒过来。正向遍历一个第1类容器时，如果用了反转迭代器，实际上实现的是反向遍历。第1类容器支持两对操作，begin()和end()，分别返回指向容器首元素和容器末元素后继的迭代器。rbegin()和rend()分别返回指向容器末元素和容器首元素前导的普通迭代器。其中，后一对操作用于支持反转型迭代器。例如：

```
int values[] ={1, 2, 3, 4, 5, 6, 7};
vector<int>vecObj(values, values +7);
vector<int>::reverse_iterator iter;
for(iter =vecObj.rbegin();                    //将 iter 指向到末元素
    iter !=vecObj.rend();                     //当 iter 不等于首元素的前导时
    iter++)                                   //实际上是递减
{
    cout << *iter <<"\t";                     //逆序输出原序列
}
```

该例似乎混淆了递增和递减的意义，但是当需要把升序的序列改为降序的序列时，并不需要真正去逆序一个序列，只要使用反转迭代器即可，这非常方便。

第 2 类常用特殊类型的迭代器是插入型迭代器(Insertion Iterator)，它将赋值运算改为插入运算。

普通输出迭代器可以把一个矢量 a 的内容复制到另外一个矢量 b 中，这一复制可以从矢量 b 的任一元素开始，矢量 b 对应位置上的元素被改写。

插入迭代器可以添加元素，复制时它可以把矢量 a 插入到矢量 b 任一位置。插入迭代器先自动后移矢量 b 中将要插入新元素位置后面的元素，空出位置，以便插入矢量 a。

同一个 copy()算法用不同类型的迭代器其结果是不同的，而且用普通输出迭代器进行 copy()算法时，如果要将较大的矢量复制给较小的矢量，因为后者没有足够的空间，系统不知是停止还是扩展后者，所以将导致未定义的运行时行为，赋值失败。

插入型迭代器有 3 种，属性均为输出迭代器：

insert_iterator <Type, Iter>用来将新元素插入到一个由迭代器第二个参数 Iter 指定的元素的前面。

另两个插入迭代器是 back_insert_iterator <Type>和 front_insert_iterator<Type>。back_insert_iterator <Type>将新元素添加到容器对象的末端，front_insert_iterator <Type>将新元素添加到容器的前端(注意：最后添加的元素放在最前面)。

插入型迭代器的使用方法特殊，标准库定义了 3 个插入型迭代器适配器函数，它们返回对应的插入迭代器。

(1) inserter(Type&,Iter)

它使用容器的 inserter()插入操作代替赋值操作。inserter 函数要求两个实参：容器本身和它的一个指示起始插入位置的迭代器。标记起始插入位置的迭代器并不是保持不变，而是随被插入的元素增加而递增，这样每个元素就能顺序地插入。

(2) back_inserter(Type&)

它使用容器的 push_back()插入操作代替赋值操作，将新元素添加到容器对象的末端。实参是容器本身，返回一个 back_inserter 迭代器。

(3) front_inserter(Type&)

它使用容器的 push_front()插入操作代替赋值操作，将新元素添加到容器的前端。同样，最后添加的元素放在最前面。实参也是容器本身，返回一个 front_inserter 迭代器。front_inserter 不能用于矢量 vector，因为 vector 没有成员函数 push_front()。

第 3 类是特殊的迭代器，适用于特定的场合，如流迭代器(Stream Iterator)，包括输入流迭代器(Istream_Iterator)和输出流迭代器(Ostream_Iterator)，这两个迭代器用于序列化元素。既可以用于序列化容器中的元素，也可以用于序列化输入输出流中的元素。

STL 为标准的输入输出流 iostream 提供了迭代器，它们可以与标准库容器类型和泛型算法结合起来使用。输入流迭代器类支持在 istream、ifstream 等输入流类上的迭代器操作。istream_iterator 声明方式为：

```
istream_iterator<Type>迭代器标识符(istream &);
```

输出流也有对应的 ostream_iterator 类支持的迭代器操作，其声明方式为：

```
ostream_iterator<Type>迭代器标识符(ostream&)
```

```
ostream_iterator<Type>迭代器标识符(ostream&,char*)
```

泛型算法 copy()在系统内部定义如下,不要将此段写到程序中,此处是帮助读者理解:

```
template <typename InputIterator,typename InputIterator,
        typename OutputIterator >OutputIterator
copy(InputIterator first, InputIterator last, OutputIterator x)
{
    for(;first!=last;++x,++first)
      *x=*first
    return(x);
}
```

对于文件流,copy()算法要求提供一对 iterator 来指示文件流内部的开始和结束位置。通常使用由 istream 对象初始化的 istream_iterator 提供开始位置,在下例中为 input;通过调用默认构造函数使迭代器指向文件流的结束位置(实际上是结束元素的后继)。Copy()算法的第三个参数是输出型迭代器,指示要将内容复制到何处。

泛型算法 sort()为排序算法,其迭代器是随机迭代器。格式声明如下:

```
template<typename RandomAccessInterator,typename Pr>
void sort<RandomAccessInterator first, RandomAccessInterator last, Pr P>;
```

其中,第三个参数为排序方式,采用函数对象。例如,greater<int>是预定义的“大于”函数对象,排序时由它来比较数值大小。默认时为“小于”,即升序排序。

【例 8-4】 vector 应用方法。

```
#include<iostream>
#include<vector>
#include<iterator>
#include<functional>
#include<algorithm>
using namespace std;
int main()
{
    cout<<"请输入一组整数,以 Ctrl+Z 结束:";
    istream_iterator<int>inputIterator(cin);
    istream_iterator<int>end_of_stream;
    vector<int>intVector;
    copy(inputIterator,end_of_stream,
        inserter(intVector,intVector.begin()));                //输入数字
    sort(intVector.begin(),intVector.end(),greater<int>());    //降序排列
    ostream_iterator<int>outputIterator(cout,"\t");
    cout<<"结果为:";
    unique_copy(intVector.begin(),intVector.end(),outputIterator);
    cout<<endl;
    return 0;
}
```

【程序运行结果】

```
请输入一组整数,以 Ctrl+ Z 结束：88    44    77    22    99    66    ^Z
结果为：99    88    77    66    44    22
```

【程序解析】 用迭代器 inputIterator(其实参为 cin,即标准输入)读入一个整数集到一个矢量类对象中。end_of_stream 是指示文件(流)的结束位置,它使用了默认的构造函数,所以指向文件流的结束位置。

程序将标准函数 inserter()返回的插入迭代器作为 copy 的第三个参数,它是输入型的,所以把流插入到 intVector 中。

程序中输出迭代器 outputIterator 中第二个参数"\t"表示采用跳格分隔各个整数。泛型算法 unique_copy 复制一个序列,并删除序列中所有相邻重复元素,只保留一个元素,原序列不变。

8.4.2　列表类

列表类 list 可作为双向链表实现,可高效地在列表的任意位置进行插入和删除。它有两个指针域,可以向前也可以向后进行访问列表,即支持的迭代器类型为双向迭代器,但不支持随机访问。

【注意】 列表类不能使用下标运算符[]访问列表中的元素。

list 类定义了几个成员函数,可以方便地实现一些操作。例如,可以把一个列表接到另一列表中,还可以对列表进行排序;或者是把一个排序好的列表合并到另一列表中。所以,这些操作只改变链表结点之间的链接,并不进行元素复制,当内存空间有限或复制成本较高时,该方法十分有效。

list 类还有另外一个其他容器所不具备的优点。list 对于大部分成员函数抛出的异常,都能够恢复到操作前的最初状态,并且将异常继续抛出。

列表类容器也有多个构造函数,与矢量类形式相同。列表定义在头文件<list>中。

【例 8-5】 list 容器使用初步。

```
#include <iostream>
#include <list>
using namespace std;

int main()
{
    int vals[] ={10, 20, 30, 40, 50 };

        //构造一个列表 intList,并用 vals~vals+4 之间元素初始化
    list<int>intList(vals, vals+4);

    cout <<"intList 中的初始元素：";
    list<int>::iterator p;
    for(p =intList.begin(); p !=intList.end(); p++)
        cout << *p <<"  ";
```

```
cout <<endl <<endl;

intList.assign(2, 11);                         //将元素 11 复制 2 份加入到容器中
cout <<"执行 assign 后,intList 中内容: ";
for(p =intList.begin(); p !=intList.end(); p++)
    cout << *p <<"  ";
cout <<endl;

list<int>::iterator itr =intList.begin();
itr++;
//插入元素 55
intList.insert(itr, 55);
cout <<"执行 insert 后,intList 中内容: ";
for(p =intList.begin(); p !=intList.end(); p++)
    cout << *p <<"  ";
cout <<endl;

list<int>::iterator beg =intList.begin();
itr++;
intList.erase(beg, itr);                       //将 beg~itr 之间的元素删除
cout <<"执行 erase 后, intList 中的内容: ";
for(p =intList.begin(); p !=intList.end(); p++)
cout << *p <<"  ";
cout <<endl;

intList.clear();                               //清空容器
cout <<"执行 clear 后, intList 中的元素个数: " <<intList.size() <<endl;
cout <<"是否为空? " <<(intList.empty()?"Yes":"No")<<endl;  //判断是否空

    //将元素 10、20 插入到列表头
intList.push_front(10);
intList.push_front(20);
cout <<"执行插入操作后, intList 中的内容: ";
for(p =intList.begin(); p !=intList.end(); p++)
    cout << *p <<"  ";
cout <<endl;

intList.pop_front();                           //删除列表头元素
intList.pop_back();                            //删除列尾元素
cout <<"执行删除操作后, intList 中的内容: ";
for(p =intList.begin(); p !=intList.end(); p++)
    cout << *p <<"  ";
cout <<endl;

int val1[] ={7, 3, 1, 2};
```

```
list<int>list1(val1, val1 +4);
list1.sort();                                   //将列表按升序排列
cout <<"按升序排列后, list1: ";
for(p =list1.begin(); p !=list1.end(); p++)
    cout << *p <<"  ";
cout <<endl;

list<int>list2(list1);
list1.merge(list2);                            //将列表 list1、list2 合并,list2 变为空
cout <<"合并后, list1: ";
for(p =list1.begin(); p !=list1.end(); p++)
    cout << *p <<"  ";
cout <<endl;
cout <<"list2 元素个数为: " <<list2.size() <<endl;

list1.reverse();                                //将 list1 反转
cout <<"将 list1 反转, list1: ";
for(p =list1.begin(); p !=list1.end(); p++)
    cout << *p <<"  ";
cout <<endl;

    //在列表尾部插入元素 100
list1.push_back(100);
cout <<"在 list1 表尾插入元素, list1: ";
for(p =list1.begin(); p !=list1.end(); p++)
    cout << *p <<"  ";
cout <<endl;

list1.remove(7);                                //将列表中值为 7 的删除
cout <<"删除值为 7 的元素, list1: ";
for(p =list1.begin(); p !=list1.end(); p++)
    cout << *p <<"  ";
cout <<endl;

list2.assign(3, 2);                             //将元素 2 复制 3 份加入到列表 list2 中
cout <<"执行 assign 后, list2: ";
for(p =list2.begin(); p !=list2.end(); p++)
    cout << *p <<" ";
cout <<endl;

p =list2.begin();
p++;
list2.splice(p, list1);        //将 list1 的元素移到 list2 首元素之前,list1 变为空
cout <<"将列表 list1 中元素移到 list2, list2 变为: ";
for(p =list2.begin(); p !=list2.end(); p++)
```

```
        cout << *p << "  ";
    cout <<endl;
    cout <<"移动之后, list1 中元素个数: " <<list1.size() <<endl;
    return 0;
}
```

【程序运行结果】

```
intList 中的初始元素: 10  20  30  40

执行 assign 后,intList 中内容: 11  11
执行 insert 后,intList 中内容: 11  55  11
执行 erase 后, intList 中的内容:
执行 clear 后, intList 中的元素个数: 0
是否为空? Yes
执行插入操作后, intList 中的内容: 20  10
执行删除操作后, intList 中的内容:
按升序排列后, list1: 1  2  3  7
合并后, list1: 1  1  2  2  3  3  7  7
list2 元素个数为: 0
将 list1 反转, list1: 7  7  3  3  2  2  1  1
在 list1 表尾插入元素, list1: 7  7  3  3  2  2  1  1  100
删除值为 7 的元素, list1: 3  3  2  2  1  1  100
执行 assign 后, list2: 2  2  2
将列表 list1 中元素移到 list2, list2 变为: 2  3  3  2  2  1  1  100  2  2
移动之后, list1 中元素个数: 0
```

【程序解析】 首先创建了一个名为 intList 的列表,并输出其内容。通过 assign 操作,将 intList 的两个元素赋值 11;执行 insert 操作,将元素 55 插入到迭代器 itr 指定的位置;接着调用 erase 删除了从 beg 至 itr 之间的元素;通过 clear 清空列表,然后添加了 3 个元素,删除了两个元素,通过输出验证了结果。

程序然后创建了一个名为 list1 的列表,将其按升序排序,然后通过 merge,将它与另一个列表 list2 合并。合并完后,list2 变为空。使用 reverse 函数将 list1 反转,然后将其所有值为 7 的元素删除。程序最后使用 splice 函数将 list1 的所有元素移到 list2 中迭代器 p 之前的位置。完成后,list1 变为空。

8.4.3 双端队列类

双端队列(Double-Ended Queue),简称 deque,与 vector 非常相似,但其内部的数据机制和执行性能与 vector 不同。双端队列有高度的灵活性,对象既可从队首进队,也可以从队尾进队,同样也可从任一端出队。而且除了可从队首和队尾移走对象外,还支持通过使用下标操作符[]进行访问。本质上,双端队列是以顺序表(如数组)为基础,能利用下标进行访问,它还支持随机访问迭代器。

使用双端队列容器类实现矢量容器类所能实现的各种数据结构会更加灵活、方便。使用双端队列时必须包含头文件＜deque＞。

双端队列类容器也有多种构造函数，与矢量类或列表类形式相同。

【例 8-6】 双端队列 deque 应用。

```
#include <iostream>
#include <deque>
using namespace std;
int main()
{
    double vals[] ={1, 2, 3, 4, 5, 6};
    unsigned int i;

        //构造一个双端队列 dDeque,用迭代器 vals~vals+6 之间元素进行初始化
    deque<double>dDeque(vals, vals +6);

    cout <<"dDeque 中初始元素: ";
    for(i =0; i <dDeque.size(); i++)
        cout <<dDeque[i] <<"  ";
    cout <<endl;

    dDeque.assign(2, 1.5);                    //将元素 1.5 复制 2 份加入到容器中
    cout <<"执行函数 assign 后, dDeque 的内容: ";
    for(i =0; i <dDeque.size(); i++)
        cout <<dDeque[i] <<"  ";
    cout <<endl;

    dDeque.at(0) =2.4;                        //向量的第一个元素赋值为 2.4
    cout <<"执行函数 at 后, dDeque 的内容: ";
    for(i =0; i <dDeque.size(); i++)
        cout <<dDeque[i] <<"  ";
    cout <<endl;

        //先后在下标为 1 的位置插入元素 22 和 33
    dDeque.insert(dDeque.begin() +1, 22);
    dDeque.insert(dDeque.begin() +1, 33);
    cout <<"执行插入操作后, dDeque 的内容: ";
    for(i =0; i <dDeque.size(); i++)
        cout <<dDeque[i] <<"  ";
    cout <<endl;

        //将下标在区间[2,4)内的元素删除
    dDeque.erase(dDeque.begin() +2, dDeque.begin() +4);
    cout <<"执行删除指定区间元素后, dDeque 的内容: ";
    for(i =0; i <dDeque.size(); i++)
        cout <<dDeque[i] <<"  ";
    cout <<endl;
```

```
    dDeque.clear();                         //将容器清空
    cout <<"执行 clear 操作后, dDeque 中元素个数为:" <<dDeque.size() <<endl;
    cout <<"是否为空?" <<(dDeque.empty() ? "Yes" : "No") <<endl;

        //将元素 1.1、2.5 和 3.8 插入到队首
    dDeque.push_front(1.1);
    dDeque.push_front(2.5);
    dDeque.push_front(3.8);
    cout <<"执行插入操作后, dDeque 的内容: ";
    for(i =0; i <dDeque.size(); i++)
        cout <<dDeque[i] <<"  ";
    cout <<endl;

    dDeque.pop_front();                     //删除队首元素
    dDeque.pop_back();                      //删除队尾元素
    cout <<"执行删除操作后, dDeque 的内容: ";
    for(i =0; i <dDeque.size(); i++)
        cout <<dDeque[i] <<"  ";
    cout <<endl;
    return 0;
}
```

【程序运行结果】

```
dDeque 中初始元素: 1  2  3  4  5  6
执行函数 assign 后, dDeque 的内容: 1.5  1.5
执行函数 at 后, dDeque 的内容: 2.4  1.5
执行插入操作后, dDeque 的内容: 2.4  33  22  1.5
执行删除指定区间元素后, dDeque 的内容: 2.4  33
执行 clear 操作后, dDeque 中元素个数为:0
是否为空? Yes
执行插入操作后, dDeque 的内容: 3.8  2.5  1.1
执行删除操作后, dDeque 的内容: 2.5
```

【程序解析】 deque 类包含 vector 类中的所有函数。因此,可以使用 vector 的场合都可以使用 deque。程序前段与前面的 vector 例子几乎一样。

程序使用 push_front 函数将元素添加到双端队列的队首,使用 pop_front 函数删除队首元素,使用 pop_back 函数删除队尾元素。

8.5 函数对象与泛型算法

STL 中的算法表现为一系列的函数模板,定义在 STL 头文件中。程序员可以用来实例化每一个模板函数,从而提高它们的通用性。这些函数模板一般都使用迭代器作为它的参数和返回值。例如,前面所讲的 find()算法,寻找一个元素并返回这个元素的迭代器,如果找不到 find()返回 end()迭代器,即返回容器中最后一个元素后面的一个迭代器。每个

容器都可使用 find()算法。

8.5.1　函数对象

每个泛型算法的实现都独立于容器类型,这就消除了算法对类型的依赖性。采用函数模板,从表面上看可以完全解决这种依赖性,但并非这么简单。例如,在排序算法中,关键字的比较是排序的依据,通常用＞、＜等运算符来表示比较。但这只能用于对字符型、整型和浮点型等数值类型的比较;对于 C 风格的字符串,就要使用 strcmp()函数来比较。

STL 的泛型算法采用"函数对象"来解决该问题。函数对象在 STL 中具有重要作用,应用它可进一步提高算法的通用性。函数对象是一个类,通常它仅有一个成员函数,该函数重载了函数调用操作符 operator()。该操作符封装了可实现为一个函数的所有操作。

函数对象的英文是 function object,有人也称其为仿函数或函子,实际上它是通过对象来模仿函数。声明函数对象的方法:

```
Struct smaller_int
{
   Bool operator()(int x, int y) const
   { return x <y; }
} fun;
```

此时,可以将 fun 视为函数名,表达式 fun(x, y)将调用在 smaller_int 中所定义的那个成员函数。在通常情况下,函数对象作为实参传递给泛型算法。和引用一样,函数对象一般不单独使用。

【注意】 作为模板的参数,函数对象也可以用函数指针来代替。

【例 8-7】 函数对象的使用。

```
#include <algorithm>
#include <iostream>
using namespace std;
struct Point
{
   int x, y;
};
   //定义函数对象 lessPointX 用来比较两个点的 X 坐标值,小于返回 true,否则返回 false
struct lessPointX
{
      //重载函数调用操作符()
   inline bool operator()(Point a, Point b)
   { return(a.x <b.x); }
} structLessPointX;
   //定义函数 fungreatPointY,用来比较两个点的 Y 坐标值,大于返回 true,否则返回 false
bool fungreatPointY(Point a, Point b)
{
   return(a.y >b.y);
}
```

```
int main()
{
    Point pointArray[] ={{3,4}, {1,7}, {5,4}, {2,2}, {6,6}};
    int i;

    cout<<"初始化 pointArray 数组为: "<<endl;
    for(i =0; i <5; i++)
        cout<<"{"<<pointArray[i].x<<","<<pointArray[i].y<<"}"<<"\t";
    cout <<endl;

        //函数对象 lessPointX 的实例作为第 3 个参数
    sort(pointArray, pointArray +5, structLessPointX);

    cout<<"按 X 坐标从小到大排序后的结果为: "<<endl;
    for(i =0; i <5; i++)
        cout<<"{"<<pointArray[i].x<<","<<pointArray[i].y<<"}"<<"\t";
    cout <<endl;

        //函数 fungreatPointY 作为第 3 个参数
    sort(pointArray, pointArray +5, fungreatPointY);

    cout<<"按 Y 坐标从大到小排序后的结果为: "<<endl;
    for(i =0; i <5; i++)
        cout<<"{"<<pointArray[i].x<<","<<pointArray[i].y<<"}"<<"\t";
    cout <<endl;
    return 0;
}
```

【程序运行结果】

```
初始化 pointArray 数组为:
{3,4}  {1,7}  {5,4}  {2,2}  {6,6}
按 X 坐标从小到大排序后的结果为:
{1,7}  {2,2}  {3,4}  {5,4}  {6,6}
按 Y 坐标从大到小排序后的结果为:
{1,7}  {6,6}  {3,4}  {5,4}  {2,2}
```

【程序解析】 函数对象主要是作为泛型算法的实参使用,常用来改变默认的操作,例如:

```
sort(vec.begin(),vec.end(),greater<int>());
```

这就是把整数的大于关系函数对象作为实参,从而达到降序排列的目的。只要改一下类型参数就可用于字符串排序:

```
sort(svec.begin(),svec.end(),greater<string>());
```

例如，自定义整数类 myInt，重载比较算法中的＞运算符。

```
class myINT
{
private:
    int value;
public:
    myINT(int val=0):value(val){ }
    int operator-(){ return -value; }                //重载负号
    int operator%(int val){ return value %val; }     //重载求余符号
    bool operator>(int val){ return value >val; }    //重载大于符号
    bool operator!(){ return value==0; }             //重载逻辑非
};
```

myInt 类可以作为类型参数传递给函数对象 greater＜T＞，同时把重载的运算符也传递过去。采用函数对象的优点：

(1) 函数对象可以是内联函数，由于内联函数的特殊性，程序的速度更快。

(2) 程序在编译时对函数对象进行类型检查，提高程序的质量。

函数对象有多种来源，STL 标准库预定义了一些算术、关系和逻辑函数的对象。每个对象都是一个类模板，其中操作数类型作为模板参数。使用时要包含头文件：

```
#include <functional>
```

下面给出一些常用的预定义函数对象。

(1) 算术函数对象

加法：plus＜Type＞(x,y)　　//返回 x+y，可用于 string、复数和浮点数等

减法：minus＜Type＞(x,y)　　//返回 x-y，不能用串，可用于复数和浮点数等

乘法：multiplies＜Type＞(x,y)　　//返回 x*y，不能用串，可用于复数和浮点数等

除法：divides＜Type＞(x,y)　　//返回 x/y，不能用串，可用于复数和浮点数等

求余：modulus＜Type＞(x,y)　　//返回 x%y，只能用于整数

取反：negate＜Type＞(x)　　//返回-x，补码，只能用于整数

(2) 逻辑函数对象。下面的 Type 必须支持逻辑运算。

逻辑与：logical_and＜Type＞(x,y)//对应"&&"，二元运算

逻辑或：logical_or＜Type＞(x,y)　//对应"||"，二元运算

逻辑非：logical_not＜Type＞(x)　//对应"!"，一元运算

(3) 关系函数对象。它们的返回值为布尔量，有两个参数，将第 1 个参数和第 2 参数相比：

等于：equal_to＜Type＞(x,y)　　//对应 x==y

不等于：not_equal_to＜Type＞(x,y)　　//对应 x!=y

大于：great＜Type＞(x,y)　　//对应 x＞y

大于等于：great_equal＜Type＞(x,y)　　//对应 x＞=y

小于：less＜Type＞(x,y)　　//对应 x＜y

小于等于：less_equal＜Type＞(x,y)　　//对应 x＜=y

返回布尔值的函数对象也称为谓词,默认的二进制谓词是小于比较操作符<,所以默认的排序方式都是升序排列。

【例 8-8】 预定义函数对象的应用举例。

```
#include <functional>
#include <iostream>
using namespace std;
int main()
{
    int v1=8, v2=6;
    plus<int>intAdd;
    int sum=intAdd(v1,v2);          //等效于 sum=v1+inval2
    cout <<"和: "<<sum <<endl;

    multiplies<int>intMul;
    int mul =intMul(v1,v2);         //等效于 mul=v1 * inval2
    cout <<"乘积: "<<mul <<endl;

    logical_and <int>intLA;
    bool la =intLA(v1,v2);          //等效于 le=v1 && inval2
    cout <<"逻辑与: "<<la <<endl;

    less_equal <int>intLE;
    bool le =intLE(v1,v2);          //等效于 le=v1 <=inval2
    cout <<"小于等于: "<<le <<endl;
    return 0;
}
```

【程序运行结果】

```
和: 14
乘积: 48
逻辑与: 1
小于等于: 0
```

8.5.2 泛型算法

通常需要在容器中寻找特定的元素或者将容器中的一个元素用另一个新元素替换,或者是删除容器中的某些元素,或者是将给定的一些元素写到容器中,或者是求容器中的最大/小元素,或者是对容器中元素排序,等等,这些函数是所有容器共同具有的。显然应该在每个容器中都实现这些函数,但一个更好的方法是将这些函数实现为能适用于不同容器乃至数组的通用算法,STL 就采取了这种方法。STL 算法都是通过迭代器来访问容器中的元素。这些算法分为:

(1) 修改容器的算法,这类算法通过插入、删除、重排等操作改变容器中包含的元素。例如,copy()、remove()、replace()、swap()等。

（2）不修改容器的算法，这类算法不改变容器内容，只从容器中获取信息。例如，find()、count()等。

STL 泛型算法函数命名方式很有规律，并且都有后缀，常用后缀的含义如下。

_if 后缀：表示函数采用的操作是在元素上，而不是对元素的值本身进行操作。例如，find_if 算法表示查找一些值满足函数指定条件的元素，而 find 是查找特定的值。

_copy 后缀：表示算法不仅操作元素的值，而且还把修改的值复制到一个目标范围中。例如，replace 算法将序列中等于特定值的所有元素的值改为另一个特定值，而 replace_copy 算法同时把结果复制到目标范围中。

其他的后缀从英文意思上立即可以认出其含义。例如，find_end 为查找符合要求的最后一个元素。

所有泛型算法的前两个实参是一对 iterator，通常称为 first 和 last，它们规定了要操作的容器或内置数组中的元素范围，包括 first，但不包含 last，区间为半开半闭：[first，last)。当 first＝＝last 成立时，范围为空。

泛型算法可分为以下几类。

（1）查找算法。有 13 种查找算法用各种策略去判断容器中是否存在一个指定值。其中，equal_range()、lower_bound()和 upper_bound()提供折半查找形式。

（2）排序和通用整序算法。共有 14 种排序(Sorting)和通用整序(Ordering)算法，为容器中元素的排序提供各种处理方法。整序是按一定规律分类。例如，分割(Partition)算法把容器分为两组，一组由满足某条件的元素组成，另一组由不满足某条件的元素组成。

（3）删除和代替算法。有 15 种删除和代替算法。

（4）排列组合算法。有两种算法。排列组合是指全排列。例如，3 个字符{a，b，c}组成的序列有 6 种可能的全排列：abc、acb、bac、bca、cab、cba；并且 6 种全排列按以上顺序排列，认为 abc 最小，cba 最大，因为 abc 是全顺序(从小到大)而 cba 是全逆序(从大到小)。

（5）生成和改变算法。该算法有 6 种，包含生成(Generate)、填充(Fill)等。

（6）关系算法。有 7 种关系算法，为比较两个容器提供了各种策略，包括相等[equal()]，最大[max()]，最小[min()]等。

（7）集合算法。4 种集合(set)算法提供了对任何容器类型的通用集合操作，包括并(Union)、交(Intersection)、差(Difference)和对称差(Symmetric Difference)。"并"是两个容器中所有元素的有序序列，"交"是在两容器中共同元素的有序序列，"差"是在第 1 个容器中存在，而在第 2 个容器中不存在的元素的有序序列(差不符合交换律)，对称差是不同时出现在两个容器中的所有元素的有序序列，如图 8-1 所示。

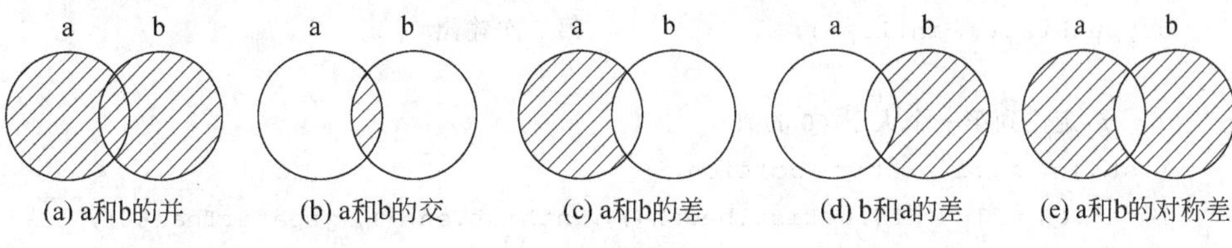

图 8-1　集合算法含义

（8）堆算法。有 4 种堆算法。堆是以数组来表示二叉树的一种形式。堆算法提供了 4

种操作，用于创建堆、从堆中删除元素、向堆中插入元素和排序堆。标准库提供大根堆(Max_Heap)，它的每个结点的关键字大于其子结点的关键字。

(9) 算术算法。该类算法有 4 种，使用时要求包含头文件<numeric>。

【例 8-9】 泛型算法的使用。

```
#include <list>
#include <iostream>
#include <algorithm>
using namespace std;
bool greaterThan60(int x)
{
    return x >60;
}
template <typename T>
void outputList(int i, list<T>intList)
{
    list<T>::iterator p;

    cout <<i <<": 当前队列: ";
    for(p =intList.begin(); p !=intList.end(); p++)
        cout << *p <<"\t";
    cout <<endl;
}

int main()
{
    int arr[] ={10,22,32,14,52,66,37, 100};
    list<int>intList(arr, arr+7);     //定义一个 list 并初始化

    outputList(1, intList);           //第 1 次输出
    intList.push_back(77);            //向 list 填充 2 个数，然后输出
    intList.push_back(88);
    outputList(2, intList);           //第 2 次输出

        //将序列中的所有 22 都替换为 20
    replace(intList.begin(), intList.end(), 22, 20);
    outputList(3, intList);           //第 3 次输出

        //定位到第一个大于 60 的数
    list<int >::iterator location;
    location =find_if(intList.begin(), intList.end(), greaterThan60);
    if(location !=intList.end())      //找到了第一个大于 60 的数
        cout <<" 队列中第一个大于 60 的数是: " << *location <<endl;
    else
        cout <<" 未找到大于 60 的数!"<<endl;
```

```
        //将序列中的所有大于 60 的数都替换为 60
    replace_if(intList.begin(), intList.end(), greaterThan60, 60);
    outputList(4, intList);                //第 4 次输出

        //删除 list 中的所有奇数
    intList.remove_if(bind2nd(modulus<int>(), 2));
    outputList(5, intList);                //第 5 次输出

    intList.sort();                        //按升序排序
    outputList(6, intList);                //第 6 次输出

    intList.reverse();                     //逆序
    outputList(7, intList);                //第 7 次输出
    return 0;
}
```

【程序运行结果】

```
1: 当前队列: 10  22   32   14   52   66   37
2: 当前队列: 10  22   32   14   52   66   37   77   88
3: 当前队列: 10  20   32   14   52   66   37   77   88
   队列中第一个大于 60 的数是: 66
4: 当前队列: 10  20   32   14   52   60   37   60   60
5: 当前队列: 10  20   32   14   52   60   60   60
6: 当前队列: 10  14   20   32   52   60   60   60
7: 当前队列: 60  60   60   52   32   20   14   10
```

8.6　关联容器

模板类集合(Set)、多重集合(Multiset)、映射(Map)和多重映射(Multimap)被称为关联容器(Associative Container)。它们把一个关键字与一个元素联系起来,并使用该键来加速查找、插入、删除等对元素的操作。由于这些关联容器的底层采用树形表达形式,故这些操作可以在对数时间内完成。如果需要维护一个有序序列以便于快速查找、插入或删除等操作,那么最好选择某个关联容器。

8.6.1　集合和多重集合类

集合和多重集合提供了控制数值集合的操作,其中数值就是关键字,即不必另有一组值与每个关键字相关联。集合与多重集合的主要区别在于多重集合允许重复的关键字,而集合不允许有重复的关键字,它们都在头文件<set>中定义。

多重集合关联容器用于快速存储和读取关键字,它允许重复的关键字。元素的顺序由比较子函数对象(comparator function object)确定。set 类模板声明为:

```
template <typename Key,typename Pred =less<Key>,
```

```
        typename A =allocator<Key>>class set;
```

其中,第二个模板参数表示比较子函数对象,其默认值为 less<Key>,它使元素按升序排列。set 容器有如下多个构造函数:

```
(1) set();                  //构造一个空的按默认次序排列的集合
(2) set(pr);                //构造一个空的按函数对象 pr 排列的集合
(3) set(first,last);        //构造按默认顺序排列的集合,元素值由[first,last)
                            //指定的序列复制
(4) set(first,last,pr);     //同(3),但按函数对象 pr 要求排列
```

这些构造函数还可以显式给出分配器(Allocator)对象。

集合和多重集合支持双向迭代器。集合和多重集合通常实现为数据结构中的红黑树。红黑树是一种自平衡二叉查找树。它可以在 O(logn)时间内做查找、插入和删除操作,其中 n 为树中元素的数目。正是这种实现保证了集合和多重集合的高效。

【注意】 红黑树是一棵满足如下性质的二叉查找树,这是数据结构中的一个知识点:

(1) 每个结点或者为黑色或者为红色。

(2) 根结点为黑色。

(3) 每个叶结点都是黑色的。

(4) 如果一个结点是红色的,那么它的两个子结点都是黑色的。

(5) 对于每个结点,从该结点到其所有子孙叶结点的路径中,所包含的黑色结点数量必须相同。

红黑树的每个结点上的属性除了有一个 key、3 个指针(parent、lchild、rchild)以外,还有一个属性 color。它的取值只能是红或黑。

【例 8-10】 多重集合关联容器的举例。

```
#include <iostream>
#include <set>                                         //包含集合头文件
using namespace std;
int main()
{
   int vals[] ={24, 22, 12, 67, 22, 34};
   multiset<int>intMSet(vals, vals +6);      //用 vals 来初始化容器 intMSet
   multiset<int>::iterator p;

      //multiset<int>::iterator 为容器 multiset<int>专有的迭代器,它是双向迭代器
   cout <<"初始化 intMSet 的内容为: ";
   for(p =intMSet.begin(); p !=intMSet.end(); p++)
      cout << * p <<"  ";
   cout <<endl;

   intMSet.insert(44);                        //向容器中插入元素 44 和 11
   intMSet.insert(11);
   cout <<"插入操作后,intMSet 的内容为: ";
   for(p =intMSet.begin(); p !=intMSet.end(); p++)
```

```
        cout << *p <<"  ";
    cout <<endl;

    p =intMSet.lower_bound(22);                //返回集合中第一个不小于 22 的元素
    cout <<"intMSet 中不小于 22 的最小的数是: " << *p <<endl;
    p =intMSet.upper_bound(22);                //返回集合中第一个大于 22 的元素
    cout <<"UintMSet 中大于 22 的最小的数是: " << *p<<endl;

    p =intMSet.find(22);        //找到则返回相应迭代器,未找到则返回 intMSet.end()
    if(p ==intMSet.end())
        cout <<"22 不在 intMSet 中" <<endl;
    else
        cout <<"intMSet 中 22 的个数为: " <<intMSet.count(22) <<endl;

    intMSet.erase(22);                          //去掉集合中值为 22 的元素
    cout <<"调用 erase 方法后,intMSet 的内容为: ";
    for(p =intMSet.begin(); p !=intMSet.end(); p++)
        cout << *p <<"  ";
    cout <<endl;
    return 0;
}
```

【程序运行结果】

```
初始化 intMSet 的内容为: 12   22   22   24   34   67
插入操作后,intMSet 的内容为: 11   12   22   22   24   34   44   67
intMSet 中不小于 22 的最小的数是: 22
UintMSet 中大于 22 的最小的数是: 24
intMSet 中 22 的个数为: 2
调用 erase 方法后,intMSet 的内容为: 11   12   24   34   44   67
```

8.6.2　映射和多重映射类

映射和多重映射类提供了操作与关键字相关联的映射值(Mapped Value)的方法。映射和多重映射的主要区别在于,多重映射允许存放与映射值相关联的重复关键字,而映射只允许存放与映射值一一对应的关键字,它们都定义在<map>头文件中。

映射和多重映射关联容器类用于快速存储和读取关键字与关键值,按关键字排序。如果保存学生的档案信息,要求按学号排序,由于学号唯一,不会重复,所以采用映射关联容器最合适。如果用姓名排序,因姓名可能有重复,那么使用多重映射合适。map 类模板声明为:

```
template <typename Key, typename T, typename Pred =less<Key>,
          typename A =allocator<pair<const Key, T>>>class map;
```

map 容器有多种构造函数:

```
map();                     //构造一个空的、按默认次序排列的映射
```

```
map(pr);                //构造一个空的、按函数对象 pr 排列的映射
map(first,last);        //构造按默认顺序排列的映射,值从区间(first,last)指定的元素复制
map(first,last,pr);  //同 map(first,last),但按函数对象 pr 要求排列
```

映射和多重映射都支持双向迭代器。映射还定义了成员操作符[]:

```
T & operator[const Key & key]
```

这使映射如同数组一样可以通过下标访问,关键字作为下标值,相关值作为元素值。

【例 8-11】 映射关联容器的应用举例。

```
#include <iostream>
#include <map>
#include <string>
using namespace std;
typedef map<int, string, less<int>>MAP_INT_STRING;
    //将特例类型取名为 MAP_INT_STRING,集合按升序排列
int main()
{
    MAP_INT_STRING mapIStr;

    //向 mapIStr 插入 4 个元素,注意 insert 函数的参数类型为 MAP_INT_STRING::value_type
    mapIStr.insert(MAP_INT_STRING::value_type(1800, "张三"));
    mapIStr.insert(MAP_INT_STRING::value_type(1801, "李四"));
    mapIStr.insert(MAP_INT_STRING::value_type(1802, "王五"));
    mapIStr.insert(MAP_INT_STRING::value_type(1803, "赵六"));

    cout <<"1.初始化 mapIStr 的内容为:";
    MAP_INT_STRING::iterator p;
    //MAP_INT_STRING::iterator 为容器 MAP_INT_STRING 专有的迭代器,它是双向迭代器
    for(p =mapIStr.begin(); p !=mapIStr.end(); p++)
        cout <<"(" <<p->first <<", " <<p->second <<")" <<"  ";
    cout <<endl;

    cout <<"2.在 mapIStr 中查找关键字为 1802 的元素: ";
    p =mapIStr.find(1802);
    if(p ==mapIStr.end())
        cout <<"mapIStr 中没有关键字为 1802 的元素";
    else
        cout <<"(" <<p->first <<", " <<p->second <<")" <<endl;

    mapIStr.erase(1803);                //去掉集合中值关键字为 1803 的元素
        cout <<"3.调用 erase 方法后,mapIStr 的内容为: ";
    for(p =mapIStr.begin(); p !=mapIStr.end(); p++)
        cout <<"(" <<p->first <<", " <<p->second <<")" <<"  ";
    cout <<endl;
```

```
    return 0;
}
```

【程序运行结果】

```
1. 初始化 mapIStr 的内容为: (1800, 张三)  (1801, 李四)  (1802, 王五)  (1803, 赵六)
2. 在 mapIStr 中查找关键字为 1802 的元素: (1802, 王五)
3. 调用 erase 方法后,mapIStr 的内容为: (1800, 张三)  (1801, 李四)  (1802, 王五)
```

8.7 容器适配器

STL 提供了 3 个容器适配器(Container Adapter):栈(Stack)、队列(Queue)和优先级队列(Priority_Queue)。使用时要用头文件<stack>,队列使用时要用头文件<queue>。适配器依附在一个顺序容器上,并同步独立。如果声明一个用矢量实现的字符型的栈,可以使用如下声明:

```
stack<vector<char> >sk;      //注意: > >之间有空格,否则编译器理解为右移操作符
```

然后它就可以像顺序容器一样使用。但是它没有自己的构造函数和析构函数,它使用其实现类(如 vector)中的构造和析构函数,就像一个仪器因为增加了一个适配器就增加了一些功能一样,故称为容器适配器。

8.7.1 栈容器适配器

模板类 stack 实现为后进先出(Last In First Out,LIFO)。一般选择 vector、deque 或 list 构造 stack 对象。

栈类有一个容器作为它的成员对象。实现栈的被控序列实际上是存储在这个容器中。然而,不管该容器支持什么样的操作,栈只是能够压入和弹出元素,并无其他操作。栈类声明为:

```
Template <class T, class C =deque<T> >
class stack;
```

其中,模板参数 T 指定栈中所存储的元素类型;模板参数 C 指定用来控制元素的序列容器类型。通过默认的模板参数,可以写成: stack<int>;否则,就必须指定容器的类型。

【例 8-12】 栈容器适配器的应用。

```
#include <iostream>
#include <stack>
#include <vector>
using namespace std;
    //输出并删除栈中所有元素
template<typename T>
void printEraseStack(T &stack)
{
    while(!stack.empty())
```

```
    {
        cout <<stack.top() <<"  ";
        stack.pop();                              //栈顶元素出栈
    }
    cout <<endl;
}

int main()
{
    stack<int>stack1;                             //使用默认构造函数创建一个栈 stack1
    stack<int, vector<int>>stack2;                //使用 vector 创建一个栈 stack2

        //将 10 个数压入 stack1 和 stack2 栈中
    for(int i =0; i <10; i++)
    {
        stack1.push(i+10);                        //元素入栈
        stack2.push(i * 10);
    }
    cout <<"stack1 的内容为: ";
    printEraseStack(stack1);
    cout <<"stack2 的内容为: ";
    printEraseStack(stack2);
    return 0;
}
```

【程序运行结果】

```
stack1 的内容为: 19    18    17    16    15    14    13    12    11    10
stack2 的内容为: 90    80    70    60    50    40    30    20    10    0
```

8.7.2 队列容器适配器

模板类 queue 是先进先出(First In First Out,FIFO),可以选择 deque 或 list 来构造一个队列容器对象。默认情况下,queue 由 deque 实现。

【例 8-13】 队列容器适配器的应用。

```
#include <iostream>
#include <queue>                          //queue 容器适配器的头文件
#include <list>
using namespace std;
    //输出并删除队列中所有元素
template<typename T>
void printQueue(T &queue)
{
    while(!queue.empty())
    {
```

```
        cout <<queue.front() <<"\t";
        queue.pop();                    //队头元素出队
    }
    cout <<endl;
}

int main()
{
    queue<int>queue1;                   //使用默认方式创建一个队列
    queue<int, list<int>>queue2;        //使用 list 创建另一个队列

    for(int i =0; i <10; i++)           //将 10 个数分别入队列 queue1 和 queue2
    {
        queue1.push(i+50);              //元素入队列
        queue2.push(i * 10);
    }
    cout <<"queue1 的内容为: ";
    printQueue(queue1);
    cout <<"queue2 的内容为: ";
    printQueue(queue2);
    return 0;
}
```

【程序运行结果】

```
queue1 的内容为: 50   51   52   53   54   55   56   57   58   59
queue2 的内容为: 0    10   20   30   40   50   60   70   80   90
```

8.7.3 优先级队列容器适配器

在优先级队列中，每个元素都被赋予一个优先级，优先级最高的元素首先被访问。为了实现这一点，它采用算法来保持序列的有序化。可以选择 vector 或 deque 来构造一个优先级队列 priority_queue 对象，默认是使用 vector 实现。

【例 8-14】 优先级队列容器适配器的应用。

```
#include <iostream>
#include <queue>
#include <deque>
using namespace std;
    //输出并删除优先级队列中所有元素
template<typename T>
void printEraseQueue(T &priority_queue)
{
    while(!priority_queue.empty())
    {
        cout <<priority_queue.top() <<"  ";
```

```
        priority_queue.pop();                    //优先级最高的元素出队列
    }
    cout <<endl;
}
int main()
{
    priority_queue<int>priQue1;                  //使用默认构造函数创建一个优先级队列
    priority_queue<int, deque<int>>priQue2;  //使用 deque 创建一个优先级队列

        //将 10 个数插入到 priQue1 和 priQue2 中
    for(int i =0; i <10; i++)
    {
        priQue1.push(i * 10);                    //元素 i 入优先级队列
        priQue2.push(i+10);
    }
    cout <<"priQue1 的内容为: ";
    printEraseQueue(priQue1);
    cout <<"priQue2 的内容为: ";
    printEraseQueue(priQue2);
    return 0;
}
```

【程序运行结果】

```
priQue1 的内容为: 90  80  70  60  50  40  30  20  10  0
priQue2 的内容为: 19  18  17  16  15  14  13  12  11  10
```

C++ 程序设计中的算法绝大多数都有现成的库函数,要熟练使用 STL,这对提高编程效率、写出简洁高效的代码十分有益。

思考与练习

1. 编程:打开一个文本文件,将其中的字符读入一个栈中,然后从栈中弹出这些字符到第二个文件中,并保存。输出这两个文件中的字符,观察它们的顺序是否相反。如果不相反,说明程序有误。

2. 编程:打开一个文本文件,将其中的字符读入一个队列中,然后遍历队列,将每个字符转换为大写字符后输出。

3. 使用映射(map)建立阿拉伯数字 0~9 和英文单词 zero~nine 的映射关系,如果输入阿拉伯数字(如 1),就输出英文数字(如 one)。

第9章

数据库程序设计

数据库(Database)是按照一定的数据结构来组织、存储和管理数据的仓库。数据库有多种模型,例如关系模型、面向对象模型和网状模型等。本章主要介绍通过 Microsoft Visual Studio C++ 2010 编程操作 Access 关系数据库的方法(Microsoft Visual C++ 2010 Express 版是免费学习版,不支持这项高级的技术)。通过本章的学习,了解 SQL 常用操作,掌握通过 ODBC 进行数据库连接的方法,最终实现会采用 C++ 进行数据库编程,为进行课程设计以及后继课程(如数据结构、数据库等)的学习打下坚实的基础。

本章的学习目标:

- 了解数据库的基本概念。
- 掌握 SQL 语句操作表的基本方法。
- 掌握数据库连接的基本函数。
- 掌握数据库编程的方法。
- 采用文件和数据库编程的方法分别实现一个课程设计。

9.1 数据库简介

关系数据库是目前各类数据库中最重要、应用最为广泛的数据库。关系数据库是建立在集合代数基础上,应用数学方法来处理数据库中的数据。现实世界中的各种实体以及实体之间的各种联系均用关系模型表示。目前广泛使用的大型关系型数据库产品有 Oracle、Sybase、DB2、Informix 和 Microsoft SQL Server 等。除此之外,小型关系型数据库系统 Access 也使用得较多。关系型数据库中以表为单位来组织数据,表是由行和列组成的一个二维表格。表 9-1 所示为存放学生信息的一个 student 样例表。

表 9-1 student 样例表

no	name	gender	score
2001	貂蝉	女	85
2002	赵云	男	95
2003	张飞	男	75
2004	周瑜	男	98

表由结构和记录两部分组成,表结构对应表头,包含:列名、数据类型和数据长度等信息。在数据库中,列也称为字段。表 9-2 中所示为 Access 学生 student 信息表的结构。

表 9-2 Access 学生 student 信息表的结构

字段名	类　型	字段宽度
no	文本	4
name	文本	8
gender	文本	2
score	数字	浮点类型

目前大型数据库多采用基于浏览器和服务器(Browser/Server,B/S 结构)的架构体系,B/S 结构最大的优点就是可以在任何地方进行操作而不用安装任何专门的软件。由于 C++ 属于面向对象型语言,具有运行速度快等特点,使得 C++ 成为最具吸引力的后台开发工具之一。

9.2 SQL 语句

结构化查询语言(Structured Query Language,SQL)是所有关系数据库支持的一个编程语言。可用于存、取、查询、更新和管理数据库系统。在 C++ 中,对数据库的操作是通过 SQL 语句实现的。下面介绍编程中常用的 SQL 语句。

9.2.1 定义表

CREATE TABLE 语句用于创建数据库中的表。CREATE TABLE 语法如下:

```
CREATE TABLE 表名称 (列名称 1 数据类型, 列名称 2 数据类型, …)
```

下面演示一个 CREATE TABLE 实例,本例演示了如何创建名为 "students" 的表。该表包含 5 个列,列名分别是"no"、"name"、"gender"和"score"。

```
CREATE TABLE students(
    no char(4) not null,
    name char(8),
    gender char(2),
    score float,
)
```

其中,no 列的数据类型是 char(4),属主键,不可为空;name 和 gender 两列的类型也是字符类型;score 列属浮点类型。

9.2.2 查询

SELECT 语句用于从表中查询数据。查询结果存储在一个临时的表中,也称结果集。SELECT 语法如下:

```
SELECT 列名 FROM 表名称 [ WHERE 条件 ]
```

或者

```
SELECT * FROM 表名称[ WHERE 条件 ]
```

SQL 语句对大小写不敏感。例如,SELECT 完全等价于 select,但一般将 SQL 中的命令都写成大写,而将用户定义的标识符写成小写,这是一个写程序时不成文的约定。

例如,要从名为"students" 的数据表中,获取那些成绩大于 80 分的学生的姓名和 性别,可使用这样的 SELECT 语句:

```
SELECT name, gender
FROM students
WHERE score>80
```

9.2.3 插入

INSERT INTO 语句用于向表格中插入新行,语法如下:

```
INSERT INTO 表名称 VALUES(值 1, 值 2,…)
```

也可以同时指定要插入列的数据:

```
INSERT INTO table_name(列 1, 列 2,…) VALUES(值 1, 值 2,…)
```

例如,向表中插入一行:

```
INSERT INTO students VALUES("2008", "Bill", "男",96)
```

9.2.4 删除

DELETE 语句用于删除表中的行,语法如下:

```
DELETE FROM 表名称 WHERE 条件
```

例如,删除 name 为"Bill"的学生:

```
DELETE FROM students WHERE name="Bill"
```

如果要删除表中所有的记录,可以如下操作,这意味着表的结构没有任何变化:

```
DELETE FROM table_name
```

或者

```
DELETE * FROM table_name
```

9.2.5 修改

Update 语句用于修改表中的数据,语法格式如下:

```
UPDATE 表名 SET 列名 1 =值 1, 列名 2 =值 2, WHERE 条件
```

将满足条件的记录中列名 1 对应列中的值用值 1 替换,列名 2 对应列中的值用值 2 替换,其他依次类推。例如,将 no 为 2001 的学生,其 name 修改为"曹操",score 修改为 98,性别改为"男"。

```
UPDATE students SET score =99,name ="曹操",gender ="男" WHERE no ="2001"
```

9.3 数据库连接

9.3.1 ODBC简介

ODBC(Open Database Connectivity,开放数据库互连)是Microsoft公司提出的一种数据库访问接口标准,它规范并提供了一组对数据库访问的标准API(应用程序编程接口),这些API利用SQL语句来完成其对数据库读写的大部分操作,程序开发者可据此构建更高级的工具和接口,从而编写更为复杂的数据库应用程序。

C++程序设计人员可通过调用ODBC的API并操作SQL(ODBC本身也支持SQL语言,程序员可以直接将SQL语句提交给ODBC),实际上,对数据库的操作由ODBC驱动程序负责。如果要更换数据库,基本上只要更换驱动程序,C++应用程序中只要加载新的驱动程序即可完成数据库系统的变更,其他C++程序代码部分则无须改变。这样,C++应用程序对数据库的操作并不依赖具体的数据库管理系统(DBMS),从而达到C++程序设计人员编写一个C++程序,便能适用所有的数据库系统的目的,这是ODBC最大的一个优点。

9.3.2 ODBC驱动程序

ODBC驱动程序是一种动态链接库(DLL),它提供了ODBC和数据库之间的接口。支持ODBC的应用程序可以用它来访问ODBC数据源。不同的DBMS均有各自的ODBC驱动,例如SQL Server、Access、Foxpro或Oracle数据库等都有相应的ODBC驱动程序。

程序设计中的数据库操作是个很大的主题,有专门的书籍进行介绍,本书并不在此展开,需要者请阅读相关书籍。下面提供一个访问Access数据库系统的方式,为进一步的学习起到抛砖引玉的作用。

9.3.3 创建数据源

利用C++连接数据库,首先需要建立数据源。本节采用应用较为广泛的Windows XP操作系统和Microsoft Access 2003数据库为例,说明建立数据源的方法。

1. 建立Microsoft Access数据库

数据源是一种连接到数据库的接口,首先要建立待操作的数据库。这里采用Microsoft Office Access 2003数据库作为实验数据库。在该环境中创建了一个名为myDB.mdb数据库,其中的数据表student如图9-1所示。

	no	name	gender	score
	2001	貂蝉	女	85
	2002	赵云	男	95
	2003	张飞	男	75
▶	2004	周瑜	男	98
*				0

图9-1 Access 2003下的student数据表

2. 设置 ODBC 驱动程序

下面给出设置数据源驱动程序操作方法，操作步骤如下：

(1) 单击“开始”按钮，选择“设置”|“控制面板”，出现“控制面板”窗口。

(2) 在“控制面板”窗口中，双击“管理工具”图标，出现“管理工具”窗口。

(3) 在“管理工具”窗口中，双击“数据源(ODBC)”图标，出现“ODBC 数据源管理器”窗口，选择“系统 DSN”选项卡，如图 9-2 所示。

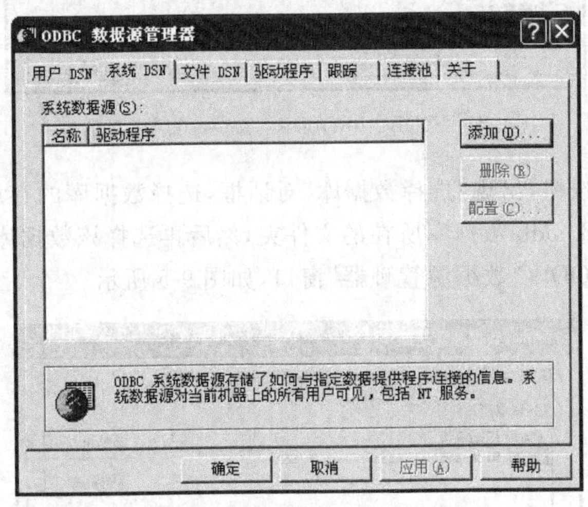

图 9-2　“系统 DSN”选项卡

(4) 单击“添加”按钮，出现“创建新数据源”对话框，如图 9-3 所示，选择数据源的驱动程序。

图 9-3　“创建新数据源”对话框

(5) 选择 Microsoft Access Driver(*.mdb)选项，单击“完成”按钮，出现“ODBC Microsoft Access 安装”对话框，如图 9-4 所示。

(6) 在“数据源名”文本框中输入数据源的名称，在“说明”文本框中输入对数据源的简要说明。本例中，分别输入了 myDB 和“学生成绩数据库”。

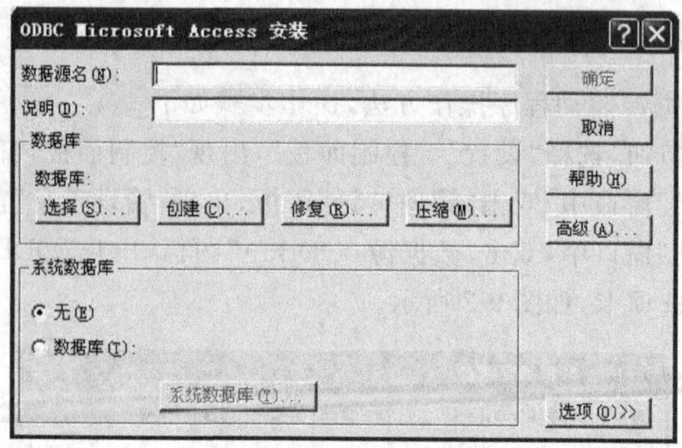

图 9-4 "ODBC Microsoft Access 安装"对话框

(7) 单击"选择"按钮,出现"选择数据库"对话框,选择数据库的存放位置和名称。在本例中,首先找到 myDB.mdb 数据库所在的文件夹,然后再选择该数据库文件,并单击"确定"按钮,将再次出现的"ODBC 数据源管理器"窗口,如图 9-5 所示。

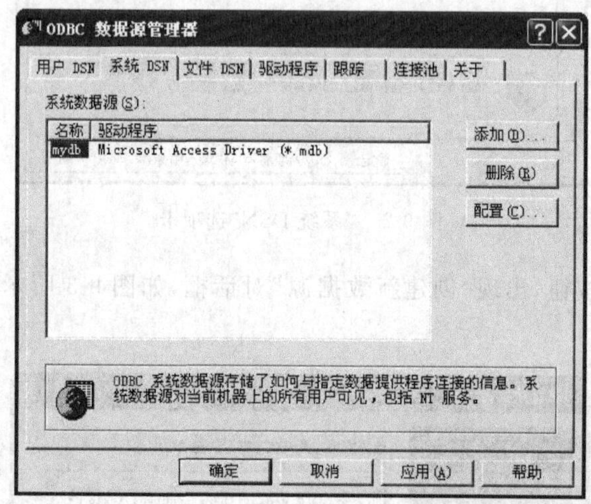

图 9-5 "ODBC 数据源管理器"窗口

(8) 在图 9-5 的窗口中,单击"确定"按钮,完成数据源驱动程序的设置。

9.4 数据库编程中的基本操作

9.4.1 数据库编程的基本过程

数据库编程的基本步骤如下:

(1) 取得数据库连接。用 CDatabase 类提供的方法取数据库连接,该类提供了一套管理 ODBC 驱动程序的方法。一般常用 CDatabase.Open()方法对给定数据库创建一个连接。CDatabase 类将从已注册的 ODBC 驱动程序集中选择一个合适的驱动程序,从而取得数据库连接。

(2) 执行 SQL 语句。一般用 CDatabase 类对象执行 SQL 语句,也可以采用

CRecordset 类对象方法执行 SQL 语句。

(3) 处理执行结果。

(4) 释放数据库连接。

下面将通过实例给出数据库编程的方法。

9.4.2 数据库查询

前面已经建立了数据源 myDB,数据库 myDB. mdb 中有一个表 student。下面采用 ODBC 方式访问 Access 数据库 myDB. mdb,显示表中所有学生的 no(编号)、name(姓名)、gender(性别)和 score(成绩)。

【例 9-1】 显示 myDB 数据库中,student 表中的所有学生成绩。

```
#include<afxdb.h>
#include<afxdb.h>
#include<iostream>
using namespace std;
int main()
{
      //CDatabase 对象表示到数据源的连接,定义 db 对象,通过其操作数据库
   CDatabase db;
   CRecordset rs(&db);                       //CRecordset 对象表示一个记录集
   CString varid;
   CString strdsn;                           //定义连接字符串

      //格式化连接字符串,Access 数据库存放在 D 盘根目录下,用户名与密码均为 admin
   strdsn.Format("ODBC;DSN=myDB;UID=admin;PWD=admin;DBQ=d:\\myDB.mdb");
      //通过 ODBC 驱动建立打开数据库,具体参数含义请查阅 MSDN
   db.Open(NULL,false,false,strdsn,true);
      //定义 SQL 语句,其中的 order by [no]表示按学号排序
   CString sql=_T("SELECT * from student order by [no]");
      //查询 student 表,以 forwardOnly 方式打开时,游标只能在记录集中向前移动
   rs.Open(CRecordset::forwardOnly,sql);

   cout <<"  编号\t 姓名\t 性别\t 分数\n";
   int i=0;
   while(!rs.IsEOF())
   {
      rs.GetFieldValue((short)0,varid);  //将当前记录第 1 列的值赋给变量 varid
      cout <<++i <<": "<<varid <<"\t";
      rs.GetFieldValue((short)1,varid);  //将当前记录第 2 列的值赋给变量 varid
      cout <<varid <<"\t";
      rs.GetFieldValue((short)2,varid);  //将当前记录第 3 列的值赋给变量 varid
      cout <<varid <<"\t";
      rs.GetFieldValue((short)3,varid);  //将当前记录第 4 列的值赋给变量 varid
      cout <<varid <<endl;
```

```
        rs.MoveNext();                              //游标定位至下一条记录
    }
    rs.Close();                                     //关闭记录集
    db.Close();                                     //关闭数据库
    return 0;
}
```

【程序运行结果】

```
    编号  姓名  性别    分数
1: 2001  貂蝉    女     85.0
2: 2002  赵云    男     95.0
3: 2003  张飞    男     75.0
4: 2004  周瑜    男     98.0
```

【程序解析】 程序首先使用 CDatabase. Open()连接数据源，然后使用 CRecordset. Open()获得结果集，当获取查询结果集后，通过循环的方式依次显示每条记录，采用 CRecordset. GetFieldValue()获取各个字段值并显示，最后是关闭结果集以及与数据库的连接。由于 CDatabase 和 CRecordset 类中定义的函数很多，函数参数比较复杂，所以建议在实践中多查询 MSDN。

【注意】 string 为标准模板类(STL)定义的字符串类，目前已经属 C++ 标准之一；CString 是 Visual C++ 中常用的字符串类，不属于 C++ 标准类。而这里的数据库编程要借助 Microsoft 公司推出的 ODBC 等工具实现。

9.4.3 插入记录

【例 9-2】 向数据库 myDB. mdb 中的 student 表插入一条记录，其数据为"2005"、"曹操"、"男"、97 和"2006"、"孔明"、"男"、99。

```
#include<afxdb.h>
#include<iostream>
using namespace std;
int main()
{
    CDatabase db;
    CRecordset rs(&db);
    CString strdsn;                             //定义连接字符串

        //格式化连接字符串,Access 数据库存放在 D 盘根目录下,用户名与密码均为 admin
    strdsn.Format("ODBC;DSN=myDB;UID=admin;PWD=admin;DBQ=d:\\myDB.mdb");
    db.Open(NULL,false,false,strdsn,true);
        //定义 SQL 语句
    CString str1=_T("INSERT INTO student VALUES(2005,'曹操','男',97)");
    CString str2=_T("INSERT INTO student VALUES(2006,'孔明','男',99)");
    db.ExecuteSQL(str1);                        //执行 insert 语句
    db.ExecuteSQL(str2);
```

```
    rs.Close();                          //关闭记录集和数据库
    db.Close();
    return 0;
}
```

【程序运行结果】 该程序运行后，打开 access 数据库中的 student 表，可见在表的尾部新增了两条记录。

【程序解析】 通过 CString sql＝_T("insert into student values(2005,'曹操','男',97)");将插入记录的 SQL 语句存放在 sql 变量中，然后通过 db. ExecuteSQL(sql)达到了插入记录的目的。该操作不返回结果集，SQL 语句的执行方法与上例有所不同，注意阅读程序中的注释。

【注意】 对_T 的解释。Visual C++ 定义字符串的时候，用_T 来保证兼容性，它实际上是一个带参数的宏。Visual C++ 支持 ASCII 和 UNICODE 两种字符类型，用_T 可以保证从 ASCII 编码类型转换到 UNICODE 编码类型的时候，程序不需要进行任何修改。在本程序中，可以试一试。

9.4.4 修改记录

【例 9-3】 修改 student 表中 no 为 2001 的记录，将其 score 改为 90。

```
#include<afxdb.h>
#include<iostream>
using namespace std;
int main()
{
    CDatabase db;
    CRecordset rs(&db);
    CString strdsn;

    strdsn.Format("ODBC;DSN=myDB;UID=admin;PWD=admin;DBQ=d:\\myDB.mdb");
    db.Open(NULL,false,false,strdsn,true);
        //定位至 no 为 2001 的记录
    CString sql=_T("SELECT * FROM student WHERE [no]='2001' ");
    rs.Open(CRecordset::forwardOnly,sql);
        /先判断该记录是否存在，然后再执行修改操作
    if(rs.IsBOF()&&rs.IsEOF())      //IsBOF 判断是否到首记录之前，IsEOF 是否到尾
    {
        cout <<"没找到此记录!" <<endl;
    }else
    {
            //执行 UPDATE 语句，将 no 为 2001 记录中的 score 改为 90
        sql=_T("UPDATE student SET score=90 WHERE [no]='2001' ");
        db.ExecuteSQL(sql);
    }
    rs.Close();
```

```
    db.Close();
    return 0;
}
```

【程序运行结果】 该程序运行后，打开 access 数据库中的 student 表，可见 no 为 2001 记录，其 score 已经改为 90。

【程序解析】 通过 CString sql＝_T("UPDATE student SET score＝90 WHERE [no]＝'2001'")；将修改记录的 SQL 语句存放在 sql 变量中，然后通过 db. ExecuteSQL(sql)达到修改记录的目的。

【注意】 作者在编程的过程中遇到一个小问题，由于学号定义为字符类型，在程序中必须是'2001'形式，并且此处的单引号是半角的，否则会出现如下运行错误：

```
This application has requested the Runtime to terminate it in an unusual way.
Please contact the application's support team for more information.
```

9.4.5 删除记录

【例 9-4】 删除 student 表中 no 值为 2001 的记录。

```
#include<afxdb.h>
#include<iostream>
using namespace std;
int main()
{
    CDatabase db;
    CRecordset rs(&db);
    CString strdsn;

    strdsn.Format("ODBC;DSN=myDB;UID=admin;PWD=admin;DBQ=d:\\myDB.mdb");
    db.Open(NULL,false,false,strdsn,true);
        //查找定位至 no 为 2001 的记录
    CString sql=_T("SELECT * FROM student WHERE [no]='2001' ");
    rs.Open(CRecordset::forwardOnly,sql);
        //先判断该记录是否存在,然后再执行删除操作
    if(rs.IsBOF()&&rs.IsEOF())
    {
        cout <<"没找到此记录!" <<endl;
    }else
    {
            //执行 DELETE 语句,删除 no 值为 2001 的记录
        sql=_T("DELETE FROM student WHERE [no]='2001' ");
        db.ExecuteSQL(sql);
    }
    rs.Close();
    db.Close();
    return 0;
```

```
}
```

【程序运行结果】 该程序运行后,打开 student 表,可见 no 为 2001 记录已经删除。

【程序解析】 通过 CString sql = _T("DELETE FROM student WHERE [no]=2001");将删除记录的 SQL 语句存放在 sql 变量中,然后通过 db. ExecuteSQL(sql)达到了删除记录的目的。

【注意】 通过直接打开 access 数据库观察删除、修改和插入等 SQL 操作结果时,如果通过 Windows 已经打开了 student 表,强烈建议首先关闭该表和数据库,然后再重新打开,否则程序无法运行。

9.5 数据库编程综合举例

基于前面的基础,我们编写一个数据库综合应用的程序,帮助读者掌握数据库编程的核心知识。

【例 9-5】 学生信息管理系统。采用 ODBC 数据库接口,完成对后台数据库的插入、删除、修改和查询等 SQL 操作,易于操作。

下面回顾一下数据库编程中的主要知识点。

(1) 连接数据库。

```
    //myDB 是定义的 ODBC 数据源,数据库存放在 D 盘根目录下
CString strdsn= ("ODBC;DSN=myDB;UID=admin;PWD=admin;DBQ=d:\\myDB.mdb");
db.Open(NULL,false,false,strdsn,true);                    //连接数据库
```

(2) 执行 SQL 语句,对连接的数据库进行操作。例如,删除学号为 2001 的人:

```
CString sql=_T("DELETE FROM student WHERE [no]=2001)";
db.ExecuteSQL(sql)                                         //执行 SQL 语句
```

(3) 关闭连接。在完成对数据库的操作后,要将连接关闭。

```
rs.Close();                                                //关闭 CRecordset 类对象
db.Close();                                                //关闭 CDatabase 类对象
```

程序 9-5. cpp 的内容如下:

```
#include<afxdb.h>
#include<iostream>
using namespace std;
    //显示数据库中的所有记录
void show(CRecordset &rs)
{
    CString varid;                                         //存储从数据库中读入的字段值
    CString sql=_T("SELECT * FROM student order by [no]");
    rs.Open(CRecordset::forwardOnly,sql);

    cout <<"学号\t 姓名\t 性别\t 成绩" <<endl;
```

```
    while(!rs.IsEOF())
    {
        for(int i=0;i<4;i++)
        {
            rs.GetFieldValue((short)i,varid);
            cout <<varid <<"\t";
        }
        cout <<endl;
        rs.MoveNext();
    }
    rs.Close();
}
    //根据输入的学号查询对应的记录
void query(CRecordset &rs)
{
    char stNo[10];
    CString varid;

    cout <<"请输入学号：";
    cin >>stNo;
    CString sql;
    sql.Format("SELECT * FROM student WHERE [no]='%s' order by [no]", stNo);
    rs.Open(CRecordset::forwardOnly,sql);
    if(rs.IsBOF()&&rs.IsEOF())              //IsBOF 判断是否到首记录之前,IsEOF 是否到尾
    {
        cout <<"没有找到此记录!" <<endl;
    }else                                   //找到了相应的记录
    {
        cout <<"学号\t 姓名\t 性别\t 成绩" <<endl;
        while(!rs.IsEOF())
        {
            for(int i=0;i<4;i++)            //依次显示 4 个字段值
            {
                rs.GetFieldValue((short)i,varid);
                cout <<varid <<"\t";
            }
            cout <<endl;
            rs.MoveNext();
        }
    }
    rs.Close();
}
    //删除输入学号对应的记录
void delRecord(CDatabase &db, CRecordset &rs)
{
```

```
    char stNo[10];

    cout <<"请输入学号: ";
    cin >>stNo;
    CString sql;
    sql.Format("SELECT * FROM student WHERE [no]='%s'",stNo);
    rs.Open(CRecordset::forwardOnly,sql);
    if(rs.IsBOF()&&rs.IsEOF())
    {
        cout <<"没有找到此记录!" <<endl;
    }else
    {
        sql.Format("DELETE * FROM student WHERE [no]='%s'",stNo);
        db.ExecuteSQL(sql);
        cout <<"已成功删除该记录!" <<endl;
    }
    rs.Close();
}
    //添加一条新记录
void addRecord(CDatabase &db, CRecordset &rs)
{
    char stNo[10], stName[10], stGender[3];
    float stScore;

    cout <<"请输入学号: ";
    cin >>stNo;
    CString sql;
    sql.Format("SELECT * FROM student WHERE [no]='%s' order by [no]", stNo);
    rs.Open(CRecordset::forwardOnly,sql);
    if(!rs.IsBOF() || !rs.IsEOF())                        //判断数据库中是否存在相应的记录
    {
        cout <<"记录号重复,不可增加!!!" <<endl;
            rs.Close();
        return;                                           //返回主菜单
    }
    cout <<"请输入姓名: ";
    cin >>stName;
    cout <<"请输入性别: ";
    cin >>stGender;
    cout <<"请输入成绩: ";
    cin >>stScore;
    sql.Format("INSERT INTO student VALUES('%s','%s','%s',%f)",
                stNo,stName,stGender,stScore);
    db.ExecuteSQL(sql);
    rs.Close();
```

```
}
    //根据学号查找并修改相应的记录
void modifyRecord(CDatabase &db, CRecordset &rs)
{
    int subChoice;
    char stNo[10], newData[10];
    CString attribute;                              //attribute是要修改的那个字段

    cout <<"请输入学号: ";
    cin >>stNo;
    cout <<"请选择要修改的属性: " <<endl;
    cout <<"1.学号" <<endl;
    cout <<"2.姓名" <<endl;
    cout <<"3.性别" <<endl;
    cout <<"4.成绩" <<endl;
    cin >>subChoice;
    switch(subChoice)
    {
        case 1:
            attribute=_T("no");
            break;
        case 2:
            attribute=_T("name");
            break;
        case 3:
            attribute=_T("gender");
            break;
        case 4:
            attribute=_T("score");
            break;
    }
    cout <<"请输入修改后的数据: ";
    cin >>newData;
    CString sql;
    sql.Format("SELECT * FROM student WHERE [no]='%s'",stNo);
    rs.Open(CRecordset::forwardOnly,sql);
    if(rs.IsBOF()&&rs.IsEOF())
    {
        cout <<"没找到此记录!" <<endl;
    }else
    {
        sql.Format("UPDATE student SET %s='%s' WHERE [no]='%s'",
            attribute,newData,stNo);
        db.ExecuteSQL(sql);
    }
```

```
    rs.Close();
}
    //主函数
int main()
{
    CDatabase db;
    CRecordset rs(&db);
    int choice;
    CString strdsn;
    bool loop=true;                                  //循环控制变量

    strdsn.Format("ODBC;DSN=myDB;UID=admin;PWD=admin;DBQ=d:\\myDB.mdb");
    db.Open(NULL,false,false,strdsn,true);
    while(loop)
    {
        cout <<"\n\t\t 学生信息管理系统" <<endl;
        cout <<"\t1.显示全部记录" <<endl;
        cout <<"\t2.按学号查询" <<endl;
        cout <<"\t3.增加记录" <<endl;
        cout <<"\t4.删除记录" <<endl;
        cout <<"\t5.修改记录" <<endl;
        cout <<"\t0.退出系统" <<endl <<endl;
        cout <<"请选择: ";
        cin >>choice;
        switch(choice)
        {
            case 1:
                show(rs);
                break;
            case 2:
                query(rs);
                break;
            case 3:
                addRecord(db, rs);
                break;
            case 4:
                delRecord(db, rs);
                break;
            case 5:
                modifyRecord(db, rs);
                break;
            case 0:
                cout <<"谢谢使用!" <<endl;
                db.Close();
                loop =false;                         //loop 设置为 false,表示要结束循环
```

```
                break;
            default:
                cout <<"输入错误,请重新输入!" <<endl;
                break;
        }
    }
    return 0;
}
```

【程序运行果】

1. 程序运行界面如下。

```
      学生信息管理系统
1. 显示全部记录
2. 按学号查询
3. 增加记录
4. 删除记录
5. 修改记录
0. 退出系统
请选择: 1
学号    姓名    性别    成绩
2001    貂蝉     女     85.0
2002    张三     男     95.0
2003    张飞     男     75.0
2004    周瑜     男     98.0
```

2. 添加记录。在前面操作的基础上,添加一条记录,其数据是: 2007,'关羽','男',96。

```
      学生信息管理系统
1. 显示全部记录
2. 按学号查询
3. 增加记录
4. 删除记录
5. 修改记录
0. 退出系统

请选择: 3
请输入学号: 2007
请输入姓名: 关羽
请输入性别: 男
请输入成绩: 96

      学生信息管理系统
1. 显示全部记录
2. 按学号查询
3. 增加记录
4. 删除记录
```

```
5. 修改记录
0. 退出系统

请选择：1
学号    姓名    性别    成绩
2001    貂蝉     女     85.0
2002    张三     男     95.0
2003    张飞     男     75.0
2004    周瑜     男     98.0
2007    关羽     男     96.0
```

3. 修改记录。将刚才添加的学号为 2007 的记录，其成绩修改为 97，结果如下。

```
        学生信息管理系统
1. 显示全部记录
2. 按学号查询
3. 增加记录
4. 删除记录
5. 修改记录
0. 退出系统

请选择：5
请输入学号：2007
请选择要修改的属性：
1. 学号
2. 姓名
3. 性别
4. 成绩
4
请输入修改后的数据：97

        学生信息管理系统
1. 显示全部记录
2. 按学号查询
3. 增加记录
4. 删除记录
5. 修改记录
0. 退出系统

请选择：1
学号    姓名    性别    成绩
2001    貂蝉     女     85.0
2002    张三     男     95.0
2003    张飞     男     75.0
2004    周瑜     男     98.0
2007    关羽     男     97.0
```

4. 按学号查询记录。查询学号为 2007 的结果,结果如下。

```
        学生信息管理系统
    1. 显示全部记录
    2. 按学号查询
    3. 增加记录
    4. 删除记录
    5. 修改记录
    0. 退出系统

请选择: 2
请输入学号: 2007
学号      姓名      性别      成绩
2007      关羽       男       97.0
```

5. 删除记录。将学号为 2007 的记录删除,结果如下。

```
        学生信息管理系统
1. 显示全部记录
2. 按学号查询
3. 增加记录
4. 删除记录
5. 修改记录
0. 退出系统

请选择:
4
请输入学号: 2007
已成功删除该记录!

        学生信息管理系统
1. 显示全部记录
2. 按学号查询
3. 增加记录
4. 删除记录
5. 修改记录
0. 退出系统

请选择: 1
学号      姓名      性别      成绩
2001      貂蝉       女       85.0
2002      张三       男       95.0
2003      张飞       男       75.0
2004      周瑜       男       98.0
```

思考与练习

1. 简述 C++ 编程中的数据库连接方法有哪几种。

2. 数据库操作的基本步骤是什么?

3. 根据本章提供的学生信息表 student 和其中的数据,在本章程序的基础上,编程完成如下操作:

(1) 增加 5 条记录,数据自己设计。

(2) 显示成绩大于 80 分的学生信息。

(3) 将数据表中的所有记录,按照成绩从大到小的顺序排序并显示。

附录 A

课程设计要求

A.1 课程设计简介

某书店聘请你为其开发一个“图书管理系统”，书店经理希望该系统能够完成收银、图书销售和库存管理。其中，书库文件包含了该书店所有的图书。该系统完成的主要功能如下：

- 计算总的销售额和销售税。
- 当用户购买一本书后，就应当将其从书库中扣除。
- 实现对书库的增加、修改和查找功能。
- 显示多种报表。
- 采用文件保存数据。所有对书库的操作，例如增加、删除和修改等，都要反映在文件中。

该系统可以分为如下 3 个模块：

- 收银模块，即前台销售管理模块。
- 书库管理模块。
- 报表模块。

当运行该系统时，应当在屏幕上显示一个菜单，供用户选择 3 个模块之一。

1. 收银模块

收银模块主要是辅助图书销售的工作。用户输入购买图书的数量和编号，要计算销售额和销售税，此外还要从书库中自动扣除已经销售的图书。

2. 书库管理模块

书库就是一个文件，它包含了该书店中的所有图书，每本书包含如表 A1-1 所示的几个数据项。

表 A1-1 每本书包含的数据项

数据项	含 义
ISBN 号	即书的标准代码，对于任何一种书，ISBN 号是唯一的
书名	书的名称。例如：《程序设计语言原理》就是书名
作者	书的作者

续表

数据项	含　义
出版单位	出版社
进书日期	书店购进该书的日期
库存量	该书当前库存的数量。例如,书店一次购买了《程序设计语言原理》1000本,已经销售了600本,那么当前的库存就是400本
批发价	书的批发价格
零售价	书的零售价。例如,《程序设计语言原理》的批发价格是20元/本,而零售价是23元/本

书库管理模块允许用户可以查看任何一本书的信息,可以进书,可以删除某种书,可以修改书的任何一种信息。

显然,可以创建一个类BookData来存储书的信息,数据成员如下。

isbn:具有14个元素字符数组,即ISBN号最多由13个字符组成。

bookTitle:具有51个元素字符数组,即书名最多由50个字符组成。

author:具有31个元素字符数组,即作者名最多由30个字符组成。

publisher:具有31个元素字符数组,即出版社名称最多由30个字符组成。

dateAdded:具有11个元素字符数组,用于存放书店进书的日期。存储日期的格式为YYYY-MM-DD。例如,2017年1月1号表示为2017-1-1。

qtyOnHand:int类型整数,存放该书的库存量。

wholesale:double类型实数,存放该书的批发格。

retail:double类型实数,存放该书的零售格。

3. 报表模块

报表模块主要用于分析书库中各种书的信息,并产生如下结果报表。

书库列表:列出书库中所有图书信息。

批发价列表:列出书库中所有图书的批发价以及所有图书的批发价总和。

零售价列表:列出书库中所有图书的零售价以及所有图书的零售价总额。

按书的数量列表:首先按照书的库存量进行从大到小排序,然后给出书的列表。书店经理可以依据各种书的库存量进行分析,以便做好以后的进书和销售工作。

按书的价值额列表:首先根据书的批发价总额进行从大到小排序,然后给出列表。例如,《程序设计语言原理》的批发价是20元/本,库存400本;而《C#程序设计》的批发价是30元/本,库存300本。先根据批发价总额进行排序,然后再给出列表。

按进书日期列表:先根据进书的日期从小到大排序,然后给出列表。

4. 屏幕输出要求

(1) 设计一个主菜单。编写一个函数输出如下形式的一个主菜单:

```
        XXX图书管理系统
            主菜单
1. 收银模块
```

```
2. 书库管理模块
3. 报表模块
4. 退出系统
  输入选择(1~4):
```

用户输入以后,程序要对输入值进行检验,然后采用 switch 语句进入相应的模块。

(2) 设计收银界面。

该界面允许用户一次可以进行多笔交易。在每种书的信息输入以后,程序要询问是否还购买了其他书。如果是,就允许用户输入其他书的信息,否则计算零售总额、销售税和总价。例如:

```
                     前台销售模块
日期:2018 年 12 月 26 日
数量      ISBN 号        书名              单价         金额
  2     12345678    C++程序设计        RMB 20.0    RMB 40.0
  3     87654321    程序设计语言原理    RMB 30.0    RMB 90.0
------------------------------------------------------------
销售合计:RMB 130.0
零售税:  RMB 7.8
应付总额:RMB 137.8
```

自动查找功能:一旦用户输入 ISBN 号,要自动在书库中查找书名和单价。如果找不到对应的 ISBN 号,就显示一个出错信息,然后询问用户是否再输入一个 ISBN 号。

(3) 设计显示书的屏幕格式。编写一个函数采用如下格式显示书的信息,例如:

```
      xxx 图书管理系统
          书的资料
ISBN 号: 0123456789
书    名: XXXXXX
作    者: XXXXXX
出 版 社: XXXXXX
进书日期: XXXXXX
库 存 量: XXXXXX
批 发 价: XXXXXX
零 售 价: XXXXXX
```

(4) 设计报表显示格式。报表按如下格式显示:

```
      xxx 图书管理系统
          报表模块
1. 书库列表
2. 批发价列表
3. 零售价列表
4. 按书的数量列表
5. 按书的价值额列表
6. 按进书日期列表
```

```
7. 返回到主菜单
   输入选择(1~7):
```

在用户输入选择项以后，采用 switch 语句调用相应的函数执行操作。如果用户输入的值不在 1～7 范围之内，那么程序应当显示一个出错信息，提示用户重新输入选择项。

(5) 设计书库操作菜单。编写按如下格式的书库操作菜单：

```
    xxx 图书管理系统
      书库管理模块
1. 查找某本书的信息
2. 增加书
3. 修改书的信息
4. 删除书
5. 返回到主菜单
输入选择(1~5): 4
```

在用户输入选择项以后，采用 switch 语句调用相应的函数执行操作。如果用户输入的值不在 1～5 范围之内，那么程序应当显示一个出错信息，提示用户重新输入选择项。

5. 存储书的结构

采用 BookData 类的对象数组存储每本书的信息。假设该书店具有 100 种书(很不实际的一个假设)，那么就定义一个具有 100 个元素的对象数组空间。当然，这是一个方法，你可以发挥自己的聪明才智，例如可以采用链表或向量解决。

6. 程序所需的函数

该程序需要的一些函数如下，当然也可以根据需要，编写其他函数。

(1) strUpper 函数

编写一个名为 strUpper 的函数，该函数接受一个 char * 指针为参数，将参数中小写字母转换为大写字母。

(2) lookUpBook 函数

编写一个名为 lookUpBook 的函数，它要求用户输入书名，然后在书库中查找该书，如果没找到，在屏幕上显示一个出错信息，以表明书库中没有该书。如果找到了该书，调用 BookInfo 函数，显示该书的信息。

(3) editBook 函数

编写一个名为 editBook 的函数，它要求用户输入想修改的数据项，并输入该项的新值。

(4) deleteBook 函数

该函数要求用户输入书名，然后从书库中删除该书。该函数首先在书库中查找，如果没有找到对应的书，那么给出一个提示信息；如果找到了该书，那么就从 BookData 对象数组中移去该书。

(5) 一些辅助函数

下面的函数是本程序需要的一些辅助性函数,可以将其设置为成员函数。

① setTitle:设置书名。函数的参数:一个代表书名的 char * 指针和一个代表 BookData 对象数组下标的 int 整数。函数是将书名复制到 BookData 对象数组的 bookTitle 成员中,元素的位置由下标指定。注意,函数无返回值。

② setISBN:设置书的 ISBN 号。函数参数与 setTitle 类似。

③ setAuthor:设置书的作者。函数参数与 setTitle 类似。

④ setPub:设置书的出版社。函数参数与 setTitle 类似。

⑤ setDateAdded:设置进书日期。函数参数与 setTitle 类似。

⑥ setQty:设置书的库存量。函数参数是两个 int 整数,其中第一个整数代表该书库存量,第二个参数是对应的数组下标。其余与 setTitle 类似。

⑦ setWholesale:设置该书批发价。函数的第一个参数是 double 类型,代表书的批发价,第二个参数是对应的数组下标。

⑧ setRetail:设置该书零售价。函数的第一个参数是 double 类型,代表书的零售价,第二个参数是对应的数组下标。

⑨ isEmpty:该函数的参数是一个 int 类型的整数,它代表 BookData 对象数组的下标。如果当前参数代表的结构体为空,函数返回 true(即 1),否则返回 false(即 0)。判断结构体为空的原则:如果 bookTitle 成员的第一个字符为空字符('\0'),那么函数就返回 true,否则返回 false。

⑩ removeBook:该函数的参数是一个 int 类型的整数,它代表 BookData 对象数组的下标。函数的功能是从数组中移去由参数指定的数组中的结构体元素。注意,移去的方法很多,一种简单的方法是将书名的第一个字符设置为空字符('\0'),另一种方法是将后面的数组元素向前移动,显然这种方法比较浪费 CPU 时间。

A.2 程序结构

首先介绍程序定义的几个类。程序共定义了 TitleInfo、BookData、Sale、Report 和 Management 5 个类。其中,TitleInfo 类用于保存图书的基本信息,主要包含书名、出版社、ISBN 号和作者等,以及针对这些数据成员的一些函数成员。

BookData 是一个核心类,继承了 TitleInfo 类,它包含了对 BookData 所有数据成员的输入与输出函数以及对这些成员的操作方法。

Sale 是 BookData 的子类,用于处理销售管理。

Report 类由几个函数构成,并没有定义数据成员,它起到一个限定函数范围的作用。

Management 类与 Report 的作用类似。

程序各模块如图 A-1 所示。

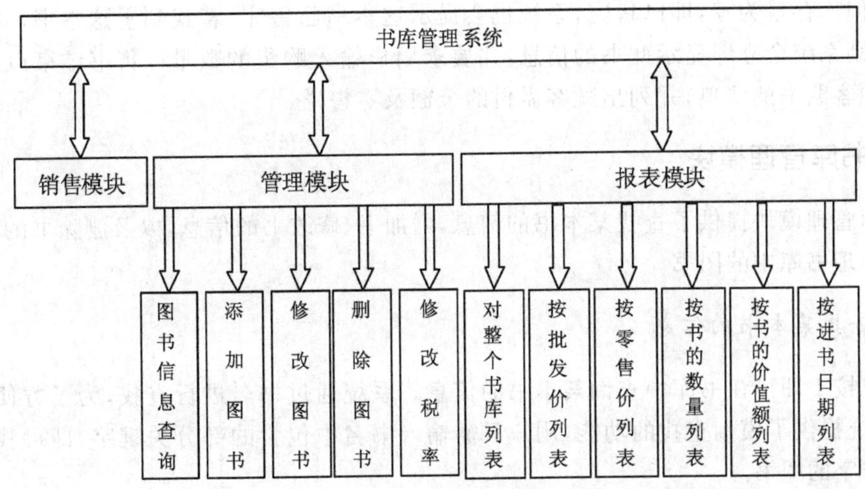

图 A-1 各模块之间的关系

A.3 程序的主要特点

该程序的主要功能及特点如下：

(1) 报表模块提供分屏显示功能，显示满一屏会自动暂停，如果希望继续看下面的列表可以按任意键。

(2) 书库管理模块具有模糊查询功能，如果不知道图书的完整书名，只需输入图书的部分书名，程序自动会列出包含用户输入的关键字的图书，方便用户查询。同时也提供了另外一个模糊查找功能，只要输入书名、作者名或出版社3个中的任何一个的部分，可实现模糊查找。例如，输入"机械"两个字，将在书名、作者和出版社中分别进行匹配，如果找到，将列出该书的信息。

(3) 对于添加和修改图书信息，用户不必为输入正确与否而担心，程序会自动提示。

(4) 对于删除图书，程序会提示用户是否删除，防止出现误删除。

(5) 在前台销售模块，程序提供了销售清单，方便客户的查看。

(6) 本程序界面简洁、友好，各模块都有相应的提示信息。

A.4 操作说明

程序主界面如图 A-2 所示。将系统命名为"FIVESTAR 图书管理系统"，其主菜单提供了4个选项，用户输入菜单前相应的数字即可进入相应的模块。

FIVESTAR 图书管理系统
主菜单
1.收银模块
2.书库管理模块
3.报表模块
4.退出系统

图 A-2 程序主界面

A.4.1 收银模块

用户进入该模块后，系统自动提示用户是否购买图书。若购买图书则系统会提示用户输入图书的 ISBN 号，系统即在书库中查找该书，如果库中没有相关书的信息，则提示用户找不到该书；若找到了该书,但库存量为零,即已售完,系统也会提示这本书已售完;若找到了这本书,并且还有库存量,则系统会立即显示此书的信息,并要求用户输入购买的数量。售书结束以后,系统会列出顾客购书的清单,并列出顾客需付的金额及零售税。

A.4.2 书库管理模块

书库管理模块提供了查找某本书的信息,增加书、修改书的信息,以及删除书的功能,便于用户管理书库中的图书。

1. 查找某本书的信息

用户按 1 即可在书库中查询某本书的信息。系统通过书名进行查找,为了方便用户的查询,系统提供了模糊查找的功能,用户只需输入书名中包含的部分关键字,即可找到含有相同关键字的图书。

2. 增加书

用户按 2 即可在书库中增加图书。系统会提示用户是否想添加图书。

3. 修改书的信息

用户按 3 即可修改书库中图书的信息。用户需要先输入需修改信息的书名,同样支持模糊查询功能,系统会列出所有找到的图书的完整书名,用户可以选择需要修改的图书。系统菜单询问用户需要修改图书的哪一项,只需按系统提示操作即可。

4. 删除书

用户按 4 即可对书库中的图书进行删除。用户需要先输入想删除的图书的 ISBN 号,系统会列出该书的完整信息,然后再次提示用户确认是否删除该书,如果用户希望删除该书按 Yes,否则按 No(大小写不限)。

5. 改变税率

用户按 5 即可对图书销售税率进行修改,默认税率是 0.06。

A.4.3 报表模块

用户在主菜单下按 3 即可进入报表模块。它提供了 6 种列表方式:对整个书库列表、按批发价列表、按零售价列表、按书的数量列表、按书的价值额列表和按进书日期列表。

(1) 对整个书库列表:列出书库中所有图书的完整信息。

(2) 按批发价列表:列出书库中所有图书的批发价、库存量及批发价总额。

(3) 按零售价列表:列出书库中所有图书的零售价、库存量及零售价总额。

(4) 按书的数量列表:先对图书按库存量从多到少排序,然后列出所有图书的库存量。

(5) 按书的价值额列表:系统先对图书按每本书的批发价总额从大到小进行排序,然后列出书库中所有图书的批发价、库存量及批发价总额。

(6) 按进书日期列表:先对图书按入库日期进行排序,然后列出书库中所有图书的日期。

在上述几个操作中，用户可以看到所有图书的完整信息，由于屏幕的限制，通常一次只能显示两本书的信息，但用户可以按任意键继续查看下面的图书。

用户按 7 可以返回到系统的主菜单。

A.4.4　退出系统

在主菜单下按 4 即可退出程序，此时关闭文件，返回到操作系统。

附录 B

课程设计报告格式

课程设计报告格式框架如下。

《面向对象程序设计课程设计》报告

XXX 系统的设计与实现

班级：____________________
学号：____________________
姓名：____________________
指导教师：_______________
完成日期：_______________

目　　录

（下面是写报告的主要内容，供读者参考）

参 考 文 献

1. Tony Gaddis. Startting Out with C++. 9th ed. New York: Pearson, 2017.
2. 张海潘,牟永敏. 面向对象程序设计实用教程. 北京:清华大学出版社,2001.
3. Y Daniel Liang. C++ 程序设计. 影印版. 北京:机械工业出版社,2008.
4. 郑莉,董渊. C++ 语言程序设计. 北京:清华大学出版社,2001.
5. Timothy A Budd. 面向对象编程导论. 黄名军,李桂杰,译. 北京:机械工业出版社,2003.
6. Ravi Sethi. 程序设计语言概念和结构. 裘宗燕,译. 北京:机械工业出版社,2002.
7. H M Deitel, P J Deitel. C++ How to Program. 影印版. 第5版. 北京:电子工业出版社,2008.
8. Robert W Sebesta. 编程语言原理. 马跃,等译. 北京:清华大学出版社,2013.
9. 皮德常,张凤林. C++ 程序设计教程. 北京:国防工业出版社,2005.
10. 皮德常. C++ 简明教程. 北京:电子工业出版社,2011.